Hessen

Chemie heute

Klasse 7

Schroedel

Chemie heute Klasse 7

Hessen

Herausgegeben von
Wolfgang Asselborn, Manfred Jäckel, Dr. Karl T. Risch

Bearbeitet von
Markus Gut, Dr. Klaus-Peter Sawinski,
Dr. Eberhard Thomas

Dieses Werk ist eine Bearbeitung von Chemie heute,
ISBN 978-3-507-86016-2, 978-3-507-86042-1,
978-3-507-86060-5, 978-3-507-86063-6,
978-3-507-86094-0, 978-3-507-86165-7,
978-3-507-86190-9

Druck A [1] / Jahr 2008

Alle Drucke der Serie A sind im Unterricht parallel verwendbar.

Redaktion: Dr. Mario Puchner, Michael Walory
Fotos: Hans Tegen, Klaus G. Kohn
Grafik: Peter Langner, Liselotte Lüddecke, Karin Mall, Dr. Winfried Zemann
Satz: MORE*MEDIA* GmbH, Dortmund
Druck: klr mediapartner GmbH, Lengerich

ISBN 978-3-507-86195-4

Hinweise zum Aufbau des Chemiebuchs

Die Hauptkapitel beginnen mit „Zentralen Fragen" die das neue Lerngebiet erschließen. Auf den folgenden Informationsseiten werden die neuen Themen behandelt. Merksätze am Ende der Lerneinheiten fassen die wichtigsten Inhalte zusammen. Es schließen sich Aufgaben aus verschiedenen Kategorien an: „Rote Aufgaben" dienen zur Wiederholung der neuen Inhalte. „Schwarze Aufgaben" verknüpfen neues Wissen mit früher Erlerntem und „blaue Aufgaben" verbinden die Chemie mit dem Alltag.

Im Rechenbeispiel werden typische Aufgaben in nachvollziehbaren Schritten vorgerechnet. — **Rechenbeispie**

Exkurse vermitteln einen Eindruck von den vielfältigen Bezügen der Chemie zu Alltag und Technik. — **Exkurs**

Systematische Zusammenhänge lassen sich am besten durch übersichtliche Darstellungen erfassen. — **Übersicht**

Hier werden theoretische Grundlagen beschrieben, die helfen, komplexe Inhalte besser zu verstehen. — **Theorie**

Steckbriefe stellen die wichtigsten Informationen zu einem Stoff oder einer Stoffgruppe zusammen. — **Steckbrief**

Auf diesen Seiten werden Zusatzinformationen, Bilder und Aufgaben zum behandelten Thema angeboten. — **Chemie-Reche**

Im Praktikum üben Schülerinnen und Schüler das experimentelle Arbeiten in der Chemie. — **Praktikum**

Projektaufträge werden in Gruppen bearbeitet. Jede Gruppe stellt am Ende ihre Ergebnisse vor. — **Projekt**

Methodenseiten geben praktische Hilfestellungen für die Bearbeitung von Materialien. — **Methode**

Diese Aufgabenseiten dienen zur Wiederholung und Vertiefung und führen die „Wichtigsten Begriffe" auf. — **Prüfe dein Wis**

Am Ende jeden Kapitels werden die neuen Inhalte in kurzer und übersichtlicher Form dargestellt. — **Basiswissen**

Inhaltsverzeichnis

6 Vom Oxid zum Element

Anhang

Sofern nicht anders angegeben beziehen sich alle Angaben im Buch auf 20 °C und normalen Luftdruck.

Bildquellenverzeichnis

Umschlag Hintergrund: IFA-Bilderteam, Ottobrunn; Umschlag Vordergrund: BASF AG, Ludwigshafen; 6.1: Heuer, Hannover; 6.2–4: Fabian, Hannover; 6.5: SanDisk, Schweden; 6.6: Fabian, Hannover; 6.7: Reinhard Tierfoto, Heiligkreuzsteinach; 6.8: Fabian, Hannover; 7.1: Corbis, Düsseldorf (Jose Luis Pelaez, Inc.); 7.2+3: Fabian, Hannover; 7.5: Focus plus, Hamburg (Simon Fraser/SPL); 7.6: Studio Schmidt-Lohmann, Hannover; 7.7: Wellinghorst, Quakenbrück; 7.8: Fabian, Hannover; 8.1: AKG images, Berlin; 8.2: Bayer AG, Leverkusen; 9.2: Corbis, Düsseldorf (Studio Eye); 12.1: picture-alliance, Frankfurt (akg-images); 17.1: Sartorius AG, Göttingen; 18.1: Corbis, Düsseldorf (Elisabeth Sauer/zefa); 19.1: Studio Schmidt-Lohmann, Hannover; 20.1: Bayer AG, Leverkusen; 21.1: DRAGOCO Gerberding & Co. AG, Holzminden; 21.2: Ullstein, Berlin (CARO/Froese); 21.3: Dipl.-Ing. Hagen Marx, Andernach; 21.4: Stadtmuseum Schwabach; 30.1: Simper, Wennigsen; 30.2: Menz, Hannover; 31.1+4: Tönnies, Laatzen; 36.2: Dr. Jänisch, Frankfurt; 36.3: Medenbach, Witten; 36.5: Dr. Jänisch, Frankfurt; 38.1 a: dpa, Frankfurt; 38.1 b: Creativ Collection, Freiburg; 38.2: Fabian, Hannover; 38.3: Aluminium Zentrale, Düsseldorf; 38.4: Creativ Collection, Freiburg; 38.5: dpa, Frankfurt; 38.6: Medenbach, Witten; 39.1: Solvay Deutschland GmbH, Hannover; 39.6: AKG images, Berlin; 42.1: Heuer, Hannover; 42.3: Dr. Jänisch, Franfurt; 44.2: Bundesanstalt für Milchforschung, Kiel (Prof. Buchheim); 44.3+4: Heuer, Hannover; 47.3a, 4a, 6a, 7a, 10a, 11a, 12a: Fabian, Hannover; 47.5a: Crash Music, Rinteln; 47.8a: Zefa, Düsseldorf (Phototake); 52.1a: Deutscher Kaffee-Verband e.V., Hamburg; 53.1: Heuer, Hannover; 54.1: NASA; 61.2: Focus, Hamburg (Paul Rapson/SPL); 62.1: Helga Lade, Frankfurt (M. Laemmerer); 69.1: Simper, Wennigsen; 69.2: Westfälisches Amt für Denkmalpflege (über Landschaftsverband Westfalen-Lippe), Münster; 72.1: Gesellschaft Deutscher Chemiker, Frankfurt; 77.1: Schroedel Archiv; 77.2: L. Bergmann GmbH & Co.KG, Goldenstedt; 77.3: IFA-Bilderteam, Ottobrunn (Schmitz); 78.1: Mauritius, Mittenwald (Higuchi); 81.2: NASA; 82.3: Schroedel Archiv; 86.1: Photostudio Druwe & Polastri, Braunschweig; 87.1: Simper, Wennigsen; 87.2: picture-alliance, Frankfurt (Karl Gottfried Vock/Okapia); 87.3+4: Tönnies, Laatzen; 88.3: Küppersbusch GmbH, Gelsenkirchen; 88.4: Buderus Heiztechnik GmbH, Wetzlar; Wolfgang Volz, Düsseldorf; 94.2: dpa, Frankfurt; 95.1: Pictor Uniphoto, Hamburg; 95.2: photoplexus, Dortmund (Yoav Galai); 95.3: Mauritius, Mittenwald (Arthur); 96.1: Tönnies, Laatzen; 96.2–5: Gloria-Werke, Wadersloh; 98.1: Tönnies, Laatzen; 98.2: Tom Menzel, Rohlstorf mit freundl. Unterstützung der Versandhauses des deutschen Feuerwehrverbandes GmbH, Bonn; 98.3+4: Tönnies, Laatzen; 99.2b: Schroedel Archiv; 100.1: Fabian, Hannover; 101.1: Deutsches Museum, München; 102.1: Berlin-Motive (Stiller); 104.1: Corbis, Düsseldorf; 107.2: DB AG, Berlin (Mann); 109.1+2: Salzgitter AG, Salzgitter; 110.1a+2: Salzgitter AG, Salzgitter; 112.3: Deutsches Museum, München; 113.2: Westfalen AG, Münster; 114.2: Associated Press GmbH, Frankfurt; 114.3: NASA; 119.1: bildarchiv preußischer kulturbesitz, Berlin (Kraft); 119.2: Mauritius, Mittenwald (Arthur Cupak); 119.3: Tönnies, Laatzen; 124.1: Westfalen AG, Münster

Es war uns leider nicht bei allen Abbildungen möglich, den Inhaber der Rechte ausfindig zu machen. Berechtigte Ansprüche werden selbstverständlich im Rahmen der üblichen Vereinbarungen abgegolten.

Ein Tag mit Chemie: Pro ...

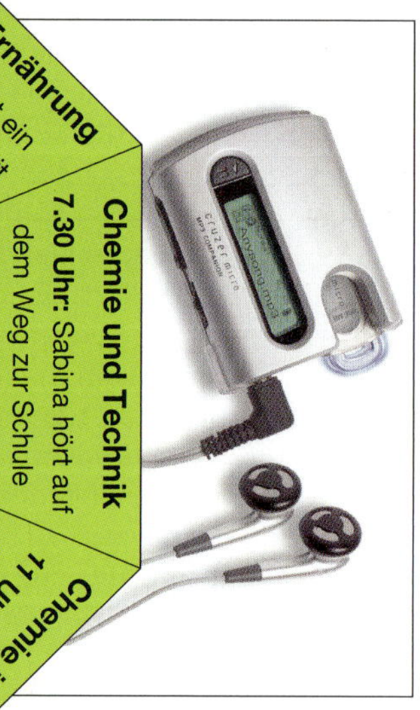

Chemie – traumhaft

5 Uhr: Kurz vor dem Aufstehen hat Sabina noch einen schönen Traum: Sie träumt von Riesenseifenblasen.

Chemie im Badezimmer

6.30 Uhr: Sabina wäscht sich die Haare. Sie nimmt ein mildes Shampoo mit hautfreundlichem pH-Wert.

Chemie und Ernährung

7 Uhr: Sabina isst ein leckeres Brötchen mit Halbfett-Margarine und kalorienreduzierter Marmelade.

Chemie und Technik

7.30 Uhr: Sabina hört auf dem Weg zur Schule Musik mit ihrem MP3-Player. Das Gehäuse ist aus bruchsicherem Kunststoff.

Chemie in der Schule

11 Uhr: So macht Chemieunterricht Spaß: Sabina kann heute selbst experimentieren.

Chemie in der Natur

16 Uhr: Sabina isst gern Erdbeeren. Die roten Früchte enthalten neben Farbstoffen auch viele Duft- und Aromastoffe.

Chemie und Freizeit

17 Uhr: Sabina testet ihre neuen Jogging-Schuhe. Sie sind aus besonders elastischem Kunststoffmaterial.

Chemie und Vergnügen

20 Uhr: Sabina gibt heute eine Fete. Sie schminkt sich mit einem hautfreundlichen Make-up.

… und Contra

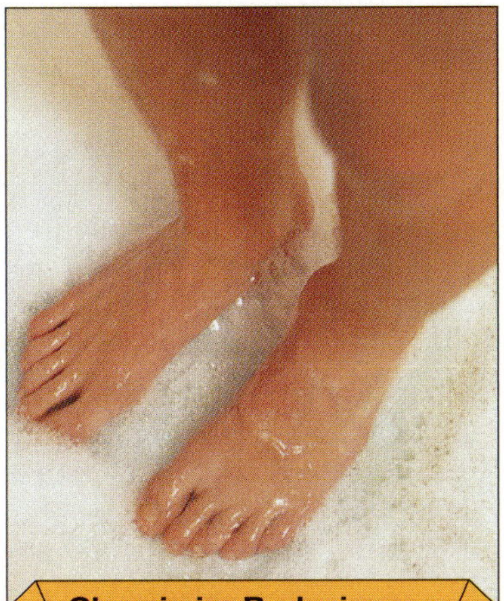

Chemie – ein Alptraum

5 Uhr: Kurz vor dem Aufstehen träumt Marc von einem Stau. Darin ist die Luft stickig von Abgasen und Feinstaub.

Chemie im Badezimmer

6.30 Uhr: Marc duscht gerne. Dabei verbraucht er viel Wasser und belastet die Umwelt mit Tensiden.

Chemie und Ernährung

7 Uhr: Marc muss den Jogurt stehen lassen. Er reagiert allergisch auf den Verdicker (E 400) und auf den Emulgator (E 483).

Chemie und Technik

7.30 Uhr: In der Morgenzeitung wird von einem Chemieunfall berichtet: Ein Erdöltanker ist auf Grund gelaufen.

Chemie in der Schule

11 Uhr: Marc muss an die Tafel. Sein Körper schüttet Stresshormone aus, chemische Botenstoffe, die ihn nervös machen.

Chemie in der Natur

16 Uhr: Marc meidet Wiesen, weil er Heuschnupfen hat. Sein Immunsystem reagiert allergisch auf Blütenpollen.

Chemie und Freizeit

17 Uhr: Marc lackiert sein Rad. Er arbeitet im Freien, weil einige der Inhaltsstoffe seine Augen reizen.

Chemie und Vergnügen

20 Uhr: Auf Sabinas Fete hat jemand alkoholische Getränke mitgebracht. Marc bevorzugt alkoholfreies Bier!

1 Was ist Chemie?

Jeder kennt den Spruch „Chemie ist, wenn es knallt oder stinkt“ und jeder weiß, dass das längst nicht immer stimmt. Bei physikalischen Vorgängen knallt es oft lauter als bei chemischen. Ein Beispiel dafür ist der Donner, der bei einem Gewitter die elektrischen Entladungen in der Atmosphäre begleitet. Andererseits laufen viele chemische Vorgänge still und leise ab, etwa das Rosten von Eisen oder das Vergilben von Papier. Und der Gestank in einem Schweinestall hat nicht nur chemische, sondern auch biologische Ursachen.

Die Wissenschaften Physik, Chemie und Biologie sind eng miteinander verwandt; es sind **Naturwissenschaften.** Sie beschäftigen sich mit der systematischen Erforschung der Natur. Neben diesen drei Naturwissenschaften gibt es noch zahlreiche andere. Dazu gehören etwa die Geologie, die Meteorologie und die Astronomie. Jede dieser Naturwissenschaften beschäftigt sich mit einem bestimmten Teilbereich der Natur: So befasst sich die Biologie mit der belebten Natur, die Meteorologie mit den Wettervorgängen in der Atmosphäre und die Astronomie mit den Sternen.

Chemie. Der Name Chemie leitet sich von dem ägyptischen Wort „ch'mi“ (schwarz) ab. Noch im 15. Jahrhundert sprach man von der Alchemie als von der „Schwarzen Kunst“. Gemeint war die Beschäftigung mit scheinbar geheimnisvollen und nur schwer durchschaubaren Vorgängen. Dazu gehörte die Suche nach dem „Stein der Weisen“, mit dessen Hilfe unedle Metalle in Gold verwandelt werden sollten.

Heute versteht man unter Chemie die Naturwissenschaft, die sich mit *Stoffen und ihren Eigenschaften* sowie mit *Stoffänderungen* beschäftigt.
Der Begriff Stoff darf hier nicht missverstanden werden, denn er hat im täglichen Leben viele Bedeutungen. So spricht man im Deutschunterricht vom Stoff einer Lektüre; im Textilgeschäft versteht man unter Stoff das Material, aus dem Hosen und Hemden genäht werden und in der Drogenszene meint man mit Stoff wiederum etwas anderes. In der Chemie versteht man unter einem *Stoff* eine Substanz wie Salz, Alkohol oder Sauerstoff, die durch ihre Eigenschaften charakterisiert ist.

Die Aufgabe der Naturwissenschaften liegt darin, die Erscheinungen und Vorgänge in der Natur zu beobachten, ihre Gesetzmäßigkeiten zu ergründen und mittels geeigneter Theorien zu beschreiben. Darüber hinaus sollen die so gewonnenen Erkenntnisse durch technische Anwendungen für den Menschen nutzbar gemacht werden.

Die Chemie ist eine Naturwissenschaft. Sie beschäftigt sich mit Stoffen und ihren Eigenschaften sowie mit Stoffänderungen.

1 Erläutere, was man unter Naturwissenschaften versteht.
2 Nenne Beschäftigungsfelder der Naturwissenschaft Chemie.
3 Schlage nach, womit sich die Geologie beschäftigt.
4 Nenne Unterschiede zwischen Astronomie und Astrologie.

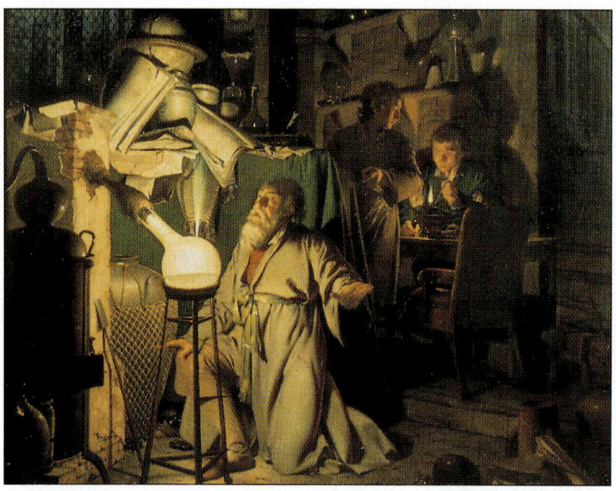

Ein Alchemist sucht nach dem „Stein der Weisen“.

Eine Chemikerin untersucht verschiedene Proben.

1.1 Physik und Chemie – Zwei Naturwissenschaften im Vergleich

Physik und Chemie sind Naturwissenschaften. Im Gegensatz zur Biologie beschäftigen sie sich mit der unbelebten Natur. Die Arbeitsgebiete der Physik und der Chemie lassen sich an Beispielen einfach verdeutlichen.

Die **Physik** erforscht Erscheinungen wie Blitz und Donner, fallende Steine und fliegende Speere sowie die Kräfte zwischen zwei Magneten und die Anziehung zwischen Erde und Mond. Die Erkenntnisse aus der Physik sind Grundlage vieler alltäglicher Anwendungen. Dazu gehören Elektrogeräte im Haushalt, medizinische Untersuchungsgeräte wie Röntgenapparate sowie Mobiltelefone und Navigationsgeräte.

Die Physik beschäftigt sich mit Gegenständen – die Physiker sagen häufig *Körper* dazu – und den *Kräften*, die zwischen ihnen herrschen. Ein Beispiel könnte ein Flugzeug sein.
Physiker fragen dann: Warum fliegt ein Flugzeug überhaupt? Welche Strecke benötigt ein Flugzeug auf der Landebahn? Wie konstruiert man ein Flugzeug, das weniger Treibstoff verbraucht?
Im Gegensatz zur Chemie interessiert in der Physik weniger das Material, aus dem ein Flugzeug besteht. Es könnte aus Stahlblech, aus Aluminium oder aus Kunststoff hergestellt werden.

Die **Chemie** befasst sich mit Stoffen, ihren Eigenschaften und ihren Veränderungen. Beispiele sind Kunststoff-Fasern für wasserundurchlässige, aber atmungsaktive Textilien, Arzneistoffe gegen lebensbedrohende Krankheiten oder Materialien für den Bau leichter und gleichzeitig stabiler Notebooks oder Flugzeuge.

Wenn sich Chemiker beruflich mit Flugzeugen beschäftigen, stehen folgende Fragen im Mittelpunkt: Wie kann man bessere Werkstoffe entwickeln? Was passiert, wenn Aluminium stark erhitzt wird? Wie kann man den Anteil von Schadstoffen in den Abgasen des Flugzeugs verringern?
Für die Chemie ist es dabei weniger bedeutsam, ob aus einer neuen Leichtmetall-Legierung ein Flugzeug oder ein Gehäuse für ein Notebook hergestellt wird.

Trotz aller Unterschiede sind die Arbeitsgebiete von Chemie und Physik nahe verwandt. In vielen Projekten arbeiten Physiker und Chemiker eng zusammen. Ein gutes Beispiel ist die Entwicklung von Klebstoffen. Dabei geht es einerseits um chemische Gesichtspunkte: Wie härtet der Klebstoff aus? Wie verhält er sich etwa gegenüber Feuchtigkeit? Anderseits sind aber auch physikalische Fragestellungen von Interesse: Wie fest hält die Klebestelle? Wie kann man die Haltbarkeit prüfen?

Die enge Beziehung zwischen Physik und Chemie zeigt sich auch darin, dass es einen Fachbereich gibt, in dem wichtige gemeinsame Gebiete gebündelt sind, die *Physikalische Chemie*.

Chemie und Physik sind eng verwandte Naturwissenschaften. Die Physik beschäftigt sich dabei mit Körpern und Kräften, die Chemie mit Stoffen.

1 Nenne Beispiele für weitere gleichartige Gegenstände, die aus unterschiedlichem Material bestehen.
2 Nenne Beispiele für unterschiedliche Gegenstände, die alle aus dem gleichen Material bestehen.

Ein Körper – verschiedene Stoffe

Ein Stoff – verschiedene Körper

Methode Sicher experimentieren

Gefahrensymbole. Von vielen Stoffen, die im Chemieunterricht verwendet werden, gehen Gefahren aus. Die Gefahrensymbole geben Hinweise auf diese Gefahren.

Stoffe, die beim Verschlucken oder Einatmen oder bei Aufnahme durch die Haut schwere Gesundheitsschäden oder gar den Tod bewirken können.

T: Giftig
T+: Sehr giftig

Stoffe, die beim Verschlucken oder Einatmen oder bei Aufnahme durch die Haut beschränkte Gesundheitsschäden hervorrufen können.

Xn: Gesundheitsschädlich

Stoffe, die das Hautgewebe an der betroffenen Stelle innerhalb weniger Minuten vollständig zerstören können.

C: Ätzend

Stoffe, die auf der Haut nach mehrstündiger Einwirkung deutliche Entzündungen hervorrufen können.

Xi: Reizend

Stoffe, die brennbare Materialien entzünden können oder mit diesen explosive Gemische ergeben.

O: Brandfördernd

Stoffe, die schon durch kurzzeitige Einwirkung einer Zündquelle entzündet werden können oder sich an der Luft von alleine entzünden.

F: Leichtentzündlich
F+: Hochentzündlich

Stoffe, die explodieren können.

E: Explosionsgefährlich

Stoffe, die selbst oder in Form ihrer Umwandlungsprodukte geeignet sind, sofort oder später Gefahren für die Umwelt herbeizuführen.

N: Umweltgefährlich

Sicherheitshinweise. Wegen der besonderen Gefahren sind im Chemieunterricht besondere Sicherheitshinweise zu beachten:

1. Schülerinnen und Schüler dürfen Geräte und Chemikalien nicht ohne Genehmigung berühren. Die Anlagen für elektrische Energie, Gas und Wasser dürfen nur nach Aufforderung eingeschaltet werden.
2. In Experimentierräumen darf weder gegessen noch getrunken werden.
3. Versuchsvorschriften und Hinweise müssen genau befolgt werden. Die Geräte müssen in sicherem Abstand von der Tischkante standfest aufgebaut werden. Der Versuch darf erst dann durchgeführt werden, wenn dazu aufgefordert wurde.
4. Werden Schutzbrillen oder Schutzhandschuhe ausgehändigt, so müssen sie beim Experimentieren getragen werden.
5. Geschmacks- und Geruchsproben dürfen nur dann vorgenommen werden, wenn die Lehrerin oder der Lehrer dazu auffordert. Chemikalien sollen nicht mit den Händen berührt werden.
6. Pipettieren mit dem Mund ist verboten.
7. Chemikalien dürfen nicht in Gefäße umgefüllt werden, die nicht eindeutig und dauerhaft beschriftet sind. Auf keinen Fall dürfen Gefäße benutzt werden, die üblicherweise zur Aufnahme von Speisen und Getränken bestimmt sind.
8. Die Haare sind so zu tragen, dass sie nicht in die Brennerflamme geraten können.
9. Der Arbeitsplatz muss stets sauber gehalten werden. Nach Beendigung des Versuchs sind die Geräte zu reinigen.
10. Chemikalienreste müssen vorschriftsmäßig entsorgt werden.

Sicherheitsleiste. Die im Buch beschriebenen Praktikumsversuche sind mit einer Sicherheitsleiste versehen, die mithilfe von acht Symbolkästchen Hinweise zu den Gefahren und zur Entsorgung gibt.

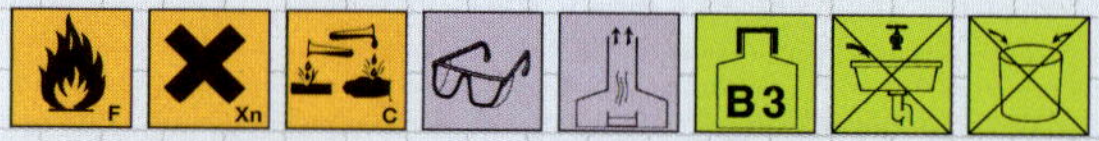

Die drei zuerst angegebenen Symbole enthalten die Gefahrensymbole der verwendeten Stoffe. Die Kästchen 4 und 5 geben Hinweise auf Sicherheitsvorkehrungen beim Experimentieren: Das Symbol „Abzug“ bedeutet, dass der Versuch unter dem Abzug durchgeführt werden muss. Man erkennt außerdem, ob Schutzbrillen zu tragen sind. Die letzten drei Kästchen beschreiben die korrekte Entsorgung.
Die genaue Zuordnung der Symbole zu bestimmten Stoffen lässt sich der Stoffliste im Anhang entnehmen.

Richtig entsorgen

Wir wissen alle, dass man Chemikalienreste nicht ohne weiteres in den Abfluss oder den Abfalleimer geben darf. Gefährliche Stoffe müssen vielmehr ordnungsgemäß entsorgt werden. Das gilt besonders für Stoffe, die bei chemischen Experimenten anfallen. Um möglichst wenig Sorgen mit solchen Stoffen zu haben, sollte man folgende Regeln beachten:

Gefährliche Abfälle vermeiden. Zu den wichtigsten Regeln für einen verantwortungsbewussten Umgang mit Stoffen gehört es, *die Entstehung von unnötigen Abfällen oder unnötig großen Mengen an Abfällen zu vermeiden.* Die Anwendung dieser Regel setzt eine sorgfältige Planung der experimentellen Arbeit im Hinblick auf Art und Menge der verwendeten Stoffe voraus.

Gefährliche Abfälle umwandeln. Nicht vermeidbare gefährliche Abfallstoffe sollen in weniger gefährliche Stoffe umgewandelt werden: Säuren und Basen werden neutralisiert. Lösliche Stoffe können zu schwer löslichen umgesetzt werden.
Es ist zweckmäßig, Säuren und Laugen in einem gemeinsamen Behälter zu sammeln. Sie brauchen dann nicht portionsweise neutralisiert zu werden. Dies entspricht der ersten Regel, denn auf diese Weise bleiben die Abfallmengen klein.

Gefährliche Abfälle sammeln. Abfälle, die nicht an Ort und Stelle in ungefährliche Produkte umgewandelt werden können, sind zu sammeln. Von Zeit zu Zeit werden die Abfallbehälter dann durch ein *Entsorgungsunternehmen* abgeholt. Durch das Sammeln in getrennten Behältern wird zum einen die endgültige Beseitigung erleichtert und zum anderen eine Wiederaufbereitung ermöglicht.
Der Fachhandel bietet für das Sammeln gefährlicher Abfälle geeignete Behälter an; es können auch entsprechend beschriftete leere Chemikalienflaschen verwendet werden.

Entsorgungskonzept. Abfallchemikalien müssen nach Stoffklassen getrennt gesammelt werden, damit die ordnungsgemäße endgültige Entsorgung vereinfacht wird. Der folgende Sortiervorschlag ist einfach und übersichtlich und er garantiert eine angemessene endgültige Entsorgung:

Behälter 1 (B1):	Säuren und Laugen
Behälter 2 (B2):	giftige anorganische Stoffe
Behälter 3 (B3):	halogenfreie organische Stoffe
Behälter 4 (B4):	halogenhaltige organische Stoffe

B1 Im **Behälter 1** werden saure und alkalische Lösungen gesammelt. Der Inhalt von Behälter 1 sollte neutralisiert werden, bevor der Behälter ganz gefüllt ist. Der neutralisierte Inhalt kann dann in den Ausguss geschüttet werden. Deshalb dürfen giftige Verbindungen wie saure oder alkalische Chromat-Lösungen *nicht* in diese Behälter gegeben werden.

B2 Im **Behälter 2** werden giftige anorganische Stoffe wie Schwermetallsalze und Chromate gesammelt.

Die endgültige Entsorgung erfolgt hier durch ein Entsorgungsunternehmen.

B3 Im **Behälter 3** werden wasserunlösliche und wasserlösliche halogenfreie organische Stoffe gesammelt. Das gemeinsame Sammeln wasserunlöslicher und wasserlöslicher Stoffe erspart ein weiteres Sammelgefäß und vereinfacht damit das Entsorgungskonzept. Damit sich kein zu großes Volumen an leicht entzündlichen Flüssigkeiten ansammelt, ist durchaus zu erwägen, *geringe Mengen* nicht giftiger wasserlöslicher organischer Abfälle wie Ethanol oder Aceton in den Ausguss zu geben.

Behälter 3 muss von einem Entsorgungsunternehmen ordnungsgemäß entsorgt werden.

B4 In den **Behälter 4** gehören alle Halogenkohlenwasserstoffe, alle sonstigen halogenhaltigen organischen Stoffe sowie die Abfälle aus Halogenierungsreaktionen organischer Stoffe.

Behälter 4 muss von einem Entsorgungsunternehmen ordnungsgemäß entsorgt werden.

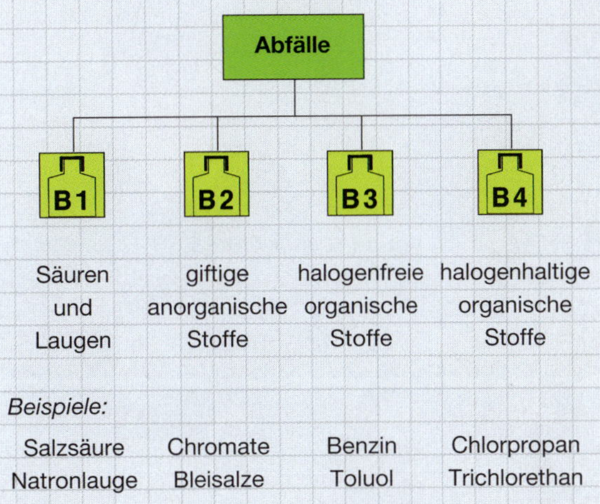

Methode

Methode: Richtig experimentieren

« Homo enim naturae minister et interpres tantum facit et intelligit, quantum de naturae ordine, opere vel mente, observaverit: nec amplius scit, aut potest. »

Der britische Philosoph FRANCIS BACON, einer der Väter der modernen Naturwissenschaften, schrieb zu Beginn des 17. Jahrhunderts in seinem grundlegenden Werk *Novum Organum:* „Der Mensch als Diener und Ausleger der Natur wirkt und weiß so viel, als er von der Ordnung der Natur durch Versuche oder durch Beobachtungen bemerkt hat; weiter weiß und vermag er nichts.“ Damit ist die grundlegende Bedeutung des Experimentes in den Naturwissenschaften beschrieben: In den Labors der Forschungszentren der ganzen Welt nutzt man auch heute Experimente dazu, neue Erkenntnisse über die Natur zu gewinnen, Zusammenhänge besser zu verstehen und Gesetzmäßigkeiten zu finden.

Eine ähnliche Bedeutung besitzen die Experimente im Chemieunterricht: Sie sollen uns ermöglichen, durch direktes Beobachten Kenntnisse zu erlangen, Zusammenhänge zu sehen oder auch Vermutungen und Voraussagen zu überprüfen. Dazu muss jedes Experiment gründlich vorbereitet und sauber durchgeführt werden. Dabei ist es wichtig, alles genau zu beobachten, und dann daraus die richtigen Schlussfolgerungen zu ziehen. Die folgenden Hinweise sollen helfen, Experimente richtig durchzuführen, auszuwerten und zu protokollieren.

Durchführung von Experimenten

1. Lies die *gesamte* Versuchsanleitung und kläre die Zielsetzung des Experimentes.
2. Überlege, warum und in welcher Reihenfolge die Einzelschritte zu erledigen sind.
3. Informiere dich über eventuelle Gefahren und die notwendigen Sicherheitsmaßnahmen.
4. Stelle alle notwendigen Geräte und Chemikalien bereit.
5. Beginne erst dann mit dem Experiment, wenn deine Lehrerin oder dein Lehrer es erlaubt.

Beobachtung von Experimenten

1. Kläre vorab, welche Beobachtungsaufträge sich aus der Zielsetzung des Versuchs ergeben.
2. Skizziere den Versuchsaufbau und notiere die Eigenschaften der Ausgangsstoffe (Farbe, Aggregatzustand, Geruch, Glanz usw.).
3. Beobachte den Verlauf des Versuchs ganz genau. Notiere anschließend sofort jede Beobachtung. Wiederhole den Versuch, wenn du etwas nicht genau erkennen konntest.
   Beachte: Schreibe nur das auf, was du siehst, hörst, riechst und eventuell fühlst. Notiere hier noch keine Deutungen oder Schlussfolgerungen!
4. Überlege dann, ob alle notierten Beobachtungen für die Aufgabenstellung wichtig sind und ob alle Beobachtungsaufträge erledigt werden konnten.

Auswertung von Experimenten

1. Gib, soweit wie möglich, für alle Beobachtungen eine Erklärung an. Berücksichtige dabei die Zielsetzung des Versuchs. Nutze dazu die Kenntnisse über die Eigenschaften von Stoffen. Beziehe auch deine Erfahrungen aus dem Alltag mit ein.
2. Welche Stoffe sind entstanden? Werte dazu die Beobachtungen zu den Eigenschaften der Reaktionsprodukte aus. Gib die Namen und gegebenenfalls die Formeln der entstandenen Stoffe an. Stelle, wenn möglich, ein Reaktionsschema oder eine Reaktionsgleichung auf.
3. Welche weiteren Erscheinungen wurden festgestellt? Sind Aussagen zu energetischen Veränderungen oder physikalischen Vorgängen möglich?
4. Überdenke zum Schluss noch einmal die Zielsetzung und die Aufgabenstellung und formuliere einen abschließenden Satz, der das Ergebnis des Versuchs zusammenfasst.

Richtig protokollieren

In den Naturwissenschaften werden Erkenntnisse aus Experimenten nur dann wissenschaftlich anerkannt, wenn die Versuche *reproduzierbar* sind, d. h. es muss sichergestellt sein, dass auch andere Wissenschaftler die Versuche durchführen können und zu den gleichen experimentellen Ergebnissen kommen. Aus diesem Grund muss jeder Versuch ganz exakt schriftlich protokolliert werden. Wissenschaftler verwenden dazu ein Labortagebuch.
Auch im Chemieunterricht werden die Versuche daher protokolliert.

Protokoll eines Versuchs

Versuchsprotokolle im Chemieunterricht werden immer nach dem gleichen Gliederungsschema erstellt:

1. Die Versuchsüberschrift gibt die *Aufgabenstellung* oder die *Zielsetzung* des Versuchs an.
2. Eine Liste der Geräte und Chemikalien informiert über die notwendigen *Materialien*.
3. Unter *Durchführung* wird detailliert beschrieben, wie der Versuch durchgeführt wird.
4. Anschließend werden die *Beobachtungen* notiert.
5. In der *Auswertung* erklärt man die beobachteten Veränderungen. Die Auswertung schließt oft mit einem *zusammenfassenden Satz*.

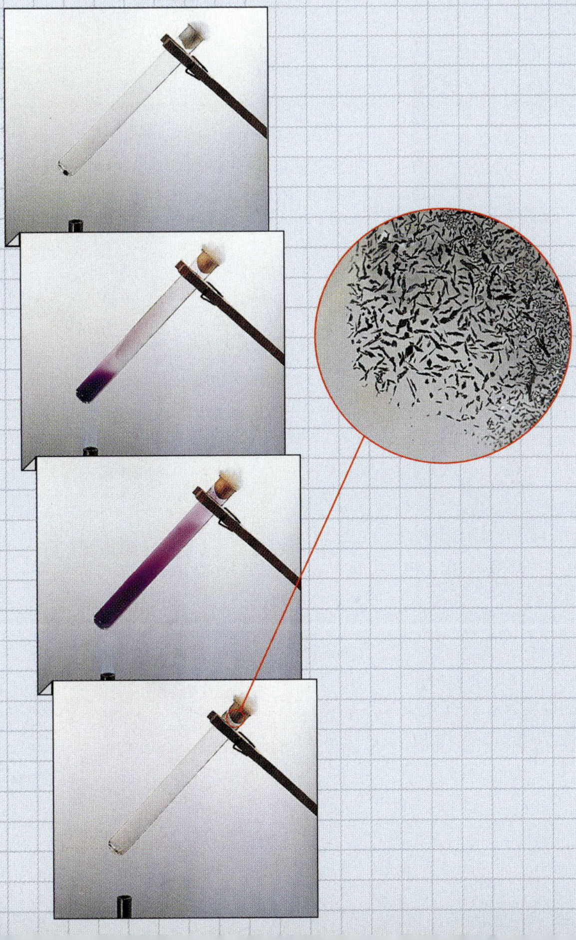

V1: Erwärmung und Abkühlung von festem Iod

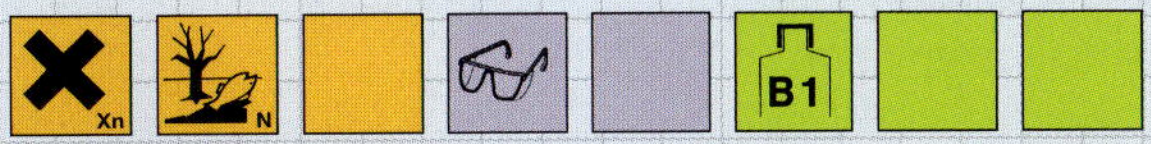

Materialien: Gasbrenner, Wattebausch;
Iod (Xn, N).

Hinweis: Geräte, die zu der experimentellen Grundausstattung gehören, werden auf den einzelnen Praktikumsseiten nicht jedes Mal einzeln aufgeführt (Reagenzgläser, Reagenzglashalter, Reagenzglasständer, Spatel, Stativmaterial).

Durchführung:
1. Gib einen Iodkristall in ein Reagenzglas und verschließe es mit dem Wattebausch.
2. Reguliere die Brennerflamme auf die kleinst mögliche Einstellung.
3. Erwärme das Reagenzglas vorsichtig, bis sich farbige Dämpfe bilden. Halte dazu das Reagenzglas mehrfach nur kurz in die Flamme.
4. Stelle das Reagenzglas ab und lasse es abkühlen.

Aufgaben:
a) Notiere deine Beobachtungen.
b) Erkläre die Vorgänge während des Erhitzens und Abkühlens. Wie bezeichnet man diese Vorgänge?

Versuchsprotokoll:
Erwärmung und Abkühlung von festem Iod

Aufgabe: Erwärme festes Iod und lasse es anschließend wieder auf Raumtemperatur abkühlen.

Geräte und Chemikalien: Reagenzglas, Reagenzglasständer, Reagenzglashalter, Gasbrenner, Spatel, Wattebausch; Iod (Xn, N).

Durchführung: Wir haben mit einem Spatel einen Iodkristall in ein Reagenzglas gegeben und das Reagenzglas mit einem Wattebausch verschlossen. Das Reagenzglas wurde solange vorsichtig erwärmt, bis sich Dämpfe bildeten. Dann haben wir das Reagenzglas zum Abkühlen in dem Reagenzglasständer abgestellt.

Beobachtungen:
- Es bilden sich blauschwarze Kristalle.
- Beim Erwärmen bildet sich über dem Iodkristall ein violettes Gas, ohne dass das Iod schmilzt.
- Beim Abkühlen beobachtet man eine Entfärbung. An der Reagenzglaswand bilden sich dabei zahlreiche kleine Kristalle.

Auswertung:
- Iod verdampft beim Erwärmen, ohne dass es vorher flüssig wird. Diesen direkten Übergang vom festen in den gasförmigen Zustand bezeichnet man als Sublimation.
- Beim Abkühlen bildet sich aus Iod-Dampf direkt festes, kristallines Iod. Diesen Übergang vom gasförmigen in den festen Zustand bezeichnet man als Resublimation.

Iod sublimiert bei Erwärmen; Iod-Dämpfe resublimieren beim Abkühlen.

Methode

Wie Naturwissenschaftler arbeiten: Von der Beobachtung zur Theorie

Rotkraut ist manchmal rot und manchmal blau. Beim Kochen wird Rotkraut blau.

Die Farbe ist abhängig von äußeren Bedingungen.

Gibt man ein Stück Apfel in blaues Rotkraut, so tritt die rote Farbe wieder auf.

Frage: Wodurch wird der Farbumschlag bewirkt?

Vermutung: Der Zucker aus dem Fruchtfleisch des Apfels bewirkt den Farbumschlag.

Experiment: Blaues Rotkraut wird mit Fruchtzucker versetzt.

Beobachtung: Es erfolgt keine Farbänderung.

Schlussfolgerung: Die Vermutung war falsch.

Neue Vermutung: Die Säure aus dem Fruchtfleisch des Apfels bewirkt den Farbumschlag.

Experiment: Blaues Rotkraut wird mit Essig oder mit Zitronensaft versetzt.

Beobachtung: Die Farbe schlägt nach rot um.

Theorie: Saure Stoffe bewirken im Farbstoff des Rotkrauts einen Farbumschlag von blau nach rot.

Wir beobachten Vorgänge und Erscheinungen in der Umwelt.

↓

Wir fragen nach den Ursachen der Erscheinungen und vermuten bestimmte Zusammenhänge.

↓

Wir überprüfen die Vermutungen durch Experimente. Dabei beobachten wir die Erscheinungen genau.

↓

Bestätigen die Experimente die Vermutungen nicht, so müssen wir die Vermutungen als falsch ansehen.

Bestätigen die Experimente die Vermutungen, so können wir die Vermutungen als richtig ansehen.

↓

Eine vielfach bestätigte Vermutung wird zu einer Theorie. Mithilfe einer Theorie lassen sich Beobachtungen vorhersagen.

Rotkraut oder Blaukraut?

Praktikum

Zerkleinern und Aufkochen

Filtrieren

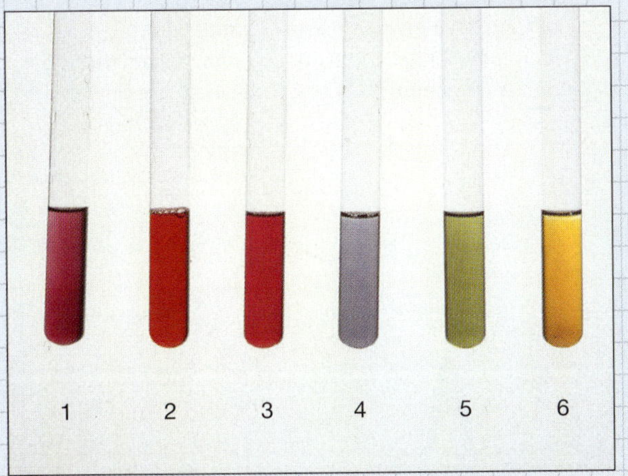

Rotkohlsaft (1). Nach Zugabe von: Essig (2), Zitronensaft (3), Natron (4), Kernseife (5), Natriumhydroxid (6).

V1: Herstellung von Rotkrautsaft

Materialien: Heizplatte, Messer, Becherglas (400 ml, breit), Becherglas (250 ml, hoch), Trichter, Filtrierpapier; Rotkraut.

Durchführung:

1. Zerkleinere das Rotkraut und gib die Schnitzel in das große Becherglas.
2. Gib etwa 200 ml Wasser dazu, koche kurz auf und filtriere den Rotkrautsaft ab.

V2: „Rot“kraut contra „Blau“kraut

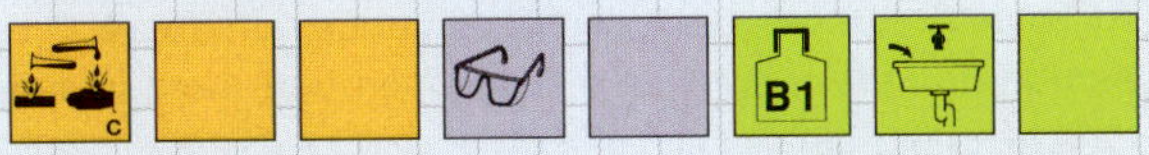

Materialien: Tropfpipette;
Rotkrautsaft, Zitronensaft, Haushaltsessig, Natron (Natriumhydrogencarbonat), Kernseife, Natriumhydroxid (C).

Durchführung:

1. Fülle fünf Reagenzgläser jeweils zu einem Viertel mit Rotkrautsaft.
2. Gib zu der ersten Probe tropfenweise Haushaltsessig, bis sich die Farbe nicht mehr ändert.
3. Versetze die zweite Probe mit Zitronensaft.
4. Gib in die dritte Probe eine Spatelspitze Natron und schüttle. Wiederhole die Natronzugabe, bis sich die Farbe nicht mehr ändert.
5. Gib in die vierte Probe nach und nach kleine Stückchen Kernseife und schüttle jeweils.
6. Gib in die fünfte Probe mit dem Spatel vorsichtig drei Natriumhydroxid-Plätzchen. Das Natriumhydroxid darf dabei nicht mit den Fingern berührt werden. Entsorge die Lösung im Behälter B1.

Experimentelle Hausaufgabe:

1. Untersuche Rotkohlsaft und schwarzen Tee mit folgenden Stoffen: Zitronensaft, Essig, Kernseife, Salz, Zucker, Wein.
   Gieße die Lösungen anschließend in den Ausguss.
2. Beschreibe deine Beobachtungen und stelle Vermutungen über die Farbänderungen auf.

Praktikum

Umgang mit dem Gasbrenner

Bei Versuchen im naturwissenschaftlichen Unterricht müssen häufig Stoffe erhitzt werden. Man verwendet dazu Gasbrenner für Erdgas oder Propangas. Damit man mit diesen Brennern gefahrlos umgehen kann, sind bestimmte Regeln zu beachten.

V1: Führerschein für den Gasbrenner

Materialien: Gasbrenner.

Durchführung:

Vorbereitung

1. Stelle den Gasbrenner kippsicher auf eine feuerfeste Unterlage.

2. Schließe den Gasschlauch des Brenners an die Gaszuleitung des Tisches an.

3. Schließe die Gas- und die Luftzufuhr des Brenners.

Achtung: Binde lange Haare zusammen und trage immer eine Schutzbrille.

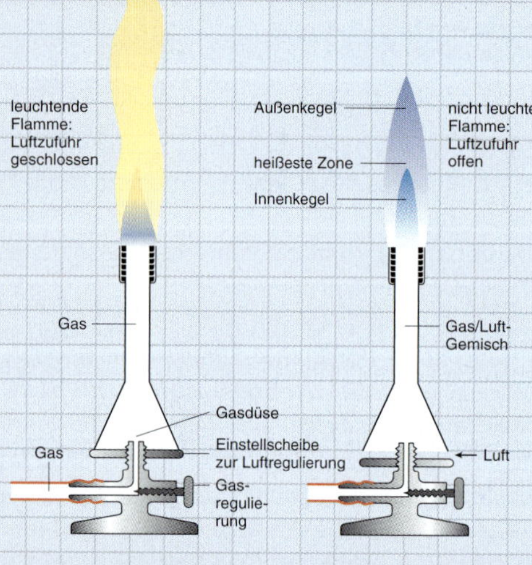

4. Öffne zuerst die Gaszufuhr am Brenner und dann das Ventil an der Gaszuleitung. Entzünde das ausströmende Gas. Arbeite dabei zügig, aber ohne Hektik!

5. Verändere die Höhe der Gasflamme mit der Gasregulierschraube am Brenner, bis die Flamme kräftig gelb leuchtet.

6. Öffne dann die Luftzufuhr, bis du eine blaue nicht leuchtende Flamme erhältst.

7. Die Höhe der Brennerflamme soll der Breite deiner Hand entsprechen. Arbeite nur mit der blauen, aber noch nicht rauschenden Brennerflamme.

8. Um den Brenner zu löschen, schließt du das Ventil an der Gaszufuhr. Die Flamme erlischt.

9. Wiederhole den Ablauf, bis du ihn sicher beherrscht. Jetzt hast du den Führerschein für den Gasbrenner absolviert.

Achtung: Der Gasbrenner darf während der Arbeit nicht unbeaufsichtigt bleiben.

V2: Untersuchung der Brennerflamme

Materialien: Gasbrenner, Magnesiastäbchen.

Durchführung:

1. Entzünde den Gasbrenner und stelle eine blaue, leicht rauschende Flamme ein. Die Flamme besteht aus einem inneren, hellblauen und aus einem äußeren, dunkelblauen Kegel.

2. Untersuche mithilfe eines Magnesiastäbchens die beiden Flammenkegel. Halte das Stäbchen zunächst einige Zeit ruhig in den inneren Kegel. Ziehe es dann langsam von unten nach oben durch die Flamme.

Aufgaben:

a) Beschreibe deine Beobachtungen.

b) Wo ist die heißeste Zone der Flamme? Achte besonders auf die Ränder der Flamme und auf den Übergang vom inneren zum äußeren Flammenkegel.

Regeln für das Erhitzen von Stoffen im Reagenzglas

1. Fülle das Reagenzglas immer nur zu einem Viertel.
2. Gib bei Flüssigkeiten ein Siedesteinchen hinein.
3. Halte das Reagenzglas mit einem Reagenzglashalter an seinem oberen Ende fest und führe es schräg in die Flamme.
4. Beginne mit dem Erhitzen in Höhe des Flüssigkeitsspiegels. Schüttle dabei das Reagenzglas leicht, damit der Inhalt gleichmäßig erwärmt wird.
5. Richte die Reagenzglasöffnung niemals auf dich oder andere Personen.

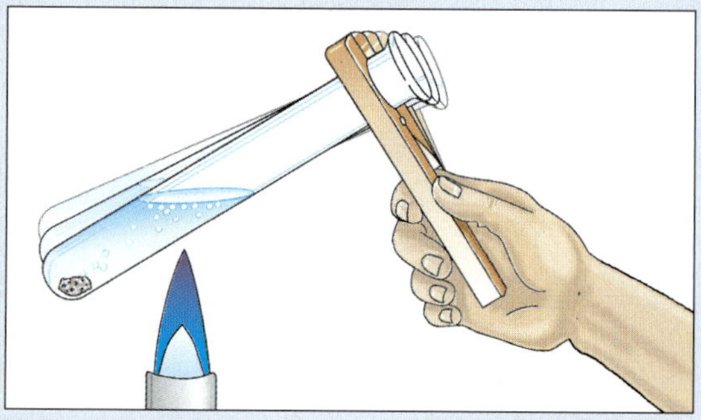

Richtiger Umgang mit Brenner und Reagenzglas

Richtig Messen

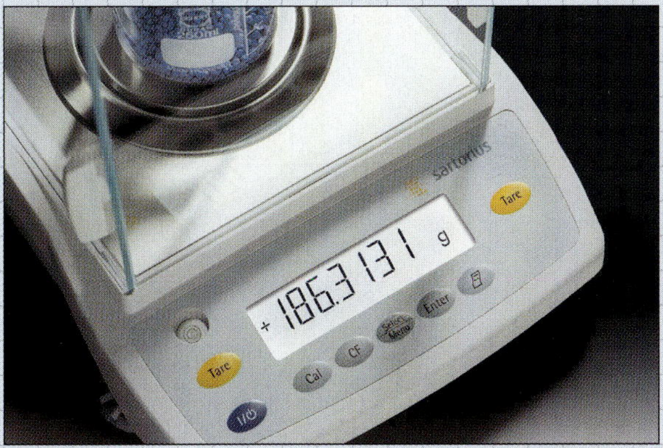

Laborwaage

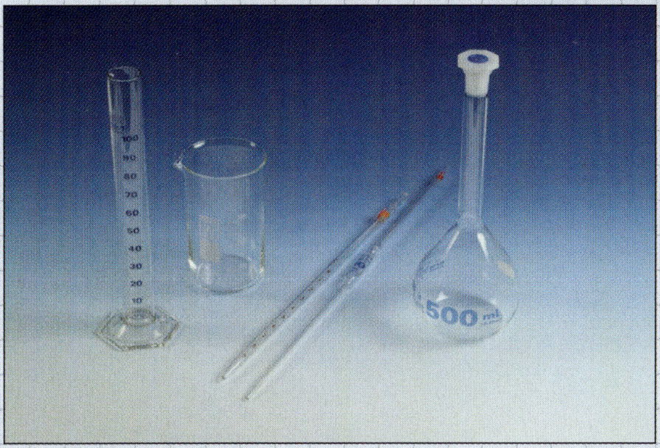

Gefäße zur Volumenbestimmung

Viele Experimente lassen sich nur dann sinnvoll auswerten, wenn man die Versuchsvorschriften genau einhält. Vor allem geht es dabei um Angaben für die *Masse* und das *Volumen*.

Massenbestimmung. Für die Bestimmung der Masse von Stoffportionen benutzt man im Labor meist elektronische Waagen mit unterschiedlichen Messbereichen und Messgenauigkeiten. Für die meisten Experimente sind Waagen ausreichend, die die Masse auf ein hundertstel Gramm genau angeben.

Bei der Arbeit mit einer elektronischen Waage sind folgende Arbeitsschritte zu beachten:
- Schalte die Waage ein und warte, bis die Anzeige 0,00 g erscheint.
- Stelle ein geeignetes Gefäß auf die Waage und drücke die Tara-Taste (T). Die Anzeige zeigt dann erneut 0,00 g an.
- Gib mit einem Spatel zunächst eine kleine Portion in das Gefäß.
- Gib portionsweise weitere Substanz hinzu, bis der gewünschte Wert erreicht ist.

Tipp:
- Pulver kannst du auch auf einem Filtrierpapier abwiegen. Wenn man das Papier zu einer Röhre einrollt, lässt sich die Substanz ohne Verlust in ein anderes Gefäß überführen.
- Überschüssige Substanz darf nur dann in die Vorratsflasche zurückgegeben werden, wenn sie nicht verunreinigt ist.
- Beim Abwiegen solltest du störende Erschütterungen vermeiden. Auch ein Luftzug durch ein offenes Fenster kann die „Zahlen springen" lassen und die Angabe verfälschen.
- Achte auf den Messbereich. Ist er überschritten, zeigen manche Waagen ERROR an.

Volumenbestimmung. Je nachdem, wie genau ein Volumen abgemessen werden muss, nimmt man verschiedene Messgefäße:
- Wenn das Volumen nur näherungsweise eingehalten werden muss, verwendet man häufig *Bechergläser* mit einer groben Skala.
- Eine genauere Bestimmung des Volumens ermöglicht die stärker unterteilte Skala eines *Messzylinders*.
- Bei Standardvolumina, wie 50 ml oder 100 ml, die sehr genau eingehalten werden müssen, verwendet man *Messkolben* mit nur einer Markierung. Damit lässt sich das angegebene Volumen sehr genau abmessen; das Abmessen von kleineren Volumina ist jedoch nicht möglich.

Die Flüssigkeitsoberfläche in einem engen Rohr, wie beispielsweise im Hals eines Messkolbens ist zum Gefäßrand hin gewölbt und in der Mitte vertieft. Das Volumen ist dann richtig abgemessen, wenn der Messstrich mit dem tiefsten Stand der Flüssigkeit übereinstimmt.

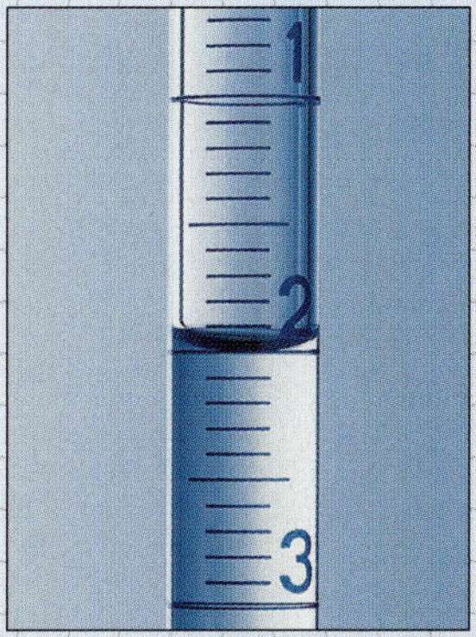

Tipp:
- Wähle ein Messgefäß, das dem benötigten Volumen und der geforderten Genauigkeit entspricht.
- Fülle das Gefäß langsam und beobachte, wie schnell die Flüssigkeit ansteigt.
- Stelle das Messgefäß auf eine ebene Unterlage, kurz bevor das Endvolumen erreicht wird. Bringe das Auge auf die Höhe des Flüssigkeitsspiegels und variiere den Blickwinkel, um ein Gefühl für den Ablesefehler zu bekommen.
- Gib tropfenweise weitere Flüssigkeit dazu, bis der Pegel mit dem Maßstrich übereinstimmt.

2 Stoffeigenschaften und Teilchenmodell

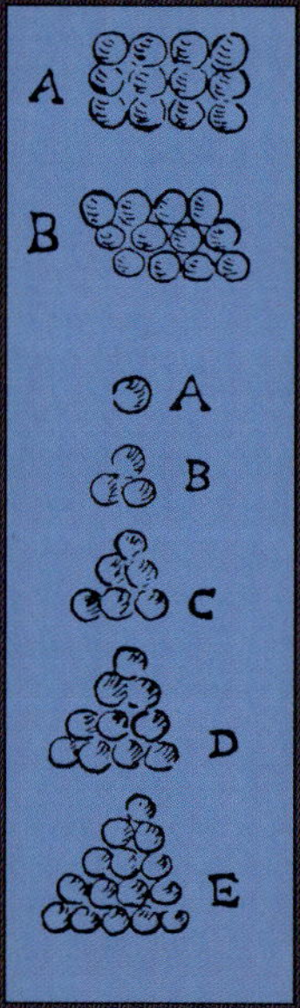

Johannes KEPLER, 1611: Vom sechseckigen Schnee.
„Da stets, wenn es zu schneien anfängt, die ersten Schneeflocken die Figur von sechsstrahligen Sternen zeigen, muss es eine bestimmte Ursache dafür geben. Denn es wäre Zufall, warum fallen sie nicht fünfstrahlig oder siebenstrahlig, warum immer sechsstrahlig?"

KEPLER vermutete bereits vor etwa 400 Jahren, dass Schneeflocken aus unsichtbaren, kleinen Teilchen aufgebaut sind. Als Modell zeichnete er Kugeln in Kugelschichten und dachte sich diese aufgeschichtet zu einer dichten Packung: „Und wieder wird eine Kugel von zwölf anderen berührt, nämlich von sechs benachbarten in derselben Ebene und von je dreien oben und unten."

Zentrale Fragen:
- Wie lassen sich die Eigenschaften eines Stoffes ermitteln?
- Wie lassen sich die Eigenschaften mit dem Aufbau aus kleinsten Teilchen erklären?

2.1 Erste Sinneseindrücke: Farbe, Geruch und Geschmack

So prüft man den Geruch von Chemikalien!

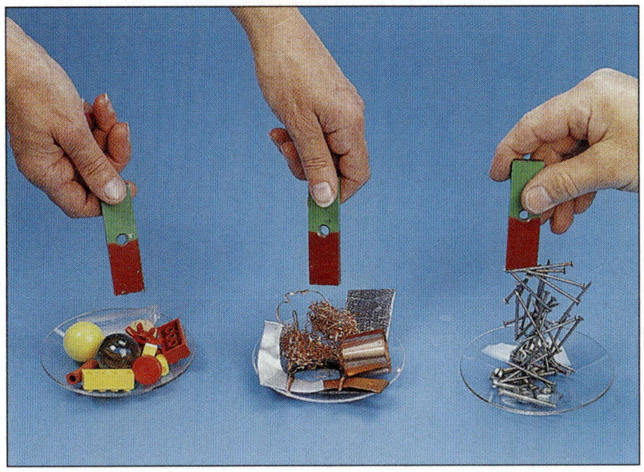

Magnetisch oder nicht? Ein Stabmagnet hilft weiter.

Die Chemie beschäftigt sich mit Stoffen und ihren Eigenschaften. Obwohl es unglaublich viele Stoffe gibt, kann man jeden Stoff an seinen Eigenschaften erkennen. Zunächst sind es unsere Sinne, mit denen wir im Alltag Stoffe beurteilen: Gold und Silber glänzen, haben aber verschiedene *Farben*. Ob die Salatsoße mit Essig oder mit Zitronensaft angerührt wurde, erkennt man schon am *Geruch*. Der süße *Geschmack* des Tees verrät, dass er Zucker oder einen Süßstoff enthält.

Farbe. Viele Stoffe sind farbig: Ruß ist schwarz, Schwefel ist gelb. Die Farbe eines Stoffes reicht aber häufig nicht aus, um ihn eindeutig zu identifizieren: Neben Silber sind auch andere Metalle wie Aluminium oder Chrom silberfarben.

Geruch. Besser als an der Farbe lässt sich ein Stoff an seinem typischen Geruch erkennen: Den frisch aufgesetzten Kaffee riecht man sofort, wenn man in die Küche kommt. Die menschliche Nase arbeitet wie ein empfindliches Messgerät. Schwefelwasserstoff-Gas aus faulen Eiern riecht man noch in einer Verdünnung von eins zu zehn Millionen. Ein Milliliter des Gases ist also noch in 10 000-Litern Luft wahrnehmbar. Viele Stoffe sind jedoch geruchlos. Weder Eisen noch Wasser oder Erdgas lassen sich am Geruch erkennen. Beim Erdgas kann das lebensgefährlich werden. Erdgas bildet nämlich explosive Gemische mit Luft, wenn es aus einem offenen Hahn oder einer defekten Leitung ausströmt. Damit die Gefahr bemerkt wird, mischt man dem Erdgas einen geringen Anteil einer stark riechenden Substanz bei.

Geschmack. Lebensmittel erkennen wir oft mühelos an ihrem Geschmack, obwohl die Sinneszellen der Zunge nur fünf Geschmacksqualitäten wahrnehmen: *süß, sauer, salzig, bitter* und *umami*. Chemikalien dürfen jedoch keinesfalls auf ihren Geschmack geprüft werden, denn viele dieser Stoffe sind ätzend, gesundheitsschädlich oder giftig.

Die meisten Stoffe lassen sich nicht allein mit den Sinnesorganen erkennen. So sieht man einer kupferfarbenen Münze nicht an, ob sie tatsächlich aus Kupfer besteht oder nur aus verkupfertem Eisen. Hier hilft ein Magnet: Eine Münze aus verkupfertem Eisen wird angezogen, eine Kupfermünze dagegen nicht. Man braucht im Allgemeinen Messgeräte oder andere Hilfsmittel, um Stoffe eindeutig zu identifizieren.

Viele Stoffe erkennt man an ihrer Farbe, ihrem Geruch oder ihrem Geschmack. Meist reichen diese Stoffeigenschaften aber nicht aus, um Stoffe zu identifizieren.

1 Gib fünf Stoffe und ihre Farben an. Notiere weitere fünf Stoffe, die farblos oder weiß sind.

Experimentelle Hausaufgaben:

2 Untersuche eine Probe Brausepulver mit einer Lupe.
a) Wie viele Arten von Kristallen erkennst du?
b) Prüfe die einzelnen Kristall-Arten auf ihren Geschmack.
c) Gib einen Wassertropfen sowohl auf einzelne Kristalle *einer* Art als auch auf eine Probe des Brausepulver-Gemischs. Notiere deine Beobachtungen.

3 Untersuche Essig, Salatöl, Mineralwasser und Apfelsaft auf ihre Farbe, ihren Geruch und ihren Geschmack. Notiere deine Beobachtungen in einer Tabelle.

4 Informiere dich in einem Biologiebuch, in welchen Bereichen der Zunge die einzelnen Geschmacksqualitäten wahrgenommen werden. Überprüfe die Informationen, indem du vor einem Spiegel einen Zuckerkristall, einen Tropfen Zitronensaft und einen Salzkristall auf verschiedene Stellen deiner Zunge bringst.

2.2 Wärmeleitfähigkeit und elektrische Leitfähigkeit

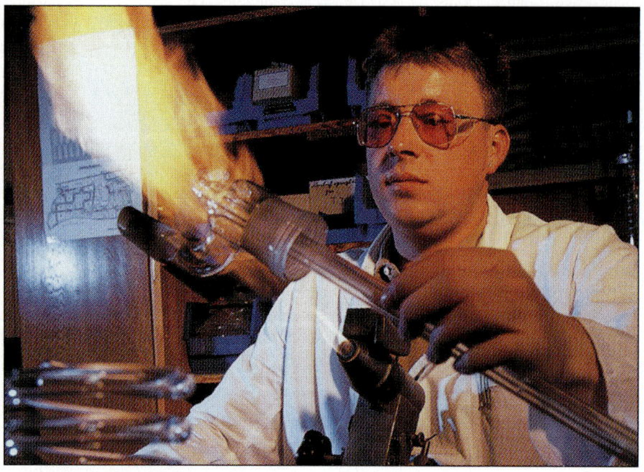

Der Glasbläser kann das Glas ruhig anfassen: Es ist ein schlechter Wärmeleiter.

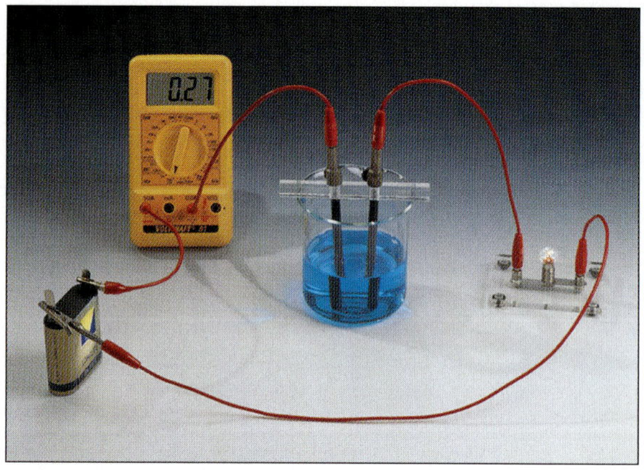

Die elektrische Leitfähigkeit einer Salzlösung wird mit Glühlampe und Strommesser geprüft.

Stoffe unterscheiden sich in ihrer Leitfähigkeit für Wärme und Elektrizität.

Wärmeleitfähigkeit. Ein Glasbläser hält ein Glasrohr bei der Arbeit an einem Ende mit der Hand fest, ohne sich die Finger zu verbrennen. Dabei erreicht das Rohr in der Flamme eine Temperatur von über 1000 °C. Offensichtlich wird Wärme durch Glas nur schlecht geleitet. Porzellan verhält sich ganz ähnlich: Man kann eine Tasse mit Tee sicher am Henkel halten, selbst wenn das Getränk sehr heiß ist.
Im Gegensatz zu Glas und Porzellan sind Metalle gute *Wärmeleiter.* Der Boden des Kochtopfs soll die Wärme der Herdplatte schnell und gleichmäßig an die Speisen weitergeben. Topfböden enthalten daher häufig eine Schicht aus Kupfer. Dieses Metall ist ein besonders guter Wärmeleiter.

Elektrische Leitfähigkeit. Kupfer leitet nicht nur die Wärme sehr gut, sondern auch den elektrischen Strom: Die Drähte in Elektrokabeln bestehen deshalb aus Kupfer. Verbindet man eine Batterie und eine Glühlampe durch Kupferleitungen, so leuchtet der Glühdraht in der Lampe hell auf. Der Glühdraht besteht aus Wolfram. Ähnlich wie Kupfer und Wolfram leiten auch alle anderen Metalle den Strom; es sind gute *elektrische Leiter*.
Reines Wasser leitet den Strom praktisch nicht. Löst man jedoch Salze oder Säuren darin auf, so steigt die elektrische Leitfähigkeit an. Allerdings ist die Leitfähigkeit dieser Lösungen viel geringer als die der Metalle. Kupfer leitet den Strom viele tausend Mal besser als Meerwasser.
Unterschiede in der elektrischen Leitfähigkeit untersucht man mithilfe eines *Strommessers*. Das Messgerät zeigt dabei die Stromstärke in Ampere an.

In einem Elektrokabel sind die einzelnen Leitungen mit einer Kunststoffschicht überzogen. Diese Kunststoffe sind *Nichtleiter.* Sie verhindern, dass sich zwei stromführende Leitungen berühren und so ein Kurzschluss entsteht. Die Isolierung des Kabels schützt gleichzeitig auch den Benutzer.
Porzellan und Glas sind weitere Stoffe, die den elektrischen Strom praktisch nicht leiten und daher zur Isolierung geeignet sind. Man nennt solche nicht leitenden Stoffe auch *Isolatoren*.

Metalle sind gute Leiter für Wärme und Elektrizität. Auch Säuren und Salzlösungen leiten den elektrischen Strom. Porzellan, Glas und viele Kunststoffe leiten den Strom nicht, sie sind Isolatoren.

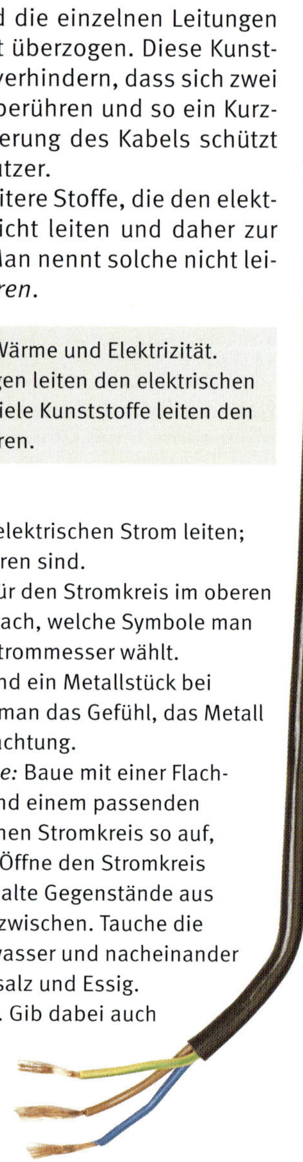

1 Gib fünf Stoffe an, die den elektrischen Strom leiten; notiere fünf Stoffe, die Isolatoren sind.
2 Zeichne eine Schaltskizze für den Stromkreis im oberen Bild. Schlage im Physikbuch nach, welche Symbole man für Batterie, Glühlampe und Strommesser wählt.
3 Wenn man ein Stück Holz und ein Metallstück bei Raumtemperatur anfasst, hat man das Gefühl, das Metall sei kälter. Erkläre diese Beobachtung.
4 *Experimentelle Hausaufgabe:* Baue mit einer Flachbatterie (4,5 V), drei Kabeln und einem passenden Glühlämpchen mit Fassung einen Stromkreis so auf, dass die Lampe hell leuchtet. Öffne den Stromkreis zwischen zwei Kabeln und schalte Gegenstände aus verschiedenen Materialien dazwischen. Tauche die Drahtenden auch in Leitungswasser und nacheinander in Lösungen von Zucker, Kochsalz und Essig. Notiere deine Beobachtungen. Gib dabei auch an, wie hell die Lampe jeweils leuchtet.

Chemie-Recherche

Location: http://www.schroedel.de/chemie_heute.html

Suche:

Stoffe und ihre Eigenschaften

Ergebnisse:

Parfüm und schöne Gerüche

Viele Riech- und Duftstoffe gewinnt man aus Pflanzenteilen: Rosenöle aus den Blütenblättern der Rosen und Nelkenöle aus den Knospen und Stielen des Gewürznelkenbaumes. Heute lassen sich viele Duftstoffe auch synthetisch im Labor herstellen. Der Parfümeur hat die Aufgabe, verschiedene Duftstoffe so zusammenzustellen, dass die neue Duftkomposition ankommt und ein Verkaufsschlager wird. Dabei helfen ihm ein verlässliches Gedächtnis für Gerüche und ein Überblick über die Preise der einzelnen Duftstoffe.

Münzautomaten

Wirft man eine Münze in einen Automaten, so landet sie oft wieder im Rückgabefach. Viele Menschen reiben dann die Münze an der Wand des Münzautomaten und hoffen, dass sie beim zweiten Einwurf angenommen wird. Wissenschaftlich gesehen ist dies unsinnig. Der Münzprüfer im Automaten misst zum einen den Durchmesser und das Gewicht der Münze und ermittelt außerdem, ob die Münze magnetisch ist. Der Kern der Bicolormünzen (1 Euro und 2 Euro) besteht aus reinem Nickel und ist somit magnetisch. Nur diese Münzen werden angenommen. Dass manche Münzen nicht beim ersten Mal angenommen werden, liegt meist daran, dass das Geldstück zu schnell in den Schacht geworfen wird. Die Sensoren haben dann nicht genügend Zeit, um die Messwerte zu erfassen.

Wärmedämmung am Haus

Zum Heizen braucht man viel Energie: Für ein Wohnhaus mit 100 m^2 Wohnfläche benötigt man durchschnittlich etwa 2500 Liter Heizöl oder 3000 m^3 Erdgas pro Jahr. Durch eine Verbesserung der Wärmeisolierung des Hauses kann man Heizenergie sparen. Aufnahmen mit einer Infrarot-Kamera zeigen, an welchen Stellen des Hauses Wärme durch die Außenwände oder durch das Dach verloren geht. Diese Bereiche hoher Wärmeleitfähigkeit müssen dann neu isoliert werden.

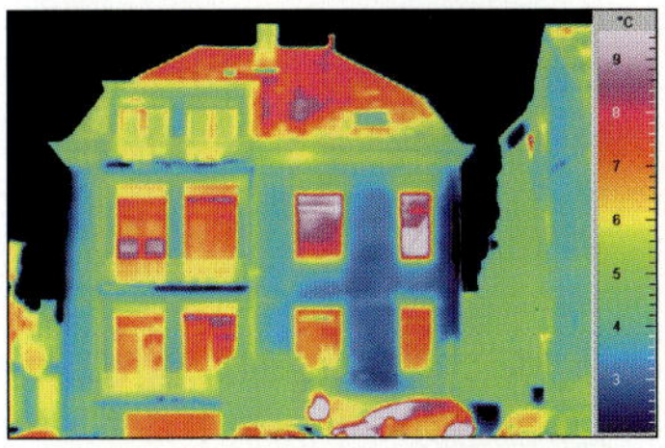

Metalle sind unterschiedlich hart

Reines Gold ist sehr weich: Es lässt sich leicht zu extrem dünnem Blattgold verarbeiten. Bestimmte Stahlsorten sind dagegen fast so hart wie Diamant: Man nennt sie „Widia"-Stähle.

Bereits 1825 ordnete Friedrich MOHS auf einer noch heute verwendeten *Härteskala* Stoffe nach ihrer Ritzhärte. Dabei prüft man, ob ein Stück eines Stoffes einen anderen mit der Ecke ritzen kann. Diamant erhält mit 10 den höchsten Wert, für jeden weiteren Härtegrad gibt es ein bestimmtes Testmineral. Gehärteter Stahl hat eine MOHSsche Härte von 8, die Härte von Gold liegt bei 2,5.

Aufgaben

1 Wohnhäuser werden heute gut isoliert, damit wenig Wärme von innen nach außen dringen kann. Welche Materialien sind besonders gut zur Wärmeisolation geeignet?

2 *Experimentelle Hausaufgabe:* Prüfe an Blechstücken von Eisen, Kupfer und Zink die Ritzhärte. Ordne die drei Stoffe nach ihrer Härte.

2.3 Dichte

Dichte von Cola und Cola light

Auf einer Party verteilt Janna Getränke an die Gäste. Immer wenn jemand Cola möchte, muss sie ganz tief ins Eiswasser greifen. Mit Cola-light hat sie es einfacher: Die Dosen liegen meist oben.

Eine 0,33-Liter-Dose Cola wiegt etwa 365 g, eine gleich große Dose Cola-light dagegen nur 355 g. Bei gleichem Volumen ist Cola also schwerer als Cola-light. Wissenschaftlich ausgedrückt: Die **Dichte** von Cola ist größer als die Dichte von Cola-light.

Unter der Dichte ϱ (rho) versteht man den Quotienten aus Masse und Volumen einer Stoffportion:

$$\text{Dichte} = \frac{\text{Masse}}{\text{Volumen}} \qquad \varrho = \frac{m}{V}$$

Die Dichte wird meist in der Einheit $\frac{\text{g}}{\text{cm}^3}$ angegeben. Die Dichte hängt von der Temperatur ab: Mit steigender Temperatur dehnen sich die Stoffe aus, ihr Volumen nimmt also zu, die Dichte wird kleiner.

Feststoffe. Die Dichte für Aluminium beträgt $\varrho = 2{,}7\,\frac{\text{g}}{\text{cm}^3}$. Für Blei gilt: $\varrho = 11{,}4\,\frac{\text{g}}{\text{cm}^3}$. Man kann auch sagen: 1 cm^3 Aluminium wiegt 2,7 g, 1 cm^3 Blei hat die Masse 11,4 g. Aluminium gehört zu den *Leichtmetallen*, Blei ist ein *Schwermetall*. Als Grenze gilt der Wert $5\,\frac{\text{g}}{\text{cm}^3}$.

Um die Dichte eines Feststoffs zu ermitteln, wird zunächst ein Stück des Stoffs gewogen. Dann bestimmt man das Volumen: Dazu wird ein Messzylinder mit einem bestimmten Volumen Wasser gefüllt. Dann lässt man das zu untersuchende Stück in das Wasser eintauchen. Der Wasserspiegel steigt. Der Anstieg entspricht dem gesuchten Volumen. Um die Dichte zu berechnen, dividiert man die Masse durch das Volumen.

Flüssigkeiten. Zur Bestimmung der Dichte einer Flüssigkeit wiegt man einen leeren Messzylinder, füllt ein bestimmtes Volumen ein und wiegt erneut. *Beispiele:* 100 ml Wasser wiegen 100 g.

$$\varrho\,(\text{Wasser}) = \frac{100\text{ g}}{100\text{ ml}} = 1{,}00\,\frac{\text{g}}{\text{ml}} = 1{,}00\,\frac{\text{g}}{\text{cm}^3}$$

100 ml Alkohol besitzen die Masse 78,5 g:

$$\varrho\,(\text{Alkohol}) = \frac{78{,}5\text{ g}}{100\text{ ml}} = 0{,}785\,\frac{\text{g}}{\text{ml}} = 0{,}785\,\frac{\text{g}}{\text{cm}^3}$$

Gase. Die Dichte von Gasen lässt sich folgendermaßen ermitteln: Die Masse einer luftleer gepumpten Gaswägekugel wird genau bestimmt. Nun lässt man aus einem angeschlossenen Kolbenprober ein bestimmtes Volumen einer Gasportion in die Kugel strömen. Man wiegt erneut und errechnet die Differenz. So ergibt sich für 100 ml Luft bei Raumtemperatur und normalem Luftdruck eine Masse von 0,12 g:

$$\varrho\,(\text{Luft}) = \frac{0{,}12\text{ g}}{100\text{ ml}} = 0{,}0012\,\frac{\text{g}}{\text{ml}} = 1{,}2\,\frac{\text{g}}{\text{l}}$$

100 ml Helium wiegen 0,017 g:

$$\varrho\,(\text{Helium}) = \frac{0{,}017\text{ g}}{100\text{ ml}} = 0{,}00017\,\frac{\text{g}}{\text{ml}} = 0{,}17\,\frac{\text{g}}{\text{l}}$$

Die Dichte von Gasen hängt nicht nur von der Temperatur, sondern auch vom Druck ab: Eine Gasportion wird bei Druckerhöhung stets zusammengepresst; dabei sinkt das Volumen, die Dichte steigt. Deshalb sollten immer auch Temperatur und Druck genannt werden, bei denen die Dichte bestimmt wurde. In Tabellen findet man meist Werte für 25 °C und den normalen Luftdruck von 1013 hPa (1013 mbar).

Die Dichte eines Stoffes ist der Quotient aus Masse und Volumen. Die Dichte hängt von der Temperatur und bei Gasen vom Druck ab.

1 20 ml Olivenöl wiegen 18,4 g. Berechne die Dichte.
2 Bestimme die Masse der Luft in einem Klassenraum, der 12 m lang, 8 m breit und 2,70 m hoch ist.
3 Ballonfahrer unterscheiden zwischen Heißluftballons und Heliumballons. Erkläre, warum beide Typen aufsteigen und in der Luft schweben können.
4 *Experimentelle Hausaufgabe:* Ermittle die Dichten von Cola und von Cola-light, indem du jeweils ein bestimmtes Volumen abmisst und diese Portionen auswiegst.

20-g-Portionen verschiedener Stoffe

Dichtebestimmungen

Rechenbeispiel

Bestimmung der Dichte von Kupfer

Bestimmung der Masse m:

Ergebnis: m = 98,6 g

Bestimmung des Volumens V:

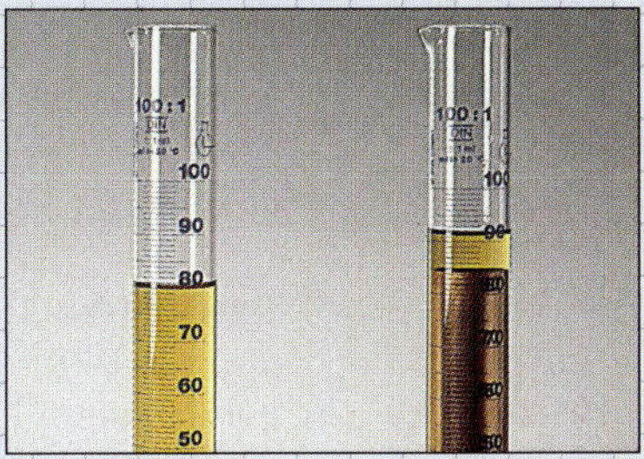

Ergebnis: V = 11 cm³

Berechnung der Dichte ϱ:

$m = 98{,}6\ \text{g}$

$V = 11\ \text{cm}^3$

$$\varrho = \frac{m}{V} = \frac{98{,}6\ \text{g}}{11\ \text{cm}^3} = 8{,}96\ \frac{\text{g}}{\text{cm}^3}$$

Ergebnis: Kupfer hat die Dichte $8{,}96\ \frac{\text{g}}{\text{cm}^3}$.

$\varrho\ (\text{Kupfer}) = 8{,}96\ \frac{\text{g}}{\text{cm}^3}$

V1: Welcher Stoff hat die größte Dichte?

Materialien: Waage, Messzylinder (100 ml); Eisenschrauben, Aluminiumblech.

Durchführung:

1. Fülle den Messzylinder mit genau 50 ml Wasser.
2. Wiege einige Eisenschrauben.
3. Gib die Schrauben vorsichtig in den Messzylinder und lies den Wasserstand erneut ab.
4. Wiederhole den Versuch mit dem Aluminiumblech.

Aufgaben:

a) Berechne die Dichte von Eisen und Aluminium.

b) Erkläre, warum Schiffe aus Stahl nicht sinken, obwohl die Dichte von Stahl größer ist als die Dichte von Wasser.

V2: Vergleich der Dichten von Spiritus und Wasser

Materialien: 2 Standzylinder, Reagenzglasklammer, Aräometer ($0{,}75\ \frac{\text{g}}{\text{ml}}$ bis $1{,}00\ \frac{\text{g}}{\text{ml}}$), Folienstift; Spiritus (F).

Durchführung:

1. Fülle einen Standzylinder zu drei Vierteln mit Wasser, den zweiten zu drei Vierteln mit Spiritus.
2. Lass die Reagenzglasklammer in das Wasser sinken und markiere die Eintauchtiefe mit dem Folienstift.
3. Wiederhole den Versuch mit Spiritus.
4. Wiederhole beide Versuche mit dem Aräometer.

Aufgabe: Notiere alle Beobachtungen und Messwerte.

V3: Ermittlung der Dichte von Luft

Materialien: Waage, stabile Kunststoffflasche (1000 ml) mit durchbohrtem Stopfen, Kolbenprober (100 ml), Glasrohr mit Hahn.

Durchführung:

1. Verschließe die Kunststoffflasche mit Stopfen und Hahn und wiege sie genau. Notiere den Wert.
2. Fülle den Kolbenprober mit 100 ml Luft.
3. Verbinde den Kolbenprober mit der Kunststoffflasche, drücke die Luft vollständig in die Flasche und schließe den Hahn.
4. Wiege die Flasche erneut und notiere die Masse.

Aufgaben:

a) Berechne die Dichte von Luft. Gib den Messwert in $\frac{\text{g}}{\text{ml}}$, und in $\frac{\text{g}}{\text{l}}$ an.

b) Vergleiche die Dichten von Wasserstoff, Helium, Stickstoff und Sauerstoff mit der Dichte von Luft.

Stoff	Dichte in $\frac{\text{g}}{\text{cm}^3}$	Stoff	Dichte in $\frac{\text{g}}{\text{cm}^3}$
Wasserstoff	0,00008	Aluminium	2,7
Helium	0,00017	Zink	7,14
Stickstoff	0,00117	Eisen	7,86
Sauerstoff	0,00131	Nickel	8,9
Waschbenzin	0,75	Kupfer	8,96
Alkohol	0,785	Blei	11,34
Wasser	0,997	Quecksilber	13,53
Brom	3,12	Gold	19,3

Dichten verschiedener Stoffe *(bei 25 °C und 1013 hPa)*

2.4 Teilchen – klein, aber oho!

Der Lösungsvorgang von Iod in Alkohol

Hält man einen Iod-Kristall in Alkohol, so beobachtet man, dass sich ein gelber Farbhof um den Kristall bildet. Gelbe Schlieren sinken langsam zu Boden. Im Laufe der Zeit breitet sich die gelbe Farbe von alleine in der gesamten Flüssigkeit aus.
In der Sprache der Chemie heißt das: Iod löst sich in Alkohol mit gelber Farbe. Die Lösung ist schwerer als reiner Alkohol und sinkt daher zu Boden. Die allmählich einsetzende gleichmäßige Durchmischung der Lösung bezeichnet man als **Diffusion.**

Teilchen-Vorstellung. Um das Auflösen des Kristalls und die Diffusion zu verstehen, macht man sich folgende Vorstellung: Alle Stoffe bestehen aus Teilchen, die so klein sind, dass man sie nicht sehen kann. In der Flüssigkeit befinden sich die Alkohol-Teilchen ständig in Bewegung. In einem Iod-Kristall besitzen die Iod-Teilchen dagegen eine bestimmte Anordnung. Auch sie sind ständig in Bewegung: Sie schwingen auf ihren Plätzen hin und her. Hält man den Iod-Kristall in Alkohol, so treffen Alkohol-Teilchen auf den Kristall und lösen einzelne Iod-Teilchen heraus. Im Laufe der Zeit vermischen sich Iod-Teilchen und Alkohol-Teilchen aufgrund ihrer *Eigenbewegung*. Die Ursache für die Diffusion ist also die ständige Bewegung der Teilchen.

Modell. Die Vorstellung vom Aufbau der Stoffe aus kleinsten Teilchen entstand lange, bevor man die Existenz von Teilchen beweisen konnte. Heute lässt sich durch Experimente sogar genau ermitteln, in welcher Weise die kleinsten Teilchen in einem Kristall angeordnet sind.
Mit der Vorstellung von den kleinsten Teilchen der Materie lassen sich Vorgänge wie das Lösen und die Diffusion anschaulich erklären. In den Naturwissenschaften spricht man bei derartigen Vorstellungen allgemein von einem *Modell.* So beschreibt das **Teilchenmodell** den Aufbau der Stoffe aus kleinsten Teilchen. Modelle sind Bilder, die helfen, sehr komplizierte Gegenstände oder Vorgänge zu vereinfachen und damit zu veranschaulichen. Ein bekanntes Beispiel für Modelle sind Landkarten. Ein Modell stimmt nie vollständig mit der Wirklichkeit überein: Was hilft schon eine Landkarte im Maßstab 1 zu 1.

Steckbrief: Teilchenmodell

1. Materie besteht aus kleinsten Teilchen. Der Raum zwischen den Teilchen ist absolut leer.
2. Die Teilchen verschiedener Stoffe unterscheiden sich in ihrer Größe und ihrer Masse.
3. Zwischen den Teilchen wirken Anziehungskräfte.
4. Die Teilchen sind ständig in Bewegung.
5. Mit steigender Temperatur bewegen sich die Teilchen heftiger.
6. In Feststoffen haben die Teilchen eine bestimmte Anordnung; sie sind dabei dicht gepackt und schwingen um ihre Plätze. In Flüssigkeiten bewegen sie sich ungeordnet, berühren sich aber gegenseitig. Bei Gasen sind die Anziehungskräfte überwunden. Die Teilchen bewegen sich sehr schnell und stoßen wie Billardkugeln zusammen. Die Abstände zwischen den Teilchen sind sehr groß.

Nach dem Teilchenmodell ist Materie aus kleinsten Teilchen aufgebaut. Die Teilchen verschiedener Stoffe unterscheiden sich in ihrer Größe. Die Teilchen sind ständig in Bewegung.

1 Zucker löst sich in Tee auch ohne Umrühren. Erkläre den Vorgang.

Maßeinheiten – ganz groß und ganz klein

Exkurs

Wenn man alltägliche Dinge vergleicht, kommt man oft zu Formulierungen wie „größer“ oder „kleiner“. So ist eine Katze größer als eine Maus, aber kleiner als ein Pferd.

In den Naturwissenschaften und auch in der Technik ist in den meisten Fällen die Aussage „größer“ oder „kleiner“ nicht ausreichend. Man benötigt vielmehr **Maßeinheiten,** die genaue Angaben erlauben und den Vergleich jederzeit wiederholbar machen.
Oft sind wir uns nicht bewusst, dass die Angabe der Körpergröße von 1,64 m nichts anderes als ein Vergleich ist. Wir vergleichen dabei die Körpergröße mit der Strecke zwischen den Markierungen des Urmeters und stellen fest: Die Körpergröße ist 1,64 mal so groß wie diese Strecke.

In vielen Fällen hat man sehr kleine oder sehr große Strecken, die man in der Einheit Meter misst. Die Zahlen werden dann sehr klein oder sehr groß. Um hier eine Vereinfachung zu schaffen, hat man *dezimale Teile* und *dezimale Vielfache* von Einheiten eingeführt. Jeder kennt die Einheiten ein Millimeter als ein tausendstel Meter und ein Kilometer für eintausend Meter.
Ganz ähnlich gibt es auch Millionstel und Billionstel und auch das Millionenfache und das Billionenfache einer Einheit. Wie bei Millimeter und Kilometer verwendet man dazu Vorsilben.

1 Ein Kernkraftwerk liefert eine elektrische Leistung von 1,3 GW ins Stromnetz. Berechne, wie viele 100-Watt-Glühlampen eingeschaltet werden müssen, um die gesamte Leistung des Kernkraftwerks zu verbrauchen.

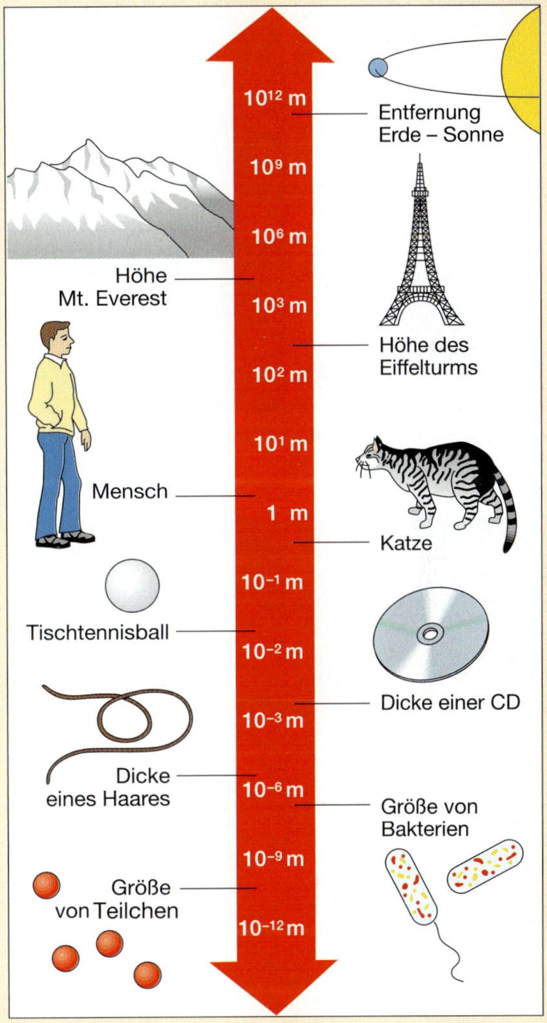

Vorsilbe	Abkürzung	Bezeichnung	Dezimalschreibweise	Zehnerpotenz	Beispiele
Tera-	T	Billion	1.000.000.000.000	10^{12}	1 Terawatt (1 TW)
Giga-	G	Milliarde	1.000.000.000	10^{9}	1 Gigahertz (1 GHz)
Mega-	M	Million	1.000.000	10^{6}	1 Megawatt (1 MW)
Kilo-	k	Tausend	1.000	10^{3}	1 Kilometer (1 km)
Hekto-	h	Hundert	100	10^{2}	1 Hektoliter (1hl)
Deka-	da	Zehn	10	10^{1}	1 Dekameter (1 dam)
			1	10^{0}	1 Volt (1 V)
Dezi-	d	Zehntel	0,1	10^{-1}	1 Dezimeter (1dm)
Zenti-	c	Hundertstel	0,01	10^{-2}	1 Zentimeter (1 cm)
Milli-	m	Tausendstel	0,001	10^{-3}	1 Milliampere (1 mA)
Mikro-	µ	Millionstel	0,000.001	10^{-6}	1 Mikroliter (1µl)
Nano-	n	Milliardstel	0,000.000.001	10^{-9}	1 Nanometer (1nm)
Piko-	p	Billionstel	0,000.000.000.001	10^{-12}	1 Pikofarad (1 pF)

2.5 Wasser löst Vieles ...

Wasser löst feste Stoffe: Kaliumpermanganat (A), Zucker (B)

Wasser löst Flüssigkeiten: Säure (A), Saftkonzentrat (B)

Wasser löst Gase: Kohlenstoffdioxid (A), Sauerstoff (B)

Viele *feste Stoffe* lösen sich ähnlich gut in Wasser wie Kochsalz oder Zucker. Besonders gut erkennen lässt sich der Lösungsvorgang bei farbigen Stoffen, wie dem violetten Kaliumpermanganat oder dem blauen Kupfersulfat. Es entstehen farbige **Lösungen.**

Auch viele Flüssigkeiten lösen sich in Wasser. Einige lassen sich sogar in beliebigen Verhältnissen mit Wasser vermischen. Das gilt beispielsweise für Alkohol. So ist Bier im Wesentlichen eine wässrige Lösung mit 50 ml Alkohol in einem Liter Wasser. Ein Liter Rum kann bis zu 800 ml Alkohol enthalten.
Konzentrierte wässrige Lösungen müssen für die Anwendung häufig verdünnt werden. Ein einfaches Beispiel ist das Verdünnen eines Saftkonzentrats bei der Zubereitung eines Getränks. Entsprechend erhält man auch die für den Chemieunterricht benötigten Säuren: Die konzentrierte Säure wird im gewünschten Verhältnis mit reinem Wasser verdünnt.

Wasser löst auch viele *gasförmige Stoffe,* beispielsweise Sauerstoff aus der Luft. Nur weil Wasser gelösten Sauerstoff enthält, können Fische über ihre Kiemen atmen.
Auch von dem Gas Kohlenstoffdioxid löst sich ziemlich viel in Wasser. Das Wasser schmeckt dann leicht säuerlich. Getränke, in denen Kohlenstoffdioxid gelöst ist, bezeichnet man deshalb als *kohlensäurehaltige* Getränke. Bei den Bläschen, die aus Sprudel, Sekt oder Bier aufsteigen, handelt es sich um nichts anderes als Kohlenstoffdioxid.

Die Löslichkeit von Gasen steigt mit zunehmendem Druck. Beim Abfüllen von kohlensäurehaltigen Getränken wird Kohlenstoffdioxid unter erhöhtem Druck gelöst. Öffnet man die Flasche, sinkt mit dem Druck auch die Löslichkeit des Gases: Es steigen Bläschen von Kohlenstoffdioxid auf.

Wasser ist ein Lösungsmittel für viele feste, flüssige und gasförmige Stoffe. Lösungen bestehen aus einem Lösungsmittel und dem gelösten Stoff. Die Löslichkeit von Gasen nimmt mit steigendem Druck zu.

1 Notiere einige Stoffe, die sich in Wasser lösen.
2 Erläutere, welche Lösungsvorgänge ablaufen, wenn man eine Brausetablette in ein Glas mit Wasser wirft.
3 Erkläre den Zweck von künstlichen Stromschnellen in Bächen oder Flüssen.
4 Informiere dich über die in Erfrischungsgetränken gelösten Teilchenarten. Stelle sie für mehrere Getränke nach Art und Menge in einer Tabelle zusammen.
Diskutiere deine Ergebnisse mit der Klasse.

2.6 ... aber nicht beliebig viel

Kupfersulfat wird gelöst

Kochsalz, Kupfersulfat, Natriumcarbonat und viele andere feste Stoffe lösen sich in Wasser. Aber es lassen sich nicht beliebig große Mengen auflösen. In 100 ml Wasser lösen sich bei 20 °C höchstens 36 g Kochsalz. Gibt man weiteres Salz hinzu, bleibt es unverändert als **Bodenkörper** liegen. Die überstehende Lösung ist dann mit Kochsalz **gesättigt.** Von jedem Stoff löst sich also nur eine bestimmte Menge, bis eine *gesättigte Lösung* entsteht.

Beim Erwärmen verschwindet der Bodensatz in vielen Fällen. Er löst sich zusätzlich in der bereits vorhandenen Lösung auf. Lässt man die warme Lösung abkühlen, bilden sich wieder Kristalle. Die Löslichkeit von festen Stoffen ist also von der Temperatur abhängig. In der Regel löst sich umso mehr, je höher die Temperatur des Lösungsmittels ist.

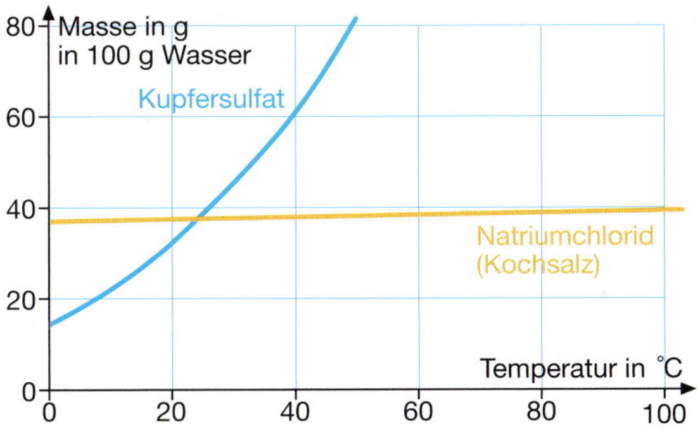

Einfluss der Temperatur auf die Löslichkeit von Natriumchlorid und Kupfersulfat

Die Zunahme der Löslichkeit ist allerdings unterschiedlich. Beim Kochsalz steigt die Löslichkeit nur wenig an, während sie sich beim Kupfersulfat stark erhöht.

Die Löslichkeit von Gasen wird mit steigender Temperatur geringer: In Mineralwasser gelöstes Kohlenstoffdioxid entweicht, wenn man die Lösung erhitzt. Wenn im Sommer kleine Gewässer zu stark von der Sonne erwärmt werden, kann dies für die im Wasser lebenden Organismen tödlich sein: Mit zunehmender Temperatur löst sich immer weniger Sauerstoff im Wasser. Die Lebewesen drohen zu ersticken.

Lösungen sind gesättigt, wenn sich ein Bodenkörper gebildet hat. Bei den meisten festen Stoffen steigt die Löslichkeit mit der Temperatur. Die Löslichkeit von Gasen nimmt mit steigender Temperatur ab.

1 Nenne zwei Möglichkeiten, wie man den Bodensatz einer gesättigten Lösung auflösen kann.
2 Erkundige dich, wie viel Salz in 1 l Meerwasser und in 1 l Wasser aus dem Toten Meer enthalten ist. Überlege, ob das Tote Meer eine mit Salz gesättigte Lösung ist.
3 Fische drohen in kleinen Teichen im Sommer zu ersticken. Gib eine Erklärung.
4 Industriebetriebe dürfen ihr warmes Kühlwasser auch dann nicht in Flüsse einleiten, wenn es vollkommen schadstofffrei ist. Erkläre.
5 Warme Cola schmeckt abgestanden. Erkläre.

Praktikum

Wasser als Lösungsmittel

V1: Wasser löst Feststoffe

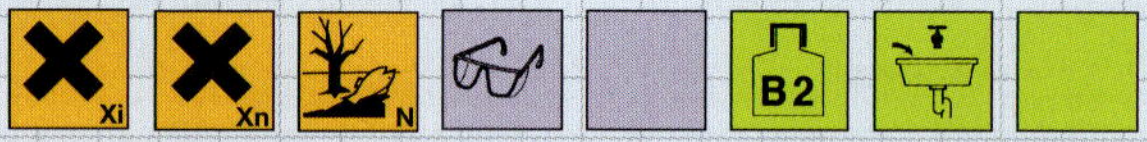

Materialien: Becherglas (200 ml), Waage; destilliertes Wasser, Natriumchlorid (Kochsalz), Kupfersulfat (Xn,N), Natriumcarbonat (Xi).

Durchführung:

1. Löse in 100 ml destilliertem Wasser möglichst viel Kochsalz. Gib portionsweise jeweils 5 g Salz zum Wasser, bis sich trotz gründlichem Umrühren nichts mehr löst.
2. Notiere die gelöste Salzmenge.
3. Wiederhole Schritt 1 mit
   a) Kupfersulfat in 50 ml Wasser
   b) Natriumcarbonat in 50 ml Wasser.
4. Notiere auch hier die gelösten Mengen.

Aufgaben:

a) Rechne jeweils auf 100 ml um und vergleiche die gelösten Mengen.

b) Gib an, woran du eine gesättigte Lösung erkennst.

V2: Wasser enthält gelöste Gase

Materialien: Becherglas (400 ml, hoch), Messzylinder (10 ml, 25 ml), Glastrichter, Thermometer, Gasbrenner; Leitungswasser, stilles Mineralwasser.

Durchführung:

1. Fülle das Becherglas mit Leitungswasser.
2. Stelle den Trichter auf den Boden des Becherglases und stülpe den mit Leitungswasser gefüllten Messzylinder darüber.
3. Erwärme das Wasser langsam unter Rühren auf 50 °C und lies nach jeder Temperaturerhöhung um 10 Grad das Gasvolumen im Messzylinder ab.
4. Wiederhole den Versuch mit stillem Mineralwasser. Verwende dabei den 25 ml Meßzylinder.

Aufgaben:

a) Notiere die Messwerte für die Wasserproben in Form einer Tabelle.

b) Vergleiche die Ergebnisse.

V3: Einfluss der Temperatur auf die Löslichkeit

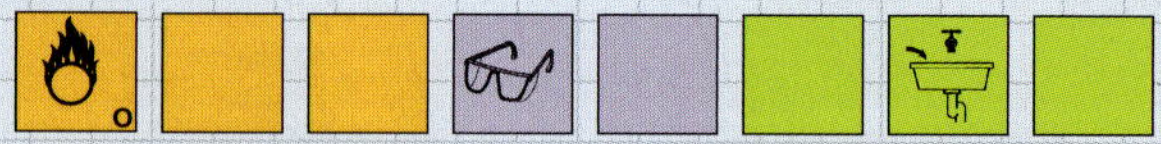

Materialien: Dreifuß mit Drahtnetz, Brenner, Becherglas (100 ml), Thermometer, Waage; destilliertes Wasser, Kaliumnitrat (O).

Durchführung:

1. Stelle mit 50 g Wasser und Kaliumnitrat eine gesättigte Lösung her.
2. Erwärme die Lösung langsam bis auf 100 °C. Rühre dabei um und gib nochmals 10 g des Salzes hinzu.

Aufgaben:

a) Notiere deine Beobachtungen.

b) Formuliere einen Je-desto-Satz in Bezug auf die gelöste Salzmenge und die Temperatur.

c) Vergleiche mithilfe der Abbildung auf Seite 27 die Temperaturabhängigkeit der Löslichkeit von Kaliumnitrat mit der von Natriumchlorid.

V4: Wasserhärte

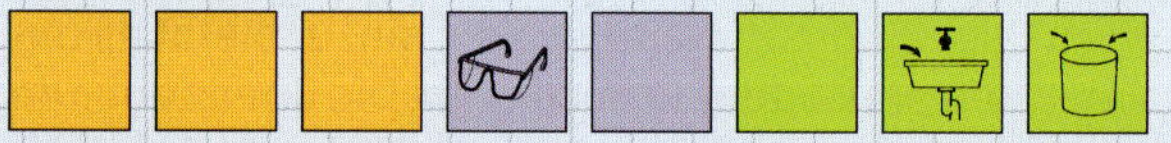

Materialien: Gesamthärte-Teststäbchen; Mineralwasser, Leitungswasser, Meerwasser, destilliertes Wasser.

Durchführung: Tauche ein Teststäbchen in die Wasserprobe und lies den Härtebereich ab.

Aufgabe: Notiere deine Messwerte.

V5: Schaumbildung

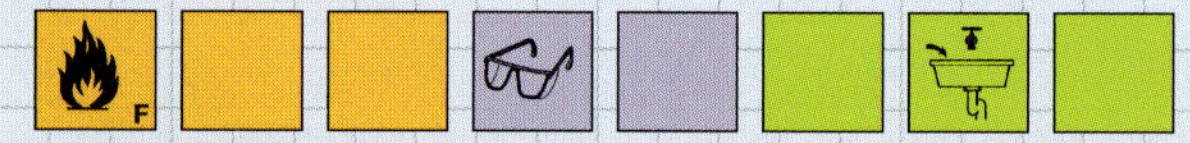

Materialien: Stopfen, Tropfpipette; Mineralwasser, Leitungswasser, Meerwasser, destilliertes Wasser, Seifenlösung (alkoholisch (F), nach BOUTRON und BOUDET).

Durchführung:

1. Fülle ein Reagenzglas zur Hälfte mit der Wasserprobe. Gib zwei Tropfen Seifenlösung hinzu, setze den Stopfen auf und schüttle kräftig.
2. Gib weitere Seifenlösung hinzu, bis sich durch das Schütteln ein bleibender Schaum bildet.
3. Wiederhole den Versuch mit den anderen Wasserproben.

Aufgabe: Notiere deine Beobachtungen.

Lösen und Kristallisieren

Züchten von Alaun-Kristallen

V1: Züchten von Alaun-Kristallen

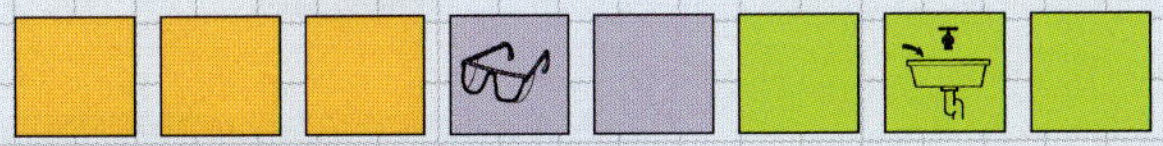

Materialien: 2 Bechergläser (400 ml), Becherglas (100 ml), Filtrierpapier, Trichter, Gasbrenner, Thermometer, dünner Faden (Perlon oder Nähgarn), Glasstab;
Alaun (Kaliumaluminiumsulfat).

Durchführung:

1. Löse 40 g Alaun in 200 ml warmem Wasser. Die Temperatur soll dabei 50 °C nicht überschreiten.

2. Lasse die Lösung auf Zimmertemperatur abkühlen. Dabei kristallisiert ein Teil des Alauns aus.

3. Filtriere die gesättigte Lösung in ein großes Becherglas und stelle die Lösung einige Tage lang an einen kühlen, möglichst gleichmäßig temperierten Ort.

4. Filtriere nach einigen Tagen einen Teil der überstehenden Lösung in das kleine Becherglas. Entnimm einen der zwischenzeitlich gebildeten Kristalle, befestige ihn an einem Faden und hänge ihn so in die Lösung in dem kleinen Becherglas, dass er ganz eintaucht.

5. Entferne jeweils nach einigen Tagen zusätzliche Kristalle vom Faden. Fülle gelegentlich gesättigte Alaun-Lösung gleicher Temperatur aus dem Vorratsgefäß nach.

Aufgaben:

a) Erkläre, warum über Tage und Wochen immer mehr Alaun auskristallisiert.

b) Beschreibe und zeichne die Form des Alaun-Kristalls.

c) Erkläre die geraden Kanten, glatten Flächen und gleichen Winkel.

d) Zeichne eine Modellvorstellung von der Anordnung der kleinsten Teilchen im Alaun-Kristall auf.

V2: Lösen von Kohlenstoffdioxid in Wasser

Materialien: Kolbenprober mit Hahn (100 ml), Becherglas;
Kohlenstoffdioxid.

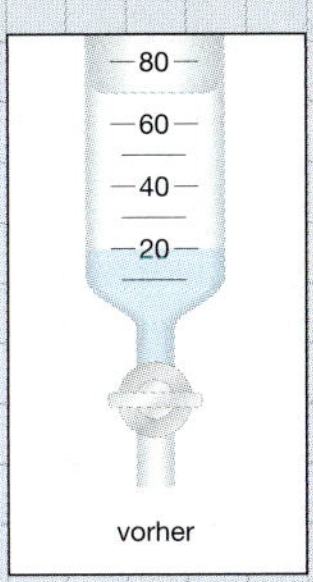

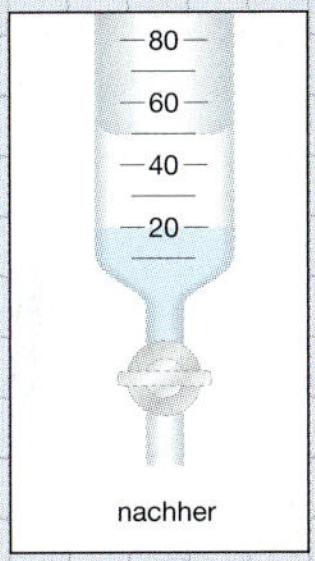

Durchführung:

1. Fülle den Kolbenprober mit 50 ml Kohlenstoffdioxid.

2. Sauge genau 20 ml Wasser aus dem Becherglas in den Kolbenprober und schließe den Hahn.

3. Schüttle den Kolbenprober kräftig und lies erneut das Gasvolumen ab. Berechne die Löslichkeit.

3. Wiederhole den Versuch mit Luft anstelle von Kohlenstoffdioxid.

Aufgabe: Berechne die Löslichkeiten für Kohlenstoffdioxid und für Luft in Wasser.

V3: Gleiche Tabletten – verschiedene Gasvolumina?

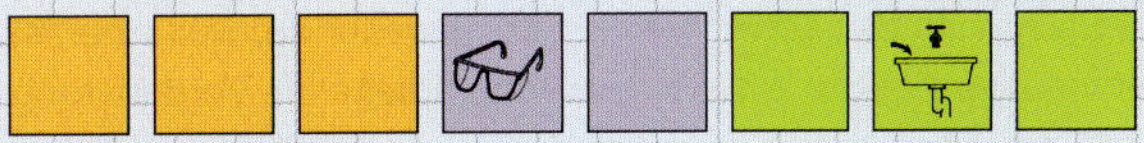

Materialien: Glaswanne, Standzylinder (200 ml), Deckglas; Folienstift, zwei Brausetabletten.

Durchführung:

1. Fülle den Standzylinder mit Wasser und decke ihn mit dem Deckglas ab. Stelle den Zylinder mit der Öffnung nach unten in die wassergefüllte Glaswanne. Entferne das Deckglas unter Wasser.

2. Gib eine Brausetablette in den Standzylinder. Markiere das Gasvolumen nach vollständiger Auflösung.

3. Gib eine zweite Tablette in den Standzylinder und markiere nach Auflösung erneut das Gasvolumen.

Aufgaben:

a) Erläutere, warum beim Lösen der zweiten Tablette ein größeres Gasvolumen entsteht.

b) Nenne den Zusammenhang, der zwischen den Messwerten in V2 und V3 besteht.

Chemie-Recherche

Location: http://www.schroedel.de/chemie_heute.html

Suche:

Lösungen – verdünnt und konzentriert

Ergebnisse:

Unser Trinkwasser – eine Lösung

Im Wasserbehälter vieler Kaffeemaschinen beobachtet man einen weißen Kalkbelag. Es handelt sich um Kesselstein, der sich aus dem Wasser beim Erhitzen abscheidet. Unser Trinkwasser ist also kein reines Wasser: Es ist eine Lösung, die verschiedene Stoffe enthält. Erhitzt man diese Lösung oder dampft man sie ein, so bleibt der Kesselstein zurück. Da Kesselstein ein schlechter Wärmeleiter ist, muss er regelmäßig entfernt werden. Dazu benutzt man häufig Zitronensäure.
Die Unterschiede zwischen Trinkwasser und destilliertem Wasser zeigen sich auch bei der Überprüfung der elektrischen Leitfähigkeit: Trinkwasser leitet den Strom, destilliertes Wasser dagegen nicht.

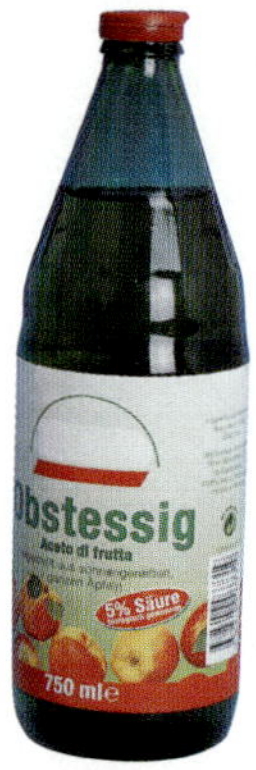

Essig – eine Säurelösung

Haushaltsessig ist kein reiner Stoff, sondern eine 5%ige Lösung von Essigsäure in Wasser. In 100 g Essig sind also 5 g reine Säure gelöst. Ist der Essig durch Vergären von Obst gewonnen worden, so enthält er zusätzlich Geschmacksstoffe von Äpfeln oder Weintrauben.

Das Tote Meer – eine konzentrierte Salzlösung

Das Tote Meer ist eine der Hauptattraktionen in Israel. Touristen versäumen es selten, dort Halt zu machen und sich ins Wasser zu legen: Das ist erstaunlicherweise auch ohne Schwimmbewegungen möglich.
Das Wasser des Toten Meeres ist eine etwa 25%ige Salzlösung. Aufgrund des hohen Salzgehalts ist die Dichte dieser Lösung so groß, dass Menschen darin nicht untergehen. Sie können schwimmend ein Buch lesen!
Der Salzgehalt des Toten Meeres steigt weiter an, weil einerseits über den Jordan immer weniger Wasser zufließt und andererseits die Verdunstung unverändert hoch bleibt.

Liköre – alkoholische Zuckerlösungen

Auf den Etiketten von verschiedenen Likören findet man als Hauptbestandteile Alkohol und Zucker. Der Alkohol-Anteil beträgt bis zu 30 % Vol: In 100 ml Likör liegen 30 ml Alkohol gelöst vor. Darüber hinaus sind in Likören Geschmacksstoffe enthalten, etwa die Aromastoffe von Orangen, Aprikosen oder Kirschen.

Löslichkeit von Stoffen (in g pro 100 g Wasser bei 20 °C)

Ammoniak	51,8	Natriumnitrat	88,3	Kaliumchlorid	34,2
Chlor	0,73	Calciumchlorid*	74,5	Kaliumnitrat	31,7
Kohlenstoffdioxid	0,173	Magnesiumchlorid*	54,6	Kupfersulfat*	20,8
Sauerstoff	0,0044	Natriumchlorid	35,9	Eisensulfat*	26,6
Stickstoff	0,0019	Magnesiumsulfat*	35,6	Alaun*	5,5

* Werte beziehen sich auf das wasserfreie Salz.

Aufgaben

1 **a)** Beschreibe den Unterschied beim vollständigen Eindampfen von 100 ml Leitungswasser und 100 ml Meerwasser.
b) Gib an, wie viel Gramm Salz beim Verdampfen von 100 g des Wassers aus dem Toten Meer ungefähr übrig bleiben.

2 Auf zwei Likörflaschen stehen die Angaben „22 % Vol“ und „38 % Vol“. Erläutere diese Angaben.

3 Berechne, wie viel Gramm Kaliumchlorid sich bei 20 °C in 500 g Wasser lösen lassen.

2.7 Wasser ist nicht das einzige Lösungsmittel

Produkte mit Lösungsmitteln

Fettfleckentfernung

Pinselreiniger und Verdünner

Neben Wasser können auch viele andere Flüssigkeiten als Lösungsmittel verwendet werden. Insgesamt gesehen spielt Wasser aber die größte Rolle. Denn es ist nicht nur besonders preisgünstig, sondern auch sehr vielseitig einsetzbar und dazu noch völlig ungefährlich.

Andere Flüssigkeiten kommen als Lösungsmittel dann ins Spiel, wenn man einen Stoff auflösen will, der sich in Wasser schlecht oder gar nicht löst. So ist Benzin praktisch unlöslich in Wasser: Schüttelt man Benzin zusammen mit Wasser in einem Reagenzglas, so hat man nach kurzer Zeit wieder zwei Schichten, unten das Wasser und oben das leichte Benzin.
Auch Öle und Fette sind unlöslich in Wasser, sie lösen sich aber in Benzin. Man nimmt deshalb Benzin zu Hilfe, wenn ein Fettfleck aus der Kleidung entfernt werden soll. Dieses *Waschbenzin* ist besonders gereinigt. Benzin von der Tankstelle darf keinesfalls verwendet werden, denn es enthält gesundheitsschädliche Stoffe.
Ähnlich wie Benzin haben viele Lösungsmittel einen charakteristischen Geruch. So geht der typische Geruch eines Alleskleber vom Lösungsmittel aus, in dem der Klebstoff gelöst ist. Das gilt ebenso für Nagellack und Nagellackentferner. Anders ist es bei einem Parfüm, das als Lösungsmittel hauptsächlich Alkohol enthält. Hier machen sich praktisch nur die gelösten Duftstoffe bemerkbar.
Im Gegensatz zum Wasser sind die meisten anderen Lösungsmittel brennbar. Bei vielen Produkten findet man auf der Verpackung deshalb das Gefahrensymbol mit der Flamme und dem Kennbuchstaben F für leichtentzündliche Stoffe. Beispiele sind neben Alleskleber auch Verdünner und Pinselreiniger.

Das Einatmen von Lösungsmittel-Dämpfen kann zu Gesundheitsschäden führen. Lösungsmittel können auch Schäden in der Umwelt verursachen, wenn man sie verschüttet. Gefährdet sind vor allem Kleinlebewesen in Gewässern.

Der Einsatz gefährlicher Lösungsmittel ist in den letzten zehn Jahren wesentlich verringert worden. So findet man bei vielen Anstrichfarben den blauen Umweltengel auf dem Etikett und den Hinweis „wasserverdünnbar". Die früher üblichen Lösungsmittel sind hier weitgehend durch Wasser ersetzt worden. Spezielle Verdünner und Pinselreiniger werden dann nicht mehr benötigt. Wenn es bei einem flüssigen Vielzweckkleber heißt „ohne Lösungsmittel", bedeutet es, dass auch hier nur Wasser als Lösungsmittel verwendet wird. In diesem Zusammenhang scheint man Wasser als das wichtigste Lösungsmittel gar nicht zu beachten.

Viele Stoffe, die sich in Wasser nicht lösen, können in anderen Flüssigkeiten gelöst werden. Solche Lösungsmittel sind meist brennbar und gesundheitsschädlich.

1 Stelle fest, welche Lösungsmittel du bei euch zu Hause findest. Notiere, wofür sie verwendet werden.
2 Warum sollten Lösungsmittel wie Pinselreiniger nicht auf die Haut gelangen? Überprüfe, ob auf dem Vorratsgefäß Sicherheitshinweise angegeben sind.
3 In einer Autowaschanlage kann man nach der Autowäsche das Auto mit Wachs einsprühen lassen. Zum Reinigen der Scheiben wird dann ein spezielles Reinigungstuch mitgegeben. Was muss dieses Reinigungstuch enthalten?

2.8 Änderung der Aggregatzustände

Eiswürfel auf einer heißen Herdplatte

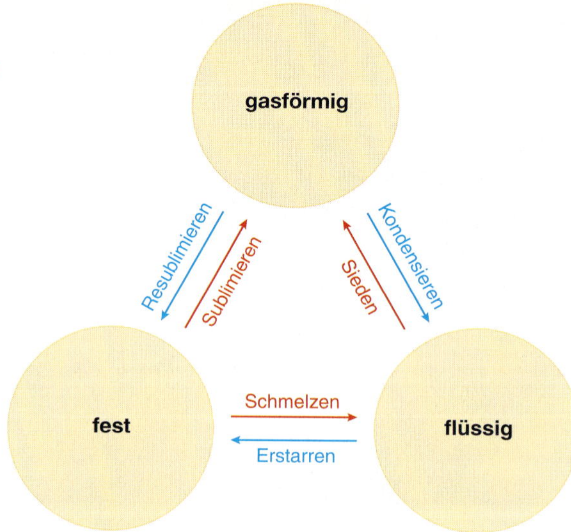

Aggregatzustände und ihre Veränderungen

Es gibt feste, flüssige und gasförmige Stoffe. Wasser ist der bekannteste Stoff, von dem wir alle drei *Zustandsformen* gut kennen: Eis, flüssiges Wasser und Wasserdampf sind unterschiedliche **Aggregatzustände** des gleichen Stoffes Wasser.

Schmelzen und Erstarren. Nimmt man einen Eiswürfel aus dem Gefrierfach, so hat er eine Temperatur von etwa –20 °C. Außerhalb des Gefrierfaches steigt die Temperatur. Wenn die Temperatur 0 °C erreicht hat, beginnt der Eiswürfel zu schmelzen. Dann liegt flüssiges Wasser von 0 °C vor.
Kühlt man flüssiges Wasser ab, so *erstarrt* es bei 0 °C wieder zu Eis.

Verdampfen und Kondensieren. Wird das Wasser weiter erwärmt, so steigt seine Temperatur an. Bei der Siedetemperatur von 100 °C bilden sich Wasserdampfblasen im Inneren des Wassers, das Wasser siedet und verdampft. Dabei geht es in den gasförmigen Zustand über.
Kühlt man Wasserdampf ab, zum Beispiel an einer kalten Fläche, so *kondensiert* er wieder zu Wasser.

Sublimieren und Resublimieren. Hängt man bei Frost nasse Wäsche auf die Leine, so wird sie zunächst hart wie ein Brett, weil das Wasser zu Eis gefriert. Nach einiger Zeit ist die Wäsche aber dennoch trocken: Das Eis ist direkt zu Wasserdampf geworden, ohne dass sich flüssiges Wasser gebildet hat. Diesen direkten Übergang vom festen in den gasförmigen Zustand nennt man *Sublimation:* Eis *sublimiert* zu Wasserdampf.
Auch der umgekehrte Vorgang, eine *Resublimation,* ist möglich: Bei Frost bildet sich Rauhreif. Aus dem Wasserdampf der Luft entsteht dabei auf direktem Eis.

Bei Wasser betragen die Schmelztemperatur und die Erstarrungstemperatur gleichermaßen 0 °C; beide Werte stimmen also überein. Dies gilt auch für alle anderen Stoffe. Ebenso stimmen stets Siedetemperatur und Kondensationstemperatur eines Stoffes überein: Der Dampf eines Stoffes kondensiert bei der Temperatur, bei der die Flüssigkeit siedet.

Manche Stoffe haben eine sehr hohe Schmelztemperatur. So schmilzt das Metall Eisen erst bei 1535 °C. Das Metall Wolfram hat gar eine Schmelztemperatur von 3410 °C. Der Rekordhalter mit der niedrigsten Schmelztemperatur unter den Metallen ist Quecksilber. Es schmilzt bereits bei –39 °C und ist also bei Raumtemperatur flüssig.

Nicht alle Feststoffe lassen sich ohne Weiteres in den flüssigen Zustand überführen: Beim Schmelzen von Zucker beobachtet man eine Braunfärbung und einen Geruch nach Karamell: Zucker zersetzt sich also während des Schmelzens. Statt flüssigem Zucker erhält man einen karamellartigen Stoff, der seine veränderten Eigenschaften auch beim Abkühlen behält. In Tabellen findet man dann keine Schmelztemperatur sondern die **Zersetzungstemperatur.**

Stoffe können fest, flüssig und gasförmig auftreten. Die Übergänge zwischen diesen Aggregatzuständen bezeichnet man als Schmelzen und Erstarren, Verdampfen und Kondensieren, Sublimieren und Resublimieren.

1 Beschreibe Vorgänge aus dem Alltag mit den Begriffen Schmelzen, Erstarren, Sieden, Kondensieren, Sublimieren und Resublimieren.

2 Auf einer heißen Herdplatte tanzen Wassertropfen. Erkläre diese Beobachtung.

Aggregatzustände im Teilchenmodell

Nach dem Teilchenmodell bestehen alle Stoffe aus kleinsten Teilchen, die sich in ständiger Bewegung befinden. Mit dem Teilchenmodell kann man das Lösen von Stoffen in Wasser sowie die Diffusion erklären.
Da die Diffusion bei höherer Temperatur schneller abläuft, nimmt man an, dass die Geschwindigkeit der Teilchen temperaturabhängig ist: je höher die Temperatur, desto größer die Geschwindigkeit der Teilchen.
Das Teilchenmodell kann damit auch zur Erklärung der Aggregatzustände benutzt werden.

Stoff	Erklärung	Teilchenmodell
	In einem Eiskristall sind die Wasser-Teilchen regelmäßig angeordnet. Zwischen den Teilchen herrschen starke Anziehungskräfte, so dass keines seinen Platz verlassen kann. Die Eigenbewegung der Teilchen ist auf Schwingungen um den Platz des Teilchens im Kristall beschränkt.	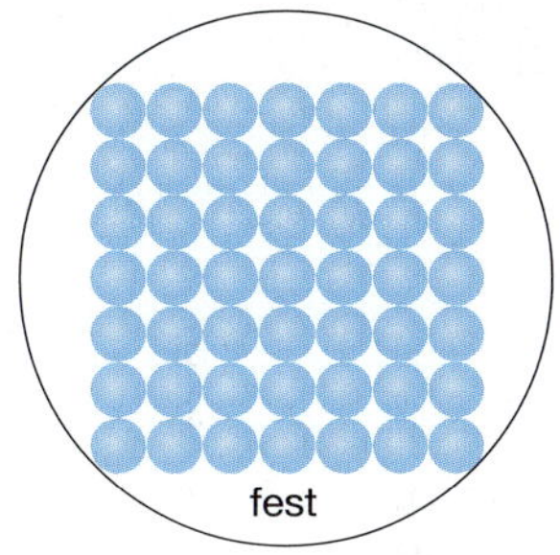
	Die Teilchen in flüssigem Wasser bewegen sich schneller als die Teilchen im Eis. Es existieren zwar noch Anziehungskräfte, aufgrund der größeren Geschwindigkeit sind die Teilchen jedoch beweglicher und damit leichter gegeneinander verschiebbar. Daher nehmen Flüssigkeiten jede durch ein Gefäß vorgegebene Form an.	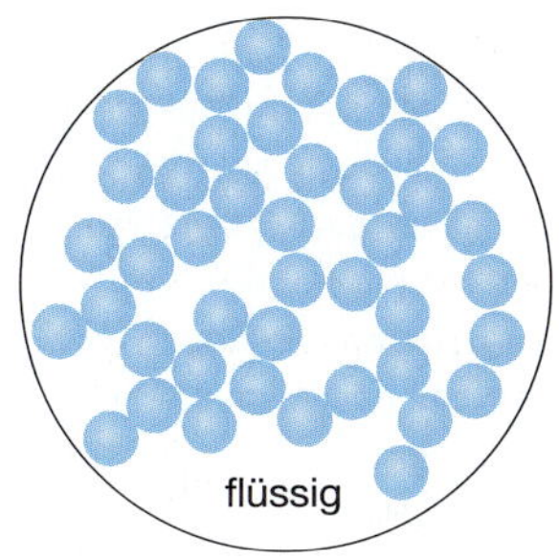
	Im gasförmigen Zustand ist die Geschwindigkeit der Wasserteilchen noch größer als in flüssigem Wasser. Damit werden die Anziehungskräfte zwischen den Teilchen vollständig überwunden. Der Abstand zwischen den Teilchen kann sich daher beliebig vergrößern. Ein Gas nimmt deshalb den gesamten zur Verfügung stehenden Raum ein.	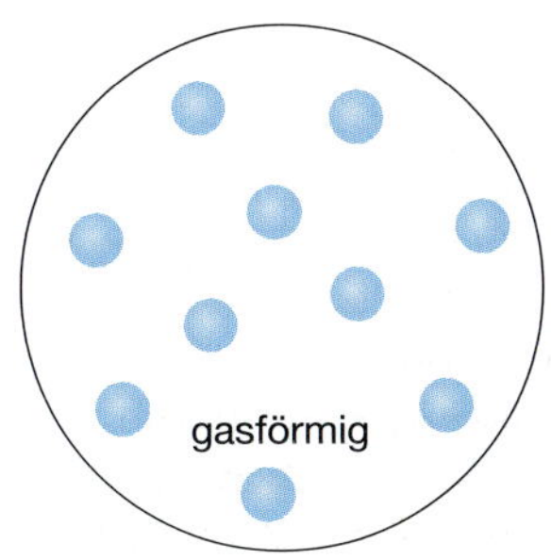

1 Vergleiche die Geschwindigkeit der Wasser-Teilchen im festen, flüssigen und gasförmigen Zustand.

2 Erkläre, weshalb eine Flüssigkeit im Gegensatz zu einem Gas nicht den gesamten verfügbaren Raum einnimmt.

Exkurs

Aggregatzustände und Temperaturänderung

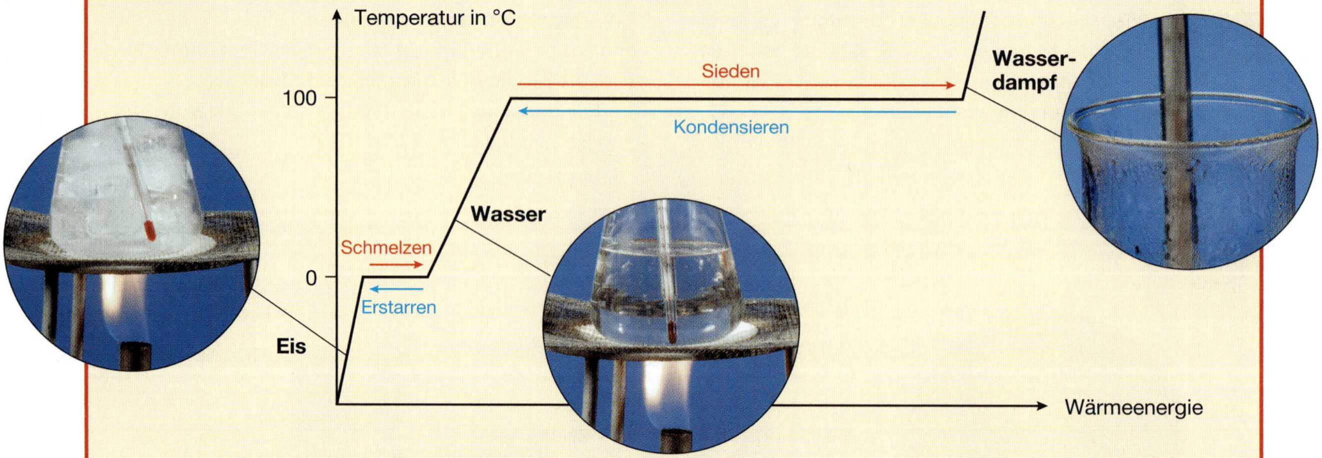

Temperatur/Wärmeenergie-Diagramm von Wasser

Der Aggregatzustand eines Stoffes ist abhängig von seiner *Temperatur.* Will man seine Temperatur erhöhen, muss man *Wärme* zuführen. Etwas komplexer sind die Verhältnisse beim Schmelzen und beim Sieden. In einem einfachen Experiment kann man den Zusammenhang untersuchen: Dazu erhitzt man mit dem Gasbrenner etwas Eis in einem Erlenmeyerkolben bis es geschmolzen und das entstehende Wasser schließlich verdampft ist.

Beim Erwärmen steigt die Temperatur des Eises. Diese Beobachtung bestätigt den eingangs beschriebenen Zusammenhang. Ist jedoch die Schmelztemperatur von 0 °C erreicht, so beobachtet man etwas, das jeder Erfahrung widerspricht: Obwohl ständig weiter Wärme zugeführt wird, bleibt die Temperatur konstant bei 0 °C. Erst wenn das gesamte Eis geschmolzen ist und Wasser mit einer Temperatur von 0 °C vorliegt, steigt die Temperatur des Wassers wieder.
Wenn die Siedetemperatur von 100 °C erreicht ist, beobachtet man das Gleiche wie beim Schmelzen: Obwohl man ständig weiter Wärme zuführt, verharrt die Temperatur bei 100 °C. Erst wenn das gesamte Wasser verdampft ist, steigt die Temperatur des Wasserdampfes über 100 °C hinaus an.

Schmelzwärme und Verdampfungswärme. Wenn man die Beobachtungen erklären will, muss man davon ausgehen, dass die Flamme des Brenners in jeder Sekunde gleich viel Wärme liefert und dass ein bestimmter Teil dieser Wärme von dem Eis oder dem Wasser aufgenommen wird. Der Rest erwärmt die Umgebung.
Zunächst bewirkt die aufgenommene Wärme die beobachtete Temperatursteigerung. Während des Schmelzvorgangs, also bei 0 °C, bewirkt die zugeführte Wärme keinen weiteren Temperaturanstieg, sondern sie wird für das Schmelzen benötigt. Man spricht daher von der *Schmelzwärme.*
Danach erhöht die zugeführte Wärme wiederum die Temperatur des nunmehr flüssigen Wassers. Bei 100 °C siedet das Wasser. Die dabei aufgenommene Wärmemenge bezeichnet man als *Verdampfungswärme.*
Bei der Kondensation von Wasserdampf wird die Verdampfungswärme wieder frei, ebenso beim Erstarren die Schmelzwärme.

Teilchenmodell. Beim Erwärmen von Eis wird durch die zugeführte Wärme die Bewegungsenergie der Teilchen vergrößert: Die Schwingungen der Teilchen im Kristall werden heftiger. Beim Schmelzen selbst wird die aufgenommene Wärme genutzt, um die Anziehungskräfte zwischen den Teilchen soweit zu überwinden, dass sie ihre Plätze im Kristall verlassen können.

Beim Erhitzen von Wasser nimmt die Geschwindigkeit der Wasser-Teilchen zu. Beim Sieden bleibt die Temperatur konstant; die zugeführte Wärme ermöglicht die Überwindung der Anziehungskräfte zwischen den Wasser-Teilchen. Danach sind die Teilchen im Wasserdampf frei beweglich und jede Wärmezufuhr führt wieder zu einer größeren Geschwindigkeit der Teilchen.

1 Erkläre den Begriff Schmelzwärme.
2 Erläutere, wie sich eine Änderung der Temperatur auf der Ebene der Teilchen auswirkt.
3 Erkläre, weshalb man selbst bei hohen Temperaturen im Sommer beim Verlassen eines Schwimmbeckens friert.
4 Während es schneit oder kurz danach registrieren die Meteorologen meist einen kurzen Temperaturanstieg. Erkläre diese Beobachtung.

Schmelzen und Sieden – näher betrachtet

V1: Erstarrungstemperatur von Stearinsäure

Materialien: Gasbrenner, Thermometer (0 °C bis 100 °C), Stoppuhr;
Stearinsäure.

Durchführung:

1. Gib 2 cm hoch Stearinsäure in ein Reagenzglas. Befestige es an einem Stativ. Stelle ein Thermometer hinein.
2. Erhitze die Substanz mit dem Gasbrenner bis auf 90 °C.
3. Lass die Schmelze abkühlen: Starte die Stoppuhr und miss alle 30 Sekunden die Temperatur. Rühre dabei die Schmelze jeweils mit dem Thermometer um.
4. Beende die Messungen, wenn die Schmelze vollkommen erstarrt und die Temperatur unter 50 °C gesunken ist.

Aufgaben:

a) Übertrage die Messwerte in eine Tabelle und erstelle ein Diagramm (x-Achse: Zeit; y-Achse: Temperatur).
b) Lies aus dem Diagramm die Erstarrungstemperatur ab. Vergleiche den Wert mit der in der Literatur angegebenen Schmelztemperatur.

V2: Volumenzunahme beim Verdampfen

Materialien: Becherglas (2 l), Luftballon mit Stopfen, Dreifuß mit Drahtnetz, Tropfpipette, Gasbrenner;
Ethanol (F).

Durchführung:

Hinweis: Der Umgang mit Ethanol in der Nähe offener Flammen ist untersagt. Die korrekte Einhaltung der Reihenfolge der folgenden Arbeitsschritte ist daher wichtig!

1. Erhitze in einem Becherglas etwa 500 ml Wasser bis zum Sieden, lösche danach die Brennerflamme.
2. Gib in einen Luftballon etwa 2 ml Ethanol und verschließe den Ballon mit einem Stopfen.
3. Tauche den Ballon mit dem Stopfen nach unten in das siedende Wasser.

Aufgabe: Erkläre die große Volumenzunahme des Ethanols.

V3: Siedetemperatur von Ethanol

Materialien: Becherglas, Thermometer (0 °C bis 100 °C), Dreifuß mit Drahtnetz, Gasbrenner;
Ethanol (F).

Durchführung:

Hinweis: Der Umgang mit Ethanol in der Nähe offener Flammen ist untersagt. Die korrekte Einhaltung der Reihenfolge der folgenden Arbeitsschritte ist daher wichtig!

1. Erhitze das Wasserbad bis zum Sieden, lösche dann die Brennerflamme.
2. Gib 2 cm hoch Ethanol in ein Reagenzglas, befestige es am Stativ und tauche es in das Wasserbad.
3. Stelle ein Thermometer in das Reagenzglas.
4. Starte die Stoppuhr und miss die Temperatur alle 30 Sekunden.
Beende die Messung, wenn die Temperatur wieder sinkt.

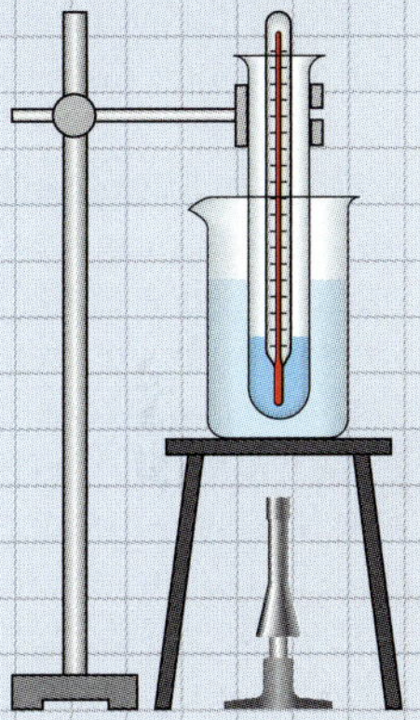

Aufgaben:

a) Erstelle eine Wertetabelle und ein entsprechendes Diagramm (x-Achse: Zeit; y-Achse: Temperatur).
b) Lies die Siedetemperatur ab. Erkläre, warum die Temperatur über längere Zeit konstant bleibt.

Erhitzen von Schwefel

Nicht alle Stoffe gehen beim Erhitzen einfach vom festen in den flüssigen und dann in den gasförmigen Zustand über. Manche Stoffe zeigen Besonderheiten. Erwärmt man Schwefel, so bildet sich bei 115 °C eine klare, hellgelbe Schmelze. Beim weiterem Erhitzen beobachtet man etwas Seltsames: die Schmelze wird immer dunkler und gleichzeitig zähflüssiger. Beim weiteren Erhitzen wird der Schwefel dann wieder dünnflüssiger. Bei 445 °C siedet die Schmelze und es bildet sich brauner Schwefeldampf.
Beim Abkühlen erstarrt die Schmelze wieder zu kristallinem Schwefel.

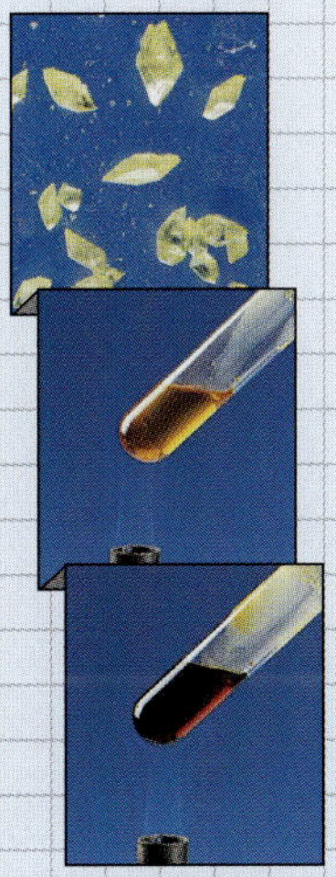

2.9 Kugelpackungsmodell – ein Bauplan für Kristalle

Kandiszucker-Kristalle

Betrachtet man Schneeflocken genau, so stellt man fest, dass sie immer sechs Zacken aufweisen, nie findet man Fünfecke oder Siebenecke. Vergleicht man Kandiszucker-Kristalle miteinander, so ist es ähnlich: Immer tritt die gleiche Form auf. In allen Fällen weisen die Kristalle ebene Flächen, gerade Kanten und charakteristische Winkel auf. Diese Flächen und Winkel lassen sich auf den *regelmäßigen* Aufbau aus kleinsten Teilchen zurückführen. Besonders einfach kann man den Aufbau eines Metall-Kristalls aus kleinsten Teilchen beschreiben: Es ist die dichteste Kugelpackung.

Dichteste Kugelpackung. Will ein Obsthändler seine Apfelsinen möglichst platzsparend aufschichten, so packt er eine erste Schicht von Apfelsinen so dicht wie möglich: im *Dreiecksmuster.* Dann stapelt er nach und nach weitere Schichten von Apfelsinen „auf Lücke“ darauf. Das geht wieder nur im Dreiecksmuster. Die so entstehende räumliche Anordnung von Kugeln ist von allen denkbaren Packungen die dichteste. Sie wird deshalb als *dichteste Kugelpackung* bezeichnet. Im Inneren einer solchen Packung besitzt jede Kugel zwölf Nachbarkugeln: Sie berührt sechs Kugeln in der gleichen Schicht, drei in der Schicht darunter und drei weitere in der Schicht darüber. Auch die Kristalle vieler Metalle wie Gold, Silber oder Kupfer sind ähnlich aufgebaut.

Aufbau des Kupfer-Kristalls. Kupfer-Teilchen sind unsichtbar klein. Trotzdem lässt sich aus Untersuchungen ableiten, dass sie im Kristall wie Kugeln in einer dichtesten Kugelpackung angeordnet sind: Ein Kupfer-Teilchen im Inneren des Kristalls wird von zwölf anderen Kupfer-Teilchen berührt.

Kupfer-Kristalle

Elementarwürfel. Kugelpackungen kann man in alle Richtungen beliebig weiterbauen. Um eine Packung zu charakterisieren, legt man einen typischen Ausschnitt daraus fest. Dieser soll so beschaffen sein, dass er – wie die charakteristische Einheit eines Tapetenmusters – durch Verschieben die ganze Packung aufbaut.

Um die dichteste Kugelpackung zu beschreiben hat man einen würfelförmigen Ausschnitt festgelegt. Dieser *Elementarwürfel* besteht aus 14 Kugeln. Die dadurch charakterisierte Kugelpackung heißt nach der lateinischen Bezeichnung des Würfels *(cubus)* auch *kubisch dichteste Kugelpackung.*

Kristalle weisen ebene Flächen, gerade Kanten und charakteristische Winkel auf, weil sie regelmäßig aus kleinsten Teilchen aufgebaut sind. Bei vielen Metallen wie Gold, Silber und Kupfer sind die Teilchen in einer kubisch dichtesten Kugelpackung angeordnet.

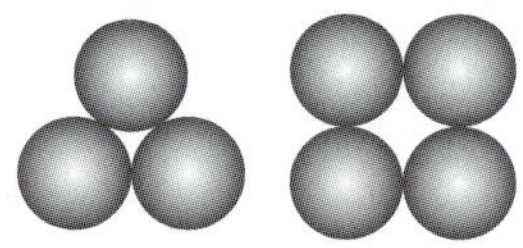

Experimentelle Hausaufgaben:

1 Lege vier Buchrücken zu einem Rechteck zusammen. Ordne darin gleich große Kugeln im Dreiecksmuster und danach im Quadratmuster an. Bei welchem der beiden Muster passen mehr Kugeln in das Rechteck? Gib an, von wie vielen Nachbarkugeln eine Kugel jeweils berührt wird.

2 Untersuche an einem großen Stück Tapete mit regelmäßigem Muster, welche „Elementarausschnitte“ es gibt, die durch Verschieben das Gesamtmuster aufbauen. Kennzeichne einen oder – falls möglich – mehrere solcher Ausschnitte.

Apfelsinen bilden eine dichteste Kugelpackung.

Dichteste Kugelpackung und Elementarwürfel

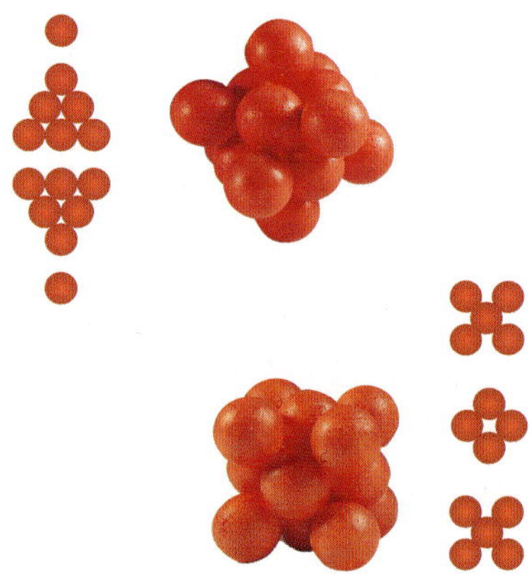

Zwei Bauweisen des Elementarwürfels

Wir bauen Kugelpackungsmodelle

Die kubisch dichteste Kugelpackung ist ein Modell für die Anordnung der Kupfer-Teilchen in einem Kupfer-Kristall. Beim Aufbau des Modells kann man sowohl von einem Dreiecksmuster der Kugeln ausgehen als auch von einem Quadratmuster.

Materialien: 100 Kugeln (etwa Holzkugeln oder Zellstoffkugeln, Durchmesser 30 mm), quadratischer Holzrahmen ($l = 15$ cm), gleichseitig dreieckiger Holzrahmen ($l = 22$ cm), Klebstoff, Tuschkasten und Pinsel.

Durchführung:

1. Lege im Quadratrahmen 5 x 5 Kugeln im Quadratmuster und schichte darauf – so dicht es geht – weitere Kugelschichten. Zähle nach, wie viele Kugeln eine Kugel im Inneren der dichtesten Kugelpackung berühren.

2. Die Kugelpackung ist durch einen besonderen *Elementarwürfel* gekennzeichnet, der sich aus drei Schichten von Kugeln aufbauen lässt. Klebe Kugeln zu drei einzelnen Schichten so zusammen, wie Bild 1 es zeigt. Es handelt sich dabei um den Elementarwürfel der *kubisch dichtesten Kugelpackung*. Färbe die drei Schichten des Elementarwürfels mit einer Tuschkastenfarbe an.

3. Baue die drei Schichten als Elementarwürfel in die dichteste Kugelpackung aus dem Arbeitsgang 1 ein. Nimm dann nach und nach außer den zusammengeklebten alle anderen Kugeln weg und kläre, wie der Elementarwürfel in der Packung eingebaut ist.

4. Eine dichteste Kugelpackung lässt sich auch aus Dreiecksschichten zusammensetzen. Lege im Dreiecksrahmen 28 Kugeln als Dreiecksmuster zusammen und schichte darauf – so dicht es geht – weitere Kugelschichten. Zähle nach, wie viele Kugeln eine Kugel im Inneren der dichtesten Kugelpackung berühren.

5. Wenn die so erstellte Packung die *kubisch* dichteste Kugelpackung ist, muss der Elementarwürfel hineinpassen. Klebe die drei Schichten aus Arbeitsgang 2 zum Elementarwürfel zusammen, wie es Bild 1 zeigt. Zeige, dass sich der Würfel in die Packung mit Dreiecksmuster einbauen lässt. Auf welche Weise musst du ihn einsetzen?

6. In Arbeitsgang 5 ist zu erkennen, dass der Elementarwürfel auch aus Schichten im Dreiecksmuster gebaut werden kann. Klebe zwei Dreiecksschichten aus jeweils sechs Kugeln zusammen, färbe sie und zwei weitere einzelne Kugeln an. Stelle die Kugelpackung wie in Arbeitsgang 4 erneut her, baue dabei aber die gefärbten Schichten als Elementarwürfel ein.

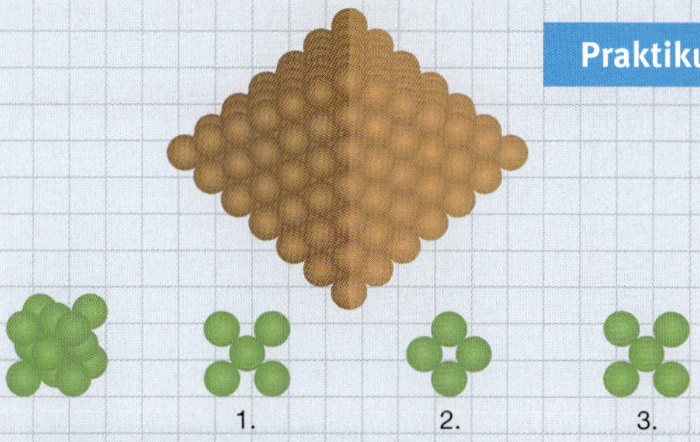

1 Dichteste Kugelpackung und Quadratmuster

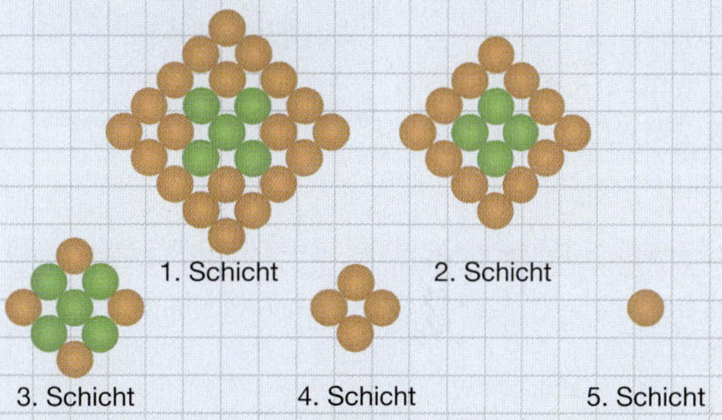

2 Einbau des Elementarwürfels (5 + 4 + 5)

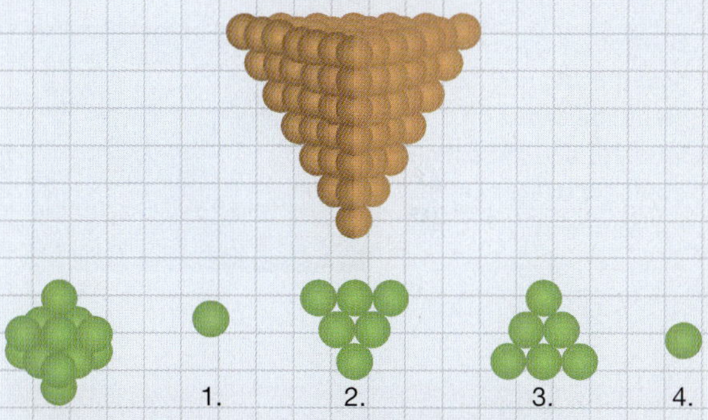

3 Dichteste Kugelpackung und Dreiecksmuster

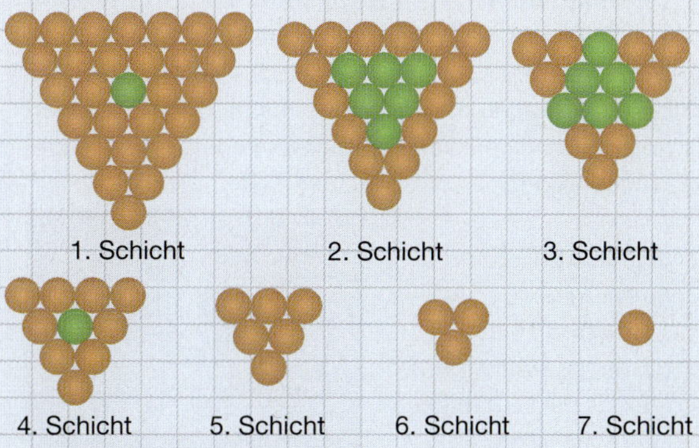

4 Einbau des Elementarwürfels (1 + 6 + 6 + 1)

2.10 Stoffe – steckbrieflich gesucht

Steckbrief: Helium

Helium ist ein farbloses und geruchloses, nicht brennbares Gas. Es ist nach Wasserstoff der Stoff mit der geringsten Dichte überhaupt, etwa siebenmal geringer als Luft. Helium wird heute als ungefährliches Füllgas für Zeppeline und Luftballons dem hochentzündlichen Wasserstoffgas vorgezogen. Helium reagiert praktisch mit keinem anderen Stoff. Es gehört daher mit anderen, ähnlichen Gasen zu der Stoffgruppe der Edelgase.

Dichte: $0{,}179\ \frac{g}{l}$
wird bei – 269 °C flüssig,
bei – 271 °C fest

Steckbrief: Alkohol

Alkohol heißt chemisch korrekt Ethanol. Er ist eine farblose, charakteristisch riechende und leichtentzündliche Flüssigkeit. Alkohol ist der berauschende Bestandteil alkoholischer Getränke: so enthält Bier etwa 5 % Alkohol. Reiner Alkohol kann als Weingeist in Drogerien gekauft werden. Wegen hoher Steuern ist er recht teuer. Preiswerter, weil nicht besteuert, ist Spiritus. Er ist durch Zusätze ungenießbar gemacht.

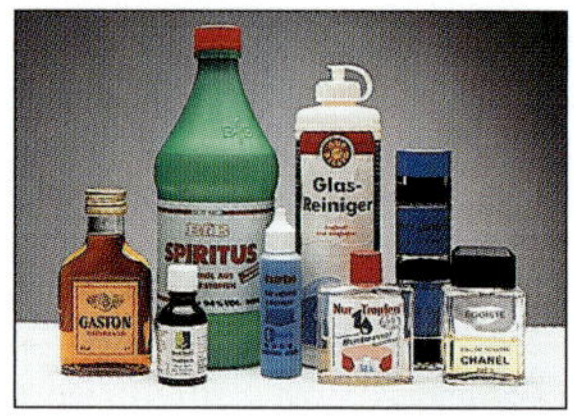

Dichte: $0{,}79\ \frac{g}{cm^3}$
siedet bei 78 °C und
wird bei – 114 °C fest

Steckbrief: Aluminium

Das silbrig glänzende Leichtmetall Aluminium ist erst seit knapp 200 Jahren bekannt. Wegen seiner vorteilhaften Eigenschaften stieg das Leichtmetall zu einem der häufigsten Gebrauchsmetalle auf: Aluminiumfolie fehlt in keinem Haushalt, im Fahrzeug- und Flugzeugbau ist Aluminium unentbehrlich.

Dichte: $2{,}7\ \frac{g}{cm^3}$
schmilzt bei 660 °C
siedet bei 2 467 °C
Ist unter den Metallen einer der besten Leiter für Wärme und elektrischen Strom

Steckbrief: Polyester

Polyester sind Kunststoffe, die zu Fasern, Folien, hochfesten Materialien wie beispielsweise Sturzhelme und CDs verarbeitet werden. Außerdem kann man daraus Lacke und Karosserieteile herstellen.

Dichte: $1{,}20\ \frac{g}{cm^3}$
wird bei 148 °C weich
elektrische Leitfähigkeit: keine

Steckbrief: Diamant

Diamanten sind die wertvollsten Edelsteine, die wir kennen. Der bisher größte Diamant, der Cullinan, wurde 1906 in Südafrika gefunden und wog 621,2 g oder 3 106 Karat (1 Karat = 0,2 g). Das größte Bruchstück dieses Diamanten hat 530,2 Karat. Es ist das wertvollste Stück der britischen Königsinsignien. Kleine Diamanten werden für Bohrköpfe von Steinbohrern oder von Zahnbohrern verwendet.

Dichte: $3{,}51\ \frac{g}{cm^3}$
Härte: härtester Stoff (Härtegrad 10 der Härteskala von MOHS)
elektrische Leitfähigkeit: keine (Isolator)

Steckbrief: Quarz

Quarz ist das häufigste Mineral in der Erdkruste. Viele Badestrände der Welt bestehen aus weißem Quarzsand. Große Kristalle findet man in der Natur als *Bergkristall*. Durch Nebenbestandteile kann Quarz auch farbig sein; Beispiele sind Amethyst, Rauchquarz oder Rosenquarz. Aus farblosem Quarz fertigt man hochwertige Linsen für optische Geräte.

Dichte: $2{,}65\ \frac{g}{cm^3}$
schmilzt bei 1 713 °C
elektrische Leitfähigkeit: keine (Isolator)

Steckbrief: Kochsalz

Die bekannteste Eigenschaft des Kochsalzes ist der salzige Geschmack: Es wird deshalb zum Würzen von Speisen verwendet. Kochsalz ist auch als Konservierungsmittel geeignet. So können Fisch oder Gurken in Salzlösung eingelegt und haltbar gemacht werden, Fleisch wird mit Kochsalz eingerieben.

Dichte: $2{,}16\,\frac{g}{cm^3}$
schmilzt bei 801 °C
siedet bei 1465 °C
Löslichkeit: 35,9 g
in 100 g Wasser (20 °C)

Steckbrief: Trockeneis (Kohlenstoffdioxid)

Der Kohlenstoffdioxid-Gehalt der Luft beträgt 0,04 %; ein Liter Luft enthält also nur 0,4 ml Kohlenstoffdioxid. Das reine Gas ist allseits bekannt: Beim Öffnen einer Flasche Mineralwasser perlt es nach oben. Weniger bekannt ist ***Trockeneis,*** die feste Form des Kohlenstoffdioxids: Es hat eine Temperatur von −78 °C. Trockeneis sublimiert an der Luft. Da hierbei keine Flüssigkeit gebildet wird, bleibt die Stelle trocken, an der es gasförmig wird. Man verwendet es zum Kühlen in der Lebensmittelindustrie.

Dichte: $1{,}6\,\frac{g}{cm^3}$
sublimiert bei −78 °C
Löslichkeit: 0,17 g
in 100 g Wasser (20 °C)

Steckbrief: Calciumsulfat

Calciumsulfat ist als Baustoff bekannt, es handelt sich um Gips. Man rührt das weiße Pulver mit wenig Wasser zu einem Brei an, der unter Wärmeabgabe fest wird. Eine andere Form von Calciumsulfat ist *Marienglas*. Es heißt so, weil früher Heiligenbilder mit durchsichtigen Platten dieses Minerals geschützt wurden.

Dichte: $2{,}32\,\frac{g}{cm^3}$
zersetzt sich bei 128 °C
unter Abgabe von Wasser
Löslichkeit: 0,20 g
in 100 g Wasser (20 °C)

Steckbrief: Iod

Iod hat eine besondere Eigenschaft: Es sublimiert bei schwachem Erhitzen zu violettem Dampf. Bei Abkühlung resublimiert der Dampf zu schwarzvioletten Kristallen. Die braune alkoholische Iod-Lösung wurde früher als Desinfektionsmittel bei kleinen Wunden verwendet: Das gelöste Iod tötet Bakterien und andere Keime ab.

Dichte: $4{,}94\,\frac{g}{cm^3}$
schmilzt bei 114 °C
siedet bei 184 °C
Löslichkeit 0,02 g
in 100 g Wasser (20 °C)

Steckbrief: Methan

Methan ist ein farbloses und fast geruchloses Gas, das mit blauer Flamme brennt. Seine Dichte ist nur etwa halb so groß wie die von Luft. Methan ist der Hauptbestandteil von Erdgas und wird vorwiegend als Energiequelle genutzt. Beim Verbrennen wird Wärmeenergie frei gesetzt. Methan/Luft-Gemische sind explosiv und führen immer wieder zu Unglücksfällen.

Dichte: $0{,}67\,\frac{g}{l}$
schmilzt bei −182 °C
siedet bei −161 °C
Löslichkeit:
in Wasser unlöslich

Steckbrief: Gold

Zu allen Zeiten wurde Gold in Form von Nuggets oder Goldstaub gefunden und wegen seines schönen Glanzes und seines Wertes geschätzt. Aufgrund der hohen Dichte lässt es sich aus dem Sand von Flussbetten auswaschen: Goldwäscher schwemmen in einer Pfanne so lange den leichteren Sand mit Wasser weg, bis Goldkörner übrig bleiben.

Dichte: $19{,}3\,\frac{g}{cm^3}$
schmilzt bei 1064 °C
siedet bei 2808 °C
Leitfähigkeit für Wärme
und elektrischen Strom:
noch besser als Kupfer

2.11 Stoffe – eine erste Einteilung

Verschiedene Stoffe unterscheiden sich in manchen Eigenschaften, in anderen stimmen sie überein. Um einen Stoff eindeutig zu identifizieren, muss man daher jeweils eine Reihe von Eigenschaften betrachten; der Schwerpunkt liegt dabei auf den Eigenschaften, durch die der jeweilige Stoff sich von ähnlichen Stoffen unterscheidet.

Wenn man *übereinstimmende Eigenschaften* mehrerer Stoffe betrachtet, kann man **Stoffgruppen** bilden. Wichtige Stoffgruppen sind: *Metalle, salzartige Stoffe, diamantartige Stoffe, flüchtige Stoffe* und *makromolekulare Stoffe.*

Metalle. Gemeinsame Eigenschaften:
- metallischer Glanz bei größeren Stücken,
- hohe Schmelztemperatur und hohe Siedetemperatur,
- gute Verformbarkeit,
- hohe Wärmeleitfähigkeit,
- hohe elektrische Leitfähigkeit.

Beispiele: Aluminium, Gold, Eisen, Kupfer, Silber, Zink.

Salzartige Stoffe. Gemeinsame Eigenschaften:
- Kristallbildung,
- relativ große Härte,
- hohe Schmelztemperatur und hohe Siedetemperatur,
- keine elektrische Leitfähigkeit im festen Zustand,
- elektrische Leitfähigkeit als Schmelze und in wässerige Lösung.

Beispiele: Alaun, Kochsalz, Kupfersulfat, Gips.

Diamantartige Stoffe. Gemeinsame Eigenschaften:
- Kristallbildung,
- große Härte,
- hohe Schmelztemperatur und hohe Siedetemperatur,
- keine elektrische Leitfähigkeit.

Beispiele: Diamant, Quarz, Edelsteine.

Flüchtige Stoffe. Gemeinsame Eigenschaften:
- bei Zimmertemperatur meist flüssig oder gasförmig,
- niedrige Schmelztemperatur und niedrige Siedetemperatur,
- keine elektrische Leitfähigkeit.

Beispiele: Iod, Wasser, Kohlenstoffdioxid.

Makromolekulare Stoffe. Das besondere Kennzeichen makromolekularer Stoffe findet man auf der Ebene der Teilchen: Makromolekulare Stoffe besitzen besonders große Teilchen. Die gemeinsamen Eigenschaften makromolekularer Stoffe sind:
- Geringe Härte,
- Zersetzung bereits vor und nach dem Schmelzen,
- keine elektrische Leitfähigkeit.

Beispiele für makromolekulare Stoffe sind: Stärke, Eiweißstoffe, Polyvinylchlorid (PVC), Polyethylenterephthalat (PET).

Substanz	Schmelztemperatur	Siedetemperatur
Aluminium	660 °C	2467 °C
Alkohol	–114 °C	78 °C
Blei	327 °C	1740 °C
Bleichlorid	501 °C	950 °C
Brom	–7 °C	59 °C
Calciumchlorid	772 °C	1600 °C
Chlor	–101 °C	–35 °C
Eisen	1535 °C	2750 °C
Gold	1064 °C	2808 °C
Helium	–	–270 °C
Kaliumchlorid	770 °C	1437 °C
Kupfer	1085 °C	2572 °C
Magnesium	650 °C	1110 °C
Natriumchlorid	801 °C	1465 °C
Phosphor (weiß)	44 °C	280 °C
Quecksilber	–39 °C	357 °C
Schwefel	113 °C	445 °C
Silber	962 °C	2212 °C
Wasser	0 °C	100 °C
Wolfram	3410 °C	5650 °C
Zink	420 °C	907 °C

1 Ermittle aus den Schmelztemperaturen und den Siedetemperaturen, ob die in der Tabelle aufgeführten Stoffe bei Zimmertemperatur als Feststoff, als Flüssigkeit oder als Gas vorliegen.
2 Welche in der Tabelle aufgeführten Stoffe kannst Du den fünf Stoffgruppen zuordnen?
3 Suche im Internet oder in einem Nachschlagewerk:
a) das Metall mit der größten Dichte
b) das Metall mit der höchsten Schmelztemperatur
c) das Gas mit der geringsten Dichte
4 Erstelle Steckbriefe für vier selbst gewählte Stoffe.
5 Erkläre, warum Trockeneis, das in einem Behälter aufbewahrt wird, eine konstante Temperatur von – 78 °C hat.

Stoffeigenschaften und Teilchenmodell

1. Stoffeigenschaften

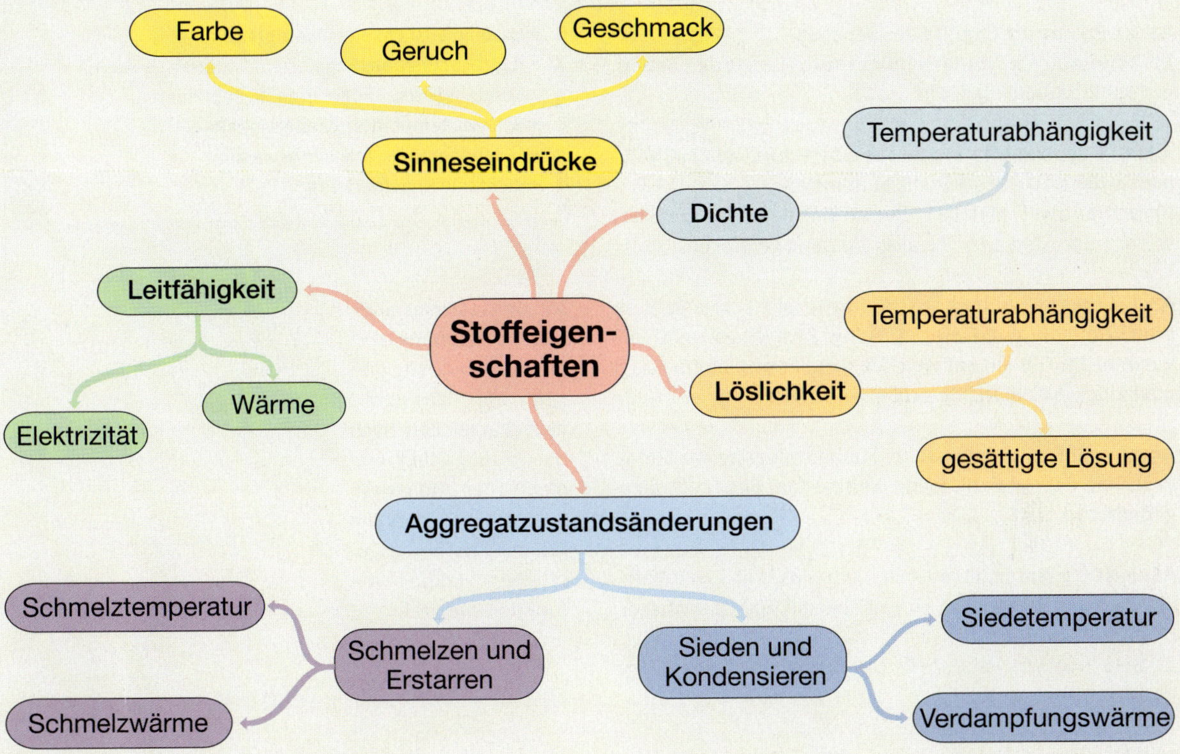

2. Aggregatzustand und Teilchenmodell

Aggregatzustand	**fest**	**flüssig**	**gasförmig**
Ordnung der Teilchen	regelmäßige Anordnung	unregelmäßige Anordnung	völlig ungeordnet
Abstand zwischen den Teilchen	Teilchen berühren sich.	Teilchen berühren sich.	Abstand sehr groß
Teilchenbewegung	Teilchen schwingen auf ihren Plätzen.	Teilchen wechseln ihre Plätze.	sehr schnell, ständige Zusammenstöße
Anziehungskräfte zwischen den Teilchen	wirken sehr stark	wirken stark	sind nicht wirksam
Darstellung im Modell	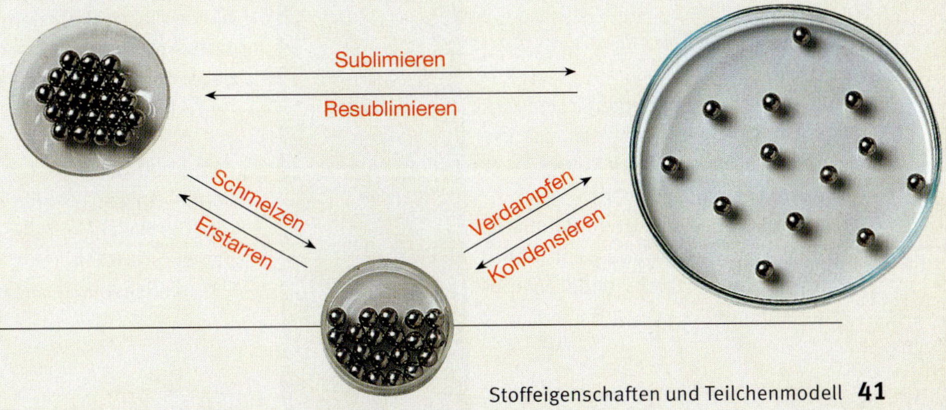		

Prüfe dein Wissen

Die wichtigsten Begriffe

- Stoffeigenschaften
- Wärmeleitfähigkeit, elektrische Leitfähigkeit
- Dichte
- Lösung, Löslichkeit, gesättigte Lösung
- Aggregatzustand, Schmelzen, Erstarren, Sieden, Kondensieren, Sublimieren, Resublimieren
- Schmelztemperatur, Siedetemperatur
- Teilchenmodell, Teilchenbewegung
- dichteste Kugelpackung

Quiz

A1 a) Erkläre die Begriffe des Fensters.
b) Notiere auf der Vorderseite von Karteikarten den Begriff, auf der Rückseite die Erklärung.

A2 a) Wähle fünf Metalle aus und berechne, welches Volumen jeweils 1 kg des Metalls einnimmt.
b) Nenne zwei Metalle, die in flüssigem Quecksilber schwimmen, und zwei Metalle, die darin versinken.

A3 Ein breites, goldfarbenes Armband ist 22 cm lang, 3 cm breit, 2 mm dick und wiegt 118,3 g. Besteht es aus Gold? Wenn nicht: Gib an, auf welches Metall (mit Goldüberzug) man aufgrund der Dichte schließen könnte.

A4 Ein mit Luft aufgeblasener Fußball wiegt genau 500 g. Berechne das Gewicht, wenn weitere fünf Liter Luft dazugepumpt werden.

A5 In 100 g Wasser lösen sich 0,2 g Gips (Calciumsulfat).
a) Man rührt 1 kg Gips in einen Kübel mit 200 Liter Wasser. Bestimme, wie viel Gips sich löst.
b) Berechne, wie viel Natriumchlorid man in dieser Menge Wasser lösen könnte.

A6 Metallkristalle sind aus kleinsten Teilchen aufgebaut wie eine dichteste Kugelpackung aus Kugeln.
a) Zeichne einige Schichten der dichtesten Kugelpackung.
b) Kennzeichne in den Schichten zwölf Kugeln, die eine von dir ausgewählte, markierte Kugel berühren.

A7 Bei der Zubereitung von Salat breitet sich Essig-Geruch in der Küche aus.
a) Erläutere, wie es zu der Ausbreitung des Geruchs kommt.
b) Zeichne deine Modellvorstellung der kleinsten Teilchen in Essig-Lösung und im Essigdampf/Luft-Gemisch auf.

Know-how

A8 Im GALILEI-Thermometer sind verschiedene Kugeln enthalten. Die untere der schwimmenden Kugeln zeigt die Zimmertemperatur an.
Erkläre, wie die Anzeige funktioniert. Berücksichtige dabei, dass die Dichte von Stoffen mit zunehmender Temperatur abnimmt.

A9 Umfasst man einen „Temperamentmesser" mit der Hand, so sprudelt die Flüssigkeit nach kurzer Zeit nach oben. Bei temperamentvollen Menschen soll das besonders schnell und heftig geschehen. Erkläre die Funktionsweise.

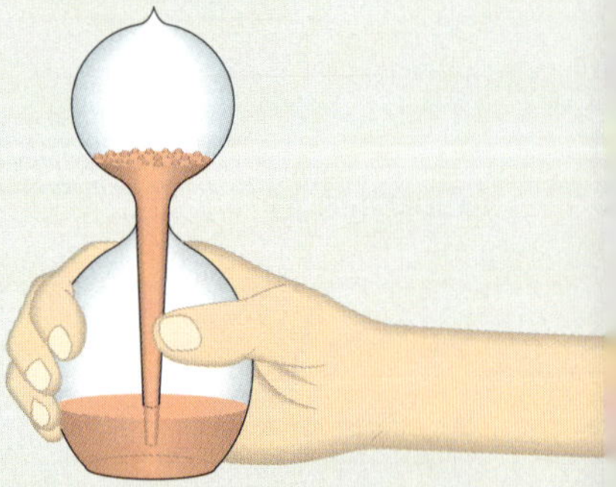

Natur – Mensch – Technik

A10 In einem Bach misst man mit einem Messgerät bei 25 °C einen Sauerstoffgehalt von 8,5 $\frac{mg}{l}$.
a) Bestimme die Masse an Sauerstoff, die sich durch Erhitzen aus zehn Litern Bachwasser freisetzen lassen.
b) Berechne, wie viele Milliliter Sauerstoff sich in zehn Litern Bachwasser lösen.

A11 In vielen Haushalten stellt man selbst Mineralwasser her, indem Kohlenstoffdioxid aus einer Stahlpatrone unter Druck in das Leitungswasser eingeblasen wird.
a) Beschreibe, was bei diesem Vorgang mit dem Kohlenstoffdioxid passiert.
b) Die Flasche mit dem Wasser wird zunächst in den Kühlschrank gestellt bevor das Gas eingeleitet wird. Gib eine Erklärung für diesen Sachverhalt.

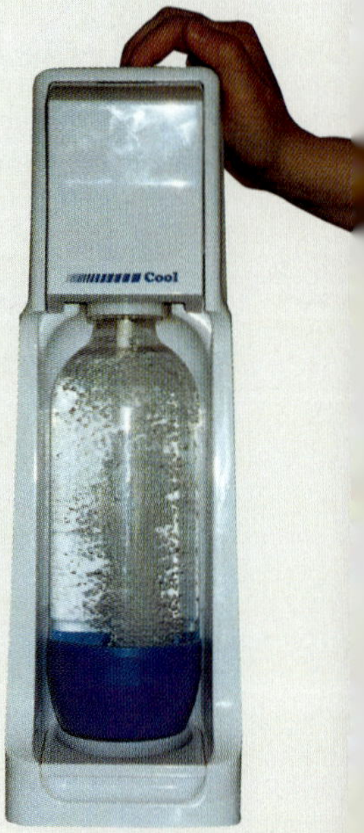

A12 Kalte Getränke kann man in der Sonne einige Zeit kühl halten, wenn man die Flasche mit nassem Zeitungspapier umwickelt.
Erkläre diesen Kühleffekt.

A13 Das Bad des ARCHIMEDES

ARCHIMEDES beim Nachdenken

Im dritten vorchristlichen Jahrhundert lebte ARCHIMEDES als Gelehrter am Hof des Königs HIERON in Syrakus auf Sizilien. Der König hatte sich aus 5 kg reinen Goldes eine Krone anfertigen lassen. Er war im Zweifel, ob der Goldschmied ihn nicht betrogen hätte. Zwar wog die Krone genau 5 000 g, aber war sie wirklich aus reinem Gold? Vielleicht hatte der Goldschmied ein billigeres Metall beigemischt und einen Teil des Goldes für sich abgezweigt. ARCHIMEDES sollte den Sachverhalt klären.

Es wird berichtet, dass ARCHIMEDES gerade über diesen Auftrag nachdachte, als er ein Badehaus betrat. Wie sollte er den Beweis erbringen? Er durfte doch die Krone nicht zerstören. Als er schließlich in die Badewanne stieg, sah er, wie der Wasserspiegel anstieg. Dabei kam ihm die entscheidende Idee und er rief laut „Heureka, heureka!“. Das heißt übersetzt: „Ich hab's gefunden, ich hab's gefunden!“

ARCHIMEDES eilte nach Hause, um einen Versuch zu machen: Er nahm einen zweiten Goldklumpen, der die gleiche Masse wie die Krone hatte. Er füllte dann zwei identische Glasgefäße gleichhoch mit Wasser. In eines der beiden Glasgefäße gab er den Goldklumpen, so dass er vollständig im Wasser untertauchte. In das andere Gefäß gab er die Krone. Auch hier achtete er darauf, dass sie vollständig von Wasser bedeckt war.

a) Gib an, welche physikalische Größe des Goldklumpens und der Krone ARCHIMEDES bei seinem Versuch verglichen hat.
b) Erkläre die Vorgehensweise bei diesem Experiment. Welche Stoffeigenschaft wird dabei ausgenutzt?
c) Beschreibe das Ergebnis des Versuches für den Fall, dass der Goldschmied ehrlich war.
d) Berechne das Volumen des Goldklumpens.
e) Welches Volumen besäße die Krone, wenn der Goldschmied die Hälfte des Goldes durch Silber ersetzt hätte?

A14 Löslichkeit von Gasen

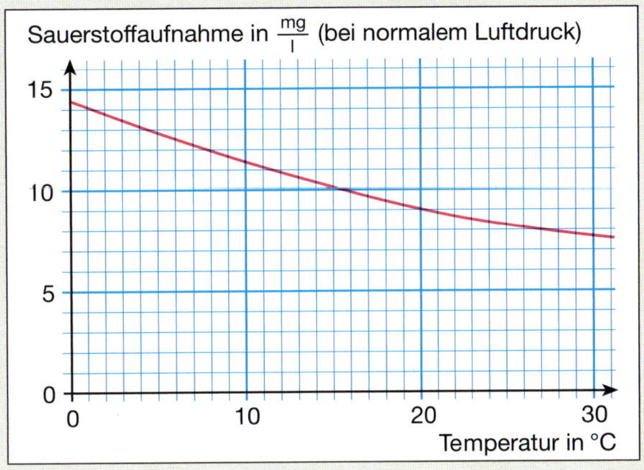

Löslichkeit von Sauerstoff in Wasser

(SV) Fischsterben im Rekordsommer. Deutschland liegt seit über zwei Wochen unter einer Hitzeglocke. Das heiße Wetter macht aber nicht nur den Menschen zu schaffen, sondern auch die Natur leidet unter der Hitze: So führten die anhaltend hohen Temperaturen zu einem massiven Fischsterben. Fischer mussten mehr als 2000 tote Äschen aus dem Hochrhein bergen. Noch lebende, nach Luft schnappende Fische wurden mit Käschern eingefangen und in große belüftbare Wassertröge umgesetzt. Besonders dramatisch war die Situation in den Seitenarmen des Rheins. Unzählige Brassen, Rotaugen und Zander verendeten hier. Einzelne Seitenarme sind streckenweise ausgetrocknet und dadurch von der Wasserzufuhr durch den Rhein abgeschnitten. Wo der Wasserstand bei Normalbedingungen fast zwei Meter beträgt, sind jetzt nur noch bessere Pfützen von 20 bis 30 Zentimeter Tiefe übrig geblieben. Die Hitze hat diese Gewässer ausgezehrt.
Als Sofortmaßnahme ordneten die zuständigen Behörden in Bayern und in Baden-Württemberg an, einige Kraftwerke, die an größeren Flüssen liegen, vom Netz zu nehmen.

a) Erkläre die Ursachen des beschriebenen Fischsterbens.
b) Beschreibe und erläutere das Diagramm.
c) Begründe mithilfe des Diagramms, warum die hohen Temperaturen des Rekordsommers für das Fischsterben verantwortlich sind.
d) Um ein weiteres Fischsterben zu vermeiden, wird eine künstliche Belüftung von Teichen und Seen erwogen. Beurteile, welche Vor- und Nachteile eine solche Maßnahme hätte.
e) Die Wassertemperatur der Nordsee ist in den letzten 40 Jahren um etwa 1,1 Grad Celsius gestiegen. Im Laufe dieses Jahrhunderts ist mit einem weiteren Anstieg um 2 bis 4 Grad Celsius zu rechnen. Erläutere mögliche Konsequenzen.

3 Mischen und Trennen

Im Alltagsleben haben wir es nur selten mit reinen Stoffen zu tun. Meist liegen Stoffgemische vor. In vielen Fällen erkennt man sofort einzelne Bestandteile. Das Fruchtfleisch im Orangensaft oder die Gasbläschen in der Limonade sind nicht zu übersehen. Bei klarem Apfelsaft und bei der Milch fällt es dagegen nicht auf, dass es sich um Gemische handelt.

Wenn man Öl aus Oliven oder Farbstoffe und Duftstoffe aus Blüten gewinnen will, müssen die gewünschten Stoffe von den anderen Bestandteilen abgetrennt werden. Es hängt dann von der Art des Gemisches ab, welche Trennverfahren angewendet werden.

Zentrale Fragen:
- In welche Gruppen lassen sich Gemische einteilen?
- Mit welchen Techniken lassen sich Gemische in die Einzelstoffe trennen?
- Welche Eigenschaften der Stoffe nutzt man dabei aus?

3.1 Reinstoffe und Gemische

Die Chemiker teilen Stoffe in *Reinstoffe* und *Gemische* ein. Reinstoffe haben stets gleich bleibende Eigenschaften. Die Eigenschaften von Gemischen hängen dagegen davon ab, welche Stoffe darin enthalten sind und in welchem Verhältnis sie vorliegen.

In vielen Gemischen sind die einzelnen Bestandteile bereits mit dem bloßen Auge zu erkennen. Schwieriger wird es schon bei Brausepulver. Aus größerer Entfernung sieht es recht einheitlich aus. Erst wenn man es genau unter die Lupe nimmt, kann man verschiedene Arten von Kristallen unterscheiden. Mit etwas Geduld kann man sie durch Aussortieren trennen. Bei Milch reicht eine Lupe nicht mehr aus, um unterschiedliche Bestandteile zu erkennen. Erst mit einem Mikroskop sieht man kleine Fetttröpfchen in der Milch. Milch und Brausepulver sind Beispiele für **heterogene Gemische.**

Bei vielen Gemischen kann man die einzelnen Bestandteile selbst mit dem Mikroskop nicht mehr unterscheiden. Meerwasser sieht auch bei *stärkster* Vergrößerung völlig einheitlich aus. Die im Wasser gelösten Salze sind nicht zu erkennen. Das gilt auch für Gemische wie Weißgold, Traubensaft oder Luft. Solche einheitlichen Mischungen bezeichnet man als **homogene Gemische.**

Stoffe werden in Reinstoffe und Gemische eingeteilt. Bei den Gemischen unterscheidet man heterogene und homogene Gemische. In heterogenen Gemischen kann man die einzelnen Bestandteile erkennen. In homogenen Gemischen sieht man selbst mit einem Mikroskop keine einzelnen Bestandteile.

1 Nenne je drei Beispiele für homogene und für heterogene Gemische.
2 Informiere dich über die Bestandteile eines Haarshampoos, einer Limonade, einer Zahnpasta und einer Tafel Schokolade.
3 Ordne folgende Substanzen einem Gemisch zu: trüber Apfelsaft, Tee, Orangennektar, Braunglas, Granit, Sandstein und Schmuckgold.

Wie rein ist ein Reinstoff?

Exkurs

Die Zutatenliste auf der Verpackung von Speisesalz zeigt, dass es sich um ein Gemisch handelt. Meist sind dem Speisesalz Iodsalze und Fluorsalze sowie Trennmittel zugesetzt. Die Trennmittel verhindern das Verklumpen des Salzes. Der chemische Name für Speisesalz lautet Natriumchlorid. 1 kg kostet etwa 0,40 €.

Jodsalz
mit Fluor

Zutaten:
Siedesalz,
Kaliumfluorid 0,058 – 0,076 %,
Kaliumjodat 0,0025 – 0,0042 %.
Trennmittel E 535

Will man Natriumchlorid im Chemikalienhandel in reiner Form kaufen, erlebt man eine Überraschung: 1 kg *Natriumchlorid purum* kostet rund 8 € und das angeblich reine (lat. *purum:* rein) Natriumchlorid enthält viele verschiedene Verunreinigungen.

Natriumchlorid purum:

Sulfat	< 0,01 %
Kalium	< 0,01 %
Kupfer	< 0,005 %
Calcium	< 0,005 %
Cadmium	< 0,005 %
Eisen	< 0,005 %
Blei	< 0,005 %
Cobalt	< 0,005 %
Nickel	< 0,005 %
Zink	< 0,005 %

Selbst die reinste Form, *Natriumchlorid purissimum* (lat. *purissimum:* am reinsten), mit einem Preis von rund 11 €, enthält noch Spuren anderer Stoffe.
Es ist allgemein unmöglich, absolut reine Stoffe herzustellen. Sie enthalten immer kleinste Mengen an anderen Stoffen. Wenn man von einem Reinstoff spricht, meint man einen Stoff, der so rein ist, dass die Verunreinigungen die typischen Eigenschaften des Reinstoffs nicht verfälschen.

Natriumchlorid purissimum:

Kalium	< 0,005 %
Bromid	< 0,005 %
Sulfat	< 0,001 %
Iodid	< 0,001 %
Calcium	< 0,001 %
Kupfer	< 0,0005 %
Chrom	< 0,0005 %
Cadmium	< 0,0005 %
Blei	< 0,0005 %
Cobalt	< 0,0005 %
Phosphat	< 0,0005 %
Barium	< 0,0005 %
Nickel	< 0,0005 %
Zink	< 0,0005 %
Magnesium	< 0,0005 %
Eisen	< 0,0001 %
Arsen	< 0,00001 %

1 Gib eine Erklärung für die Preisunterschiede für Natriumchlorid.
2 Für die Qualität „prussimum“ wird eine größere Anzahl an Verunreinigungen angegeben. Erläutere den Sachverhalt.

3.2 Einteilung von Gemischen

Die unübersehbare Zahl der heterogenen und homogenen Gemische lässt sich in verschiedene Gruppen einteilen.

Heterogene Gemische. Uneinheitlich zusammengesetzte Gemische aus festen Stoffen werden als **Gemenge** bezeichnet. So ist Gartenerde ein Gemenge aus verschiedenen festen Bodenbestandteilen wie Sand, Ton und Humus.

Sind feste Stoffe in Wasser aufgeschlämmt, spricht man von einer **Suspension.** Größere und kleinere Partikel des Feststoffes sind dabei in einer Flüssigkeit verteilt. Suspensionen entmischen sich relativ schnell. Schüttelt man eine Flasche mit Orangensaft, so setzt sich das Fruchtfleisch nach kurzer Zeit wieder am Boden ab.

Wasser und Öl lassen sich nur sehr schlecht mischen. Zunächst schwimmt das Öl auf dem Wasser. Erst wenn man kräftig schüttelt, verteilt sich das Öl in feinen Tröpfchen gleichmäßig im Wasser. Es bildet sich eine **Emulsion.** Lässt man diese Emulsion eine Weile ruhig stehen, entmischen sich die Bestandteile wieder.
Milch ist eine über längere Zeit stabile Emulsion feiner Fetttröpfchen in Wasser. Sie enthält von Natur aus *Emulgatoren,* die eine Entmischung verhindern. Um auch andere Emulsionen wie Salben oder Cremes zu stabilisieren, setzt man bestimmte Stoffe als Emulgatoren zu.
Milch ist ein Beispiel für eine *Öl-in-Wasser-Emulsion.* Sind dagegen Wassertröpfchen im Öl verteilt, liegt eine *Wasser-in-Öl-Emulsion* vor. Ein Beispiel dafür ist wasserfestes Sonnenöl.

Unter **Rauch** versteht man ein Gemisch von Feststoffpartikeln und einem Gas. Beispiele für solche Gemische sind Dieselabgase mit feinen Rußpartikeln und Staubwolken in der Luft.
Sind feinste Flüssigkeitströpfchen in einem Gas verteilt, spricht man von einem **Nebel.** Im normalen Sprachgebrauch werden aber Rauch und Nebel nicht immer unterschieden. Oft sind auch gleichzeitig feste und flüssige Bestandteile in einem Gas fein verteilt. Fachleute sprechen dann von einem **Aerosol.** Ein Beispiel dafür ist der Zigarettenrauch: Neben festen Bestandteilen enthält er überwiegend Flüssigkeitströpfchen.

Ist ein gasförmiger Stoff in einer Flüssigkeit oder in einem Feststoff verteilt, spricht man von einem **Schaum.** Beispiele dafür sind Seifenschaum und Schaumstoffe.

Homogene Gemische. Aus verschiedenen Gasen bildet sich immer ein homogenes Gemisch. Das bekannteste **Gasgemisch** ist die Luft, in der neben Sauerstoff und Stickstoff noch viele andere Gase enthalten sind.

Gemische, die man durch das Zusammenschmelzen verschiedener Metalle erhält, bezeichnet man als **Legierungen.** Meist handelt es sich dabei um homogene Feststoffgemische. Zu den bekanntesten Legierungen gehören Schmuckgold, Messing und Bronze. Messing ist eine Kupfer/Zink-Legierung. Bronze enthält neben Kupfer noch Zinn. Quecksilberhaltige Legierungen bezeichnet man allgemein als *Amalgame.* Das als Zahnfüllung verwendete Amalgam enthält neben Quecksilber und Silber auch Kupfer und Zinn.

Alle anderen homogenen Gemische werden als **Lösungen** bezeichnet. Im Meerwasser sind feste Salze in Wasser gelöst und im Sprudel gasförmiges Kohlenstoffdioxid. Im Wein ist es flüssiger Alkohol. Gase können sich sogar in Feststoffen lösen. So lösen sich in dem Edelmetall Platin große Mengen an Wasserstoff-Gas und können auf diese Weise gespeichert werden.

Gemenge, Emulsionen, Suspensionen, Schäume und Aerosole sind Beispiele für heterogene Gemische. Gasgemische, Legierungen und Lösungen gehören zu den homogenen Gemischen.

1 a) Nenne die Gruppen, in die sich die Gemische einteilen lassen.
b) Gib ein Beispiel für jeden Gemischtyp an.
2 Beschreibe den Unterschied zwischen
a) Rauch, Nebel und Aerosol
b) Schaum und Nebel
3 Ordne den folgenden Modellzeichnungen einen Gemischtyp zu:

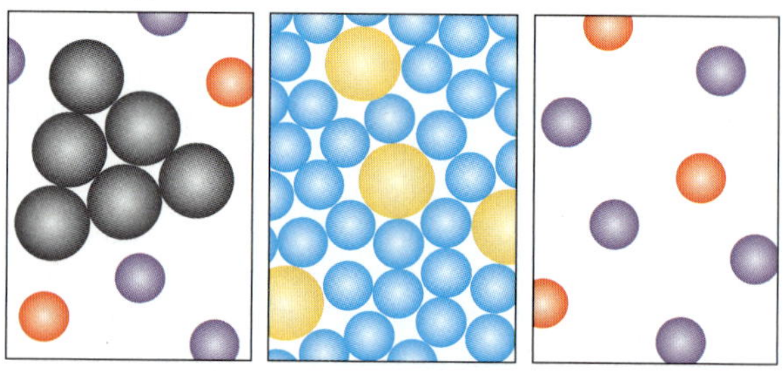

4 Zeichne eine Modellvorstellung für einen Schaumstoff.
5 Ordne den Beispielen den Gemischtyp zu: Wolken, Schwamm, Salatsauce, Majonäse, Haarspray, Champagner, Stahl, Bimsstein, Hautcreme, geschlagene Sahne, Waschpulver, Butter, Autoabgase.

Heterogene Gemische ...

Feststoff/Feststoff
Granit: ein Gemenge

Feststoff/Flüssigkeit
Orangensaft: eine Suspension

Feststoff/Gas
Grillfeuer: ein Rauch

Flüssigkeit/Flüssigkeit
Milch: eine Emulsion

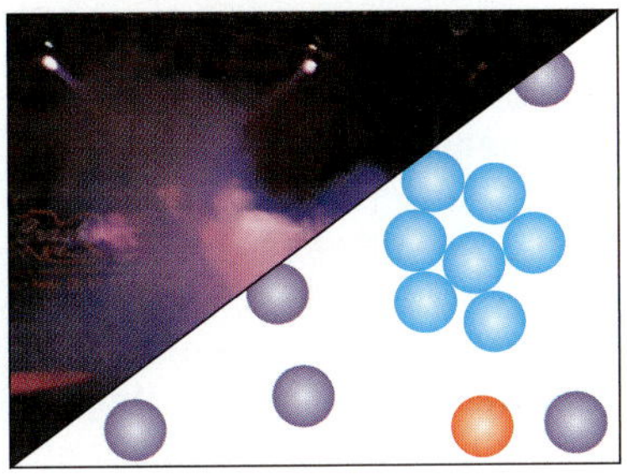

Flüssigkeit/Gas
Disco-Effekt: ein Nebel

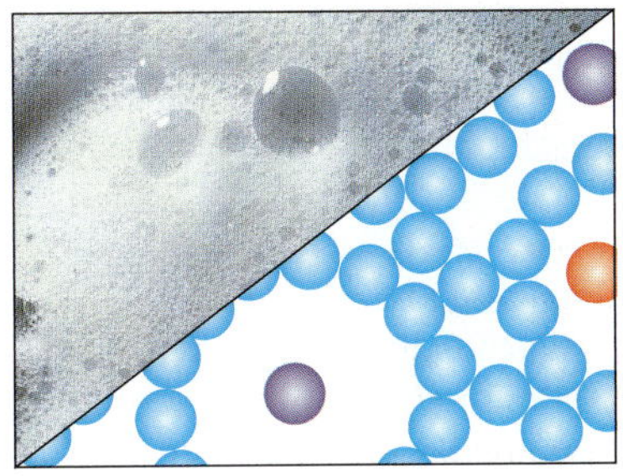

Gas/Flüssigkeit
Badeschaum: ein Schaum

... und homogene Gemische

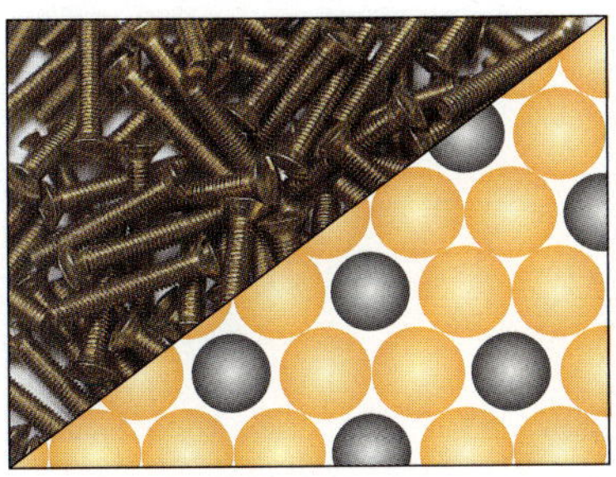

Feststoff/Feststoff
Messing: eine Legierung

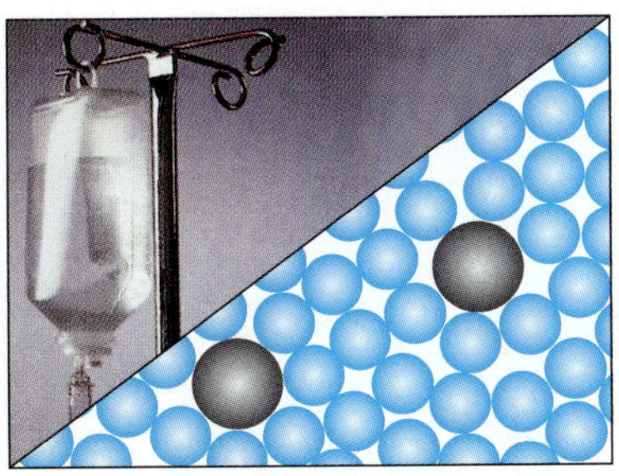

Feststoff/Flüssigkeit
Zuckerwasser: eine Lösung

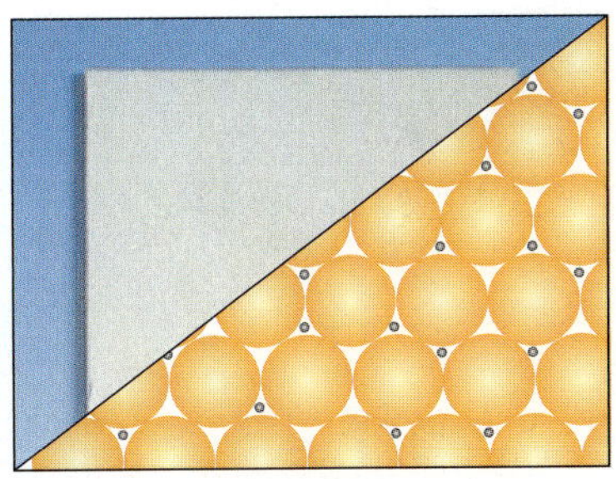

Gas/Feststoff
Wasserstoff/Platin: eine Lösung

Flüssigkeit/Flüssigkeit
Branntwein: eine Lösung

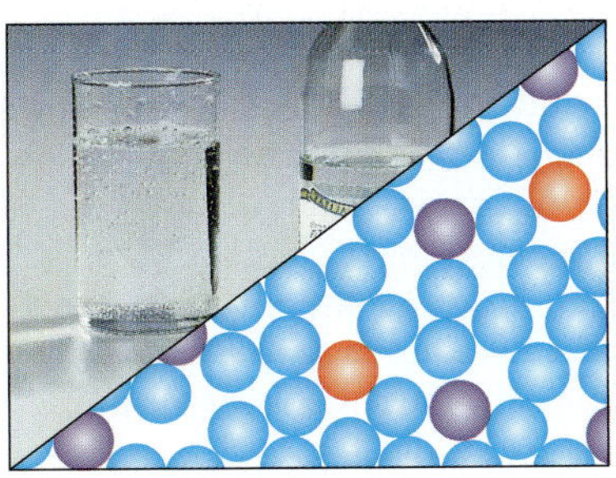

Gas/Flüssigkeit
Sprudel: eine Lösung

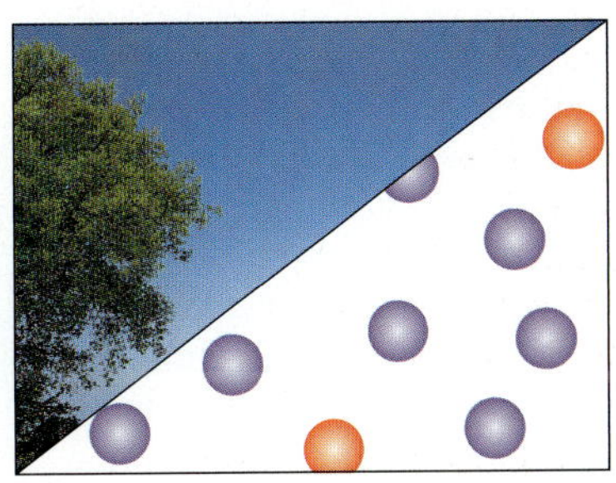

Gas/Gas
Luft: ein Gasgemisch

3.3 Trennverfahren

Sedimentieren und Dekantieren

Die einzelnen Bestandteile von Gemischen unterscheiden sich in ihren Stoffeigenschaften. So haben sie etwa unterschiedliche Löslichkeiten oder sie unterscheiden sich in der Dichte oder der Siedetemperatur. Diese Unterschiede nutzt man zur Trennung von Stoffgemischen. Je nach Gemisch sind zur Trennung verschiedene Verfahren geeignet.

Eine Suspension lässt sich durch **Sedimentation** trennen.
Besitzt der Feststoff eine größere Dichte, so setzt er sich am Boden ab. Die Flüssigkeit kann dann **dekantiert** (abgegossen) werden. Wird die Suspension **zentrifugiert,** setzt sich der Feststoff sehr viel schneller ab.
Besitzt der Feststoff eine geringere Dichte als die Flüssigkeit, so schwimmt er an der Flüssigkeitsoberfläche und kann mit einem Sieb abgeschöpft werden. In der Technik wählt man deshalb die Dichte der Flüssigkeit häufig so, dass ein Teil der Feststoffe aufschwimmt und sich ein Teil absetzt. Dieses *Schwimm/Sink-Verfahren* wird zum Beispiel zur Trennung von Kunststoffabfällen verwendet.

Adsorbieren und Filtrieren

Aus einem Gasgemisch oder einer Lösung lassen sich Stoffe durch **Adsorption** abtrennen. Hierbei werden die Teilchen an die Oberfläche eines Feststoffs gebunden (lat. *adsorbere:* ansaugen). Der Feststoff muss dazu eine besonders große Oberfläche mit vielen kleinen Poren besitzen, in die sich andere Stoffe hineinsetzen können. So hat Aktivkohle, ein häufig benutztes *Adsorptionsmittel,* eine Oberfläche von bis zu 1000 m^2 pro Gramm.
Gasmasken, Kohletabletten gegen Durchfall und Filter von Dunstabzugshauben sind Beispiele für die Anwendung der Adsorption.

Um aus einer Suspension Feststoffe abzutrennen, wendet man häufig die **Filtration** an. Die Feststoffe werden im Filter zurück gehalten (Filterrückstand), die Flüssigkeit läuft als *Filtrat* durch den Filter. Um die Feststoffe vollständig zurückzuhalten, müssen die Poren des Filters kleiner sein als der Durchmesser der Feststoffpartikel. Als Filtermaterialien werden Papier, poröses Glas, poröse Keramik oder Kunststofffolien mit feinen Poren verwendet.

Eindampfen

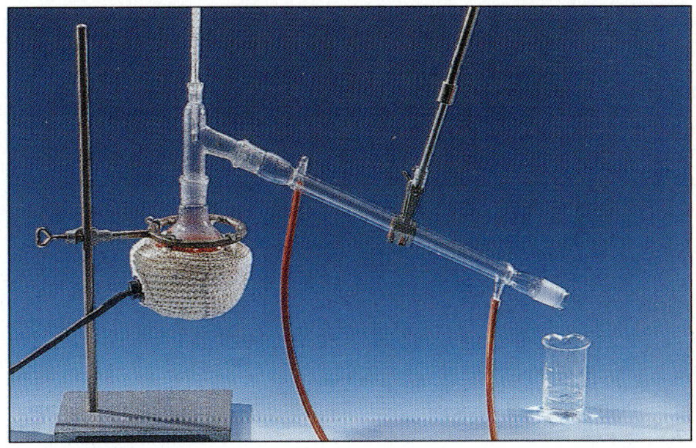

Destillieren

Meerwasser enthält in einem Liter etwa 35 g Salz. Um den gelösten Stoff zu gewinnen, lässt man das Wasser verdampfen. Das Salz bleibt dann als *Rückstand* zurück. Dieses Verfahren nennt man **Eindampfen.** Die Trennung beruht darauf, dass Wasser bei einer niedrigeren Temperatur verdampft als der gelöste Stoff.

Möchte man die Flüssigkeiten zurückgewinnen, setzt man einen Kühler auf das Siedegefäß. Durch den Kühler fließt Wasser im Gegenstrom und kühlt den Dampf ab. Im Kühler kondensiert der Dampf und tropft als *Destillat* in ein Gefäß. Dieses Trennverfahren wird als **Destillation** bezeichnet. Man benutzt es zur Trennung von Lösungen, die aus mehreren Flüssigkeiten bestehen. Zuerst verdampft die niedriger siedende Flüssigkeit, mit steigender Temperatur dann in zunehmendem Maße auch die Flüssigkeit mit der höheren Siedetemperatur. Nach ihrer Kondensation können die Flüssigkeiten auf diese Weise nacheinander aufgefangen werden.

Extrahieren und Chromatografieren

Die Bestandteile eines Gemisches lösen sich oft unterschiedlich gut in einem Lösungsmittel. Dadurch kann man gezielt Stoffe aus einem Gemisch herauslösen. Dieses Verfahren bezeichnet man als **Extraktion** (lat. *extrahere:* herausziehen). So werden zum Beispiel die Aromastoffe beim Aufbrühen von Kaffee durch heißes Wasser aus dem Kaffeepulver herausgelöst.

Will man einen Stoff aus einer Lösung extrahieren, benutzt man als Extraktionsmittel ein zweites Lösungsmittel, das sich nicht mit dem ersten mischt. Zur Extraktion schüttelt man die beiden Flüssigkeiten in einem Scheidetrichter. Dann lässt man die untere Flüssigkeit vorsichtig ablaufen.

Mit dem Trennverfahren der **Chromatografie** lassen sich auch kleinste Mengen ähnlicher Stoffe trennen. Dazu gibt man einen kleinen Tropfen des Stoffgemischs auf einen Streifen aus saugfähigem Papier. Dann taucht man den Streifen mit dem unteren Ende in ein Lösungsmittel. Das Lösungsmittel steigt in dem Papierstreifen hoch und nimmt die einzelnen Bestandteile des Gemischs unterschiedlich weit mit.
Die Auftrennung hängt davon ab, wie stark das Papier den Reinstoff adsorbiert und wie gut sich der Feststoff in dem Lösungsmittel löst. Schwach adsorbierte Stoffe, die sich gut lösen, wandern weit nach oben.

Praktikum

Trennung von Gemischen

V1: Trennung einer Suspension

Materialien: 1 Becherglas (250 ml), 1 Becherglas (hoch, 150 ml), 2-Bechergläser (50 ml), Esslöffel, Abdampfschale, 2 Trichter, grobporiges und feinporiges Filtrierpapier (Blauband), Taschenlampe, Lupe; Blumenerde, Sand.

Durchführung:

1. Gib in ein 250 ml Becherglas Wasser, 1 Esslöffel Sand und drei Esslöffel Blumenerde. Rühre gut um und beschreibe das Ergebnis.
2. Lass das Stoffgemisch einige Zeit stehen. Beobachte und beschreibe die Veränderungen.
3. Schöpfe mit dem Esslöffel alles ab, was an der Oberfläche schwimmt und sammle es in der Schale.
4. Dekantiere die über dem Bodensatz stehende Flüssigkeit vorsichtig in ein 150 ml Becherglas. Achte darauf, dass dabei der Bodensatz nicht aufgerührt wird. Betrachte die abgegossene Flüssigkeit.
5. Filtriere ein Drittel der dekantierten Flüssigkeit über ein grobporiges und ein weiteres Drittel über ein feinporiges Filtrierpapier jeweils in ein 250 ml Becherglas. Zum Vergleichen dient das letzte Drittel. Vergleiche die Durchlaufgeschwindigkeiten durch den Filter.
6. Betrachte die beiden Filtrate und den Rest der dekantierten Flüssigkeit vergleichend gegen das Licht oder beleuchte sie im abgedunkeltem Raum von der Seite mit einer Taschenlampe.
7. Betrachte die Schwimmstoffe und den Bodensatz mit der Lupe und versuche einige Stoffe zu erkennen.

Aufgabe: Notiere deine Beobachtungen.

V2: Eindampfen einer Salzlösung

Materialien: Abdampfschale, Dreifuß mit Drahtnetz, Gasbrenner, Lupe; Kochsalzlösung, Speisesalz.

Durchführung:

1. Fülle etwa 1 cm hoch Salzlösung in die Abdampfschale.
2. Erhitze die Salzlösung mit kleiner entleuchteter Flamme. Vorsicht! Beim Erwärmen kann Salzwasser herausspritzen.
3. Stelle den Gasbrenner ab, bevor das letzte Wasser verdampft ist.
4. Betrachte die Salzkristalle durch eine Lupe. Vergleiche sie mit Kristallen von Speisesalz.

Aufgabe: Notiere deine Beobachtungen.

V3: Vom Steinsalz zum Kochsalz

Materialien: Waage, Plastikschale, Tuch, Hammer, Reibschale mit Pistill, Petrischale, Messzylinder (100 ml), Trichter, Faltenfilter, 2 Erlenmeyerkolben (100 ml) mit Stopfen, Tropfpipette;
Steinsalz.

Durchführung:

1. Wiege etwa 25 g Steinsalzstücke in der Plastikschale ab. Wickle die Stücke in das Tuch und zerkleinere sie in der Schale, indem du vorsichtig mit dem Hammer auf das Tuch schlägst.
2. Gib das zerkleinerte Salz in die Reibschale und zerreibe es zu einem feinen Pulver.
3. Wiege auf einem Stück Papier 20 g Steinsalzpulver ab. Gib das Pulver in einen Erlenmeyerkolben mit 50 ml Wasser. Setze den Stopfen auf und löse durch Schütteln möglichst viel von dem Steinsalzpulver.
4. Hänge den Trichter in den zweiten Erlenmeyerkolben, lege den Faltenfilter ein und filtriere die überstehende Flüssigkeit.
5. Gib etwa 5 ml des Filtrats in die Petrischale und lass sie bis zur nächsten Chemiestunde offen stehen.

Aufgabe: Notiere deine Beobachtungen.

V4: Trennung einer Emulsion

Materialien: Scheidetrichter, 2 Bechergläser, Stativmaterial mit Stativring;
Wasser, Sonnenblumenöl mit Sudan III angefärbt.

Durchführung:

1. Gib Öl in ein Becherglas und füge eine kleine Spatelspitze Sudan III-Pulver zu. Rühre so lange um, bis sich der Farbstoff vollständig gelöst hat.
2. Fülle das gefärbte Öl und Wasser in den Scheidetrichter. Achte darauf, dass der Hahn des Scheidetrichters geschlossen ist. Der Scheidetrichter sollte nicht mehr als zu drei Viertel mit Flüssigkeit gefüllt sein.
3. Setze den Stopfen auf und schüttle kräftig. Hänge den Scheidetrichter dann in den Stativring und lass die Emulsion eine Weile ruhen.
4. Schüttle nochmals kurz, sodass sich die Flüssigkeiten vollständig trennen und das Öl eine Schicht bildet.
5. Nimm den Stopfen ab und lass das Wasser abfließen.

Aufgabe: Notiere deine Beobachtungen.

V5: Wir untersuchen ein Cola-Getränk

Materialien: Messzylinder (100 ml), Erlenmeyerkolben (200 ml), durchbohrter Stopfen mit gebogenem Glasrohr, Schlauch, Trichter, Heizplatte, Glasstab, Faltenfilter, Waage, Abdampfschale;
Cola-Getränk, Kalkwasser, Aktivkohle.

Durchführung:

1. Gib 50 ml Cola-Getränk in den Erlenmeyerkolben und setze den Stopfen mit Glasrohr und Schlauch auf.
2. Erwärme die Lösung auf der Heizplatte und leite das entstehende Gas in ein Reagenzglas, das zur Hälfte mit Kalkwasser gefüllt ist.
3. Nimm nach einer Minute den Stopfen ab und erhitze die Lösung fünf Minuten lang zum Sieden.
4. Gib einen Spatel Aktivkohle in den Erlenmeyerkolben, rühre das Gemisch während des Abkühlens mit einem Glasstab.
5. Wiege eine Abdampfschale und filtriere die Suspension in diese Schale. Dampfe das Filtrat langsam und vorsichtig ein.
6. Wiege die Abdampfschale nach dem Abkühlen des Rückstandes.
7. *Zusatzversuch:* Bestimme die Dichte des Cola-Getränks.

Aufgaben:

a) Notiere deine Beobachtungen.
b) Erkläre, wozu Arbeitsschritt 3 dient.
c) Berechne den Feststoffanteil in dem Cola-Getränk.
d) Erläutere das Trennverfahren in Arbeitsschritt 4.
e) Ermittle mithilfe der Grafik den Zuckergehalt in dem Cola-Getränk.
Vergleiche mit dem Ergebnis von Aufgabe c).

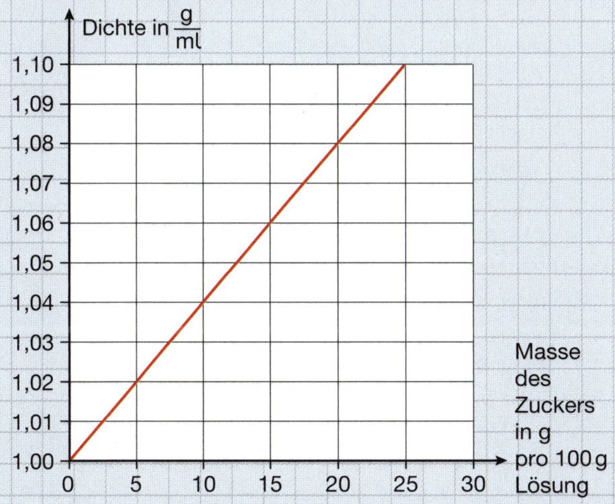

V6: Chromatografie von Lebensmittelfarben

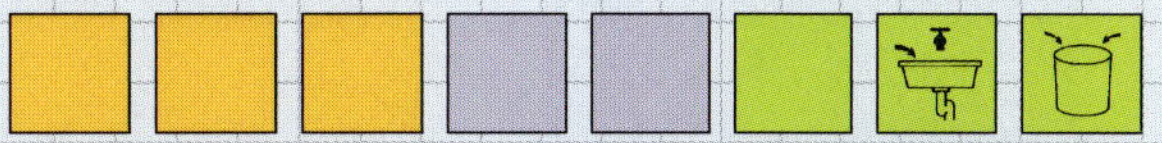

Materialien: Becherglas (100 ml), Becherglas (400 ml), Holzstäbchen, Kapillarröhrchen, Chromatografie-Papier (5 cm × 10 cm), Föhn, Tropfpipette, Messzylinder;
Schoko-Dragees gleicher Farbe (braun oder grün).

Durchführung:

1. Gib zwei Schoko-Dragees gleicher Farbe in ein Reagenzglas mit 1,5 ml Wasser und schüttle vorsichtig, bis sich der Farbstoffüberzug gelöst hat.
2. Dekantiere die Farbstoff-Lösung in ein zweites Reagenzglas.
3. Tauche das Kapillarröhrchen in die Farbstoff-Lösung und tupfe 2 cm vom unteren Rand einen Farbstofffleck auf das Chromatografie-Papier. Trockne den Fleck mit einem Föhn. Wiederhole das Auftragen der Probe noch dreimal.
4. Gib 10 ml Wasser in das Becherglas und hänge Chromatografie-Papier so über ein Holzstäbchen, dass das Ende des Streifens in das Wasser taucht.
5. Stülpe das große Becherglas über die Versuchsanordnung.

Aufgabe: Notiere deine Beobachtungen.

V7: Chromatografie von Filzstiftfarben

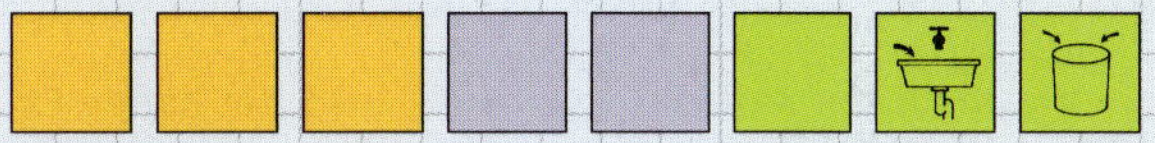

Materialien: Filtrierpapier oder Chromatografie-Papier (rund), Petrischale, Filzstifte.

Durchführung:

1. Stoße mit einem Bleistift ein Loch in die Mitte des Rundfilters und tupfe mit verschiedenen Filzstiftfarben Punkte rund um das Loch.
2. Rolle ein Stück Filtrierpapier und stecke es als Docht durch das Loch des Rundfilters.
3. Fülle die Petrischale zur Hälfte mit Wasser und lege die Papierscheibe so auf die Petrischale, dass der Docht in das Wasser eintaucht.

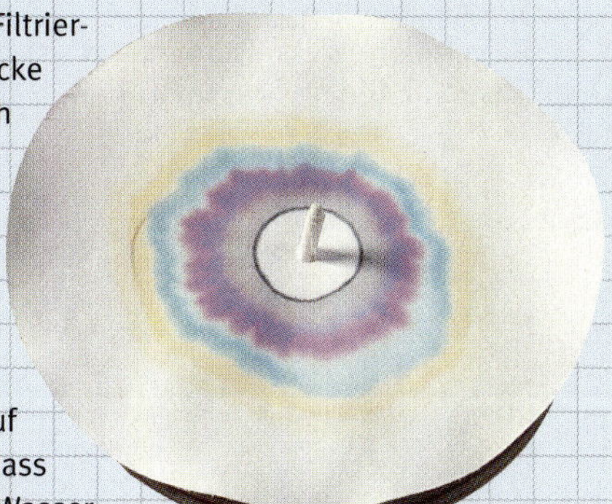

Aufgabe: Notiere deine Beobachtungen.

Exkurs

Kaffeeherstellung – ein technisches Trennverfahren

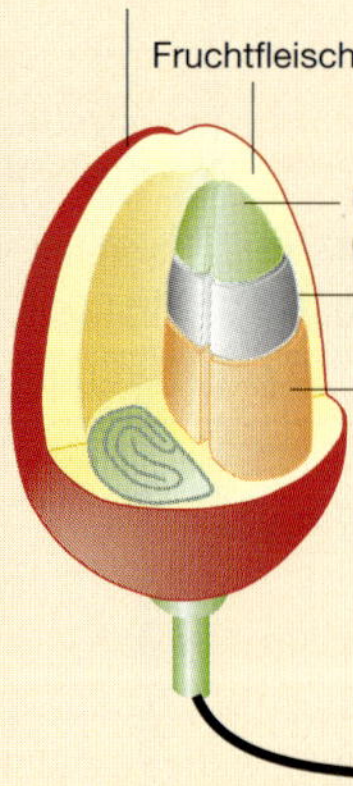

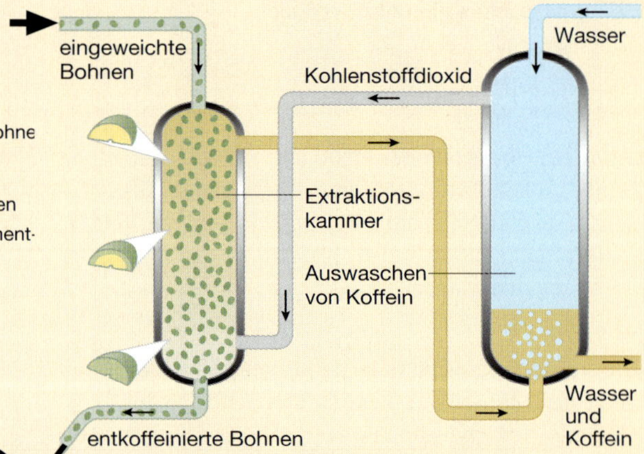

RÖSTEN

MAHLEN

Die Hauptanbaugebiete der Kaffeepflanze liegen in Südamerika und Indonesien. Nach der Ernte werden Haut und Fruchtfleisch der Kaffeefrüchte entfernt. Die Kaffeekirschen werden in der Sonne getrocknet und dann geschält. Der so hergestellte *Rohkaffee* wird nun in die Verbraucherländer verschifft und dort geröstet. Bei 200 °C bis 250 °C dauert das Rösten etwa zehn Minuten. Dabei färben sich die Bohnen dunkelbraun und das typische Aroma des Kaffees entfaltet sich.

Bei der Herstellung von **magenschonendem Kaffee** wird den noch grünen Bohnen ein Teil der magenreizenden Stoffe mit einem Lösungsmittel und mit heißem Wasserdampf entzogen.

Viele Menschen vertragen nur **koffeinfreien Kaffee.** Um den Kaffee zu entkoffeinieren wird das Koffein aus dem Rohkaffee herausgelöst. Die neueste Technik wendet Kohlenstoffdioxid als Extraktionsmittel an. Unter hohem Druck löst flüssiges Kohlenstoffdioxid Koffein heraus, ohne die Aromastoffe zu entfernen. Das gelöste Koffein wird mit Wasser aus dem Kohlenstoffdioxid ausgewaschen.

In einem anderen Verfahren werden die Bohnen mit heißem Wasser extrahiert. Wasser als Lösungsmittel ist zwar preiswerter, bei der hohen Temperatur gehen aber Aromastoffe verloren.

Das anfallende Koffein lässt sich zur Herstellung von Erfrischungsgetränken und Arzneimitteln nutzen.

Um **löslichen Kaffee** herzustellen, wird der Kaffee-Extrakt unter Druck mit 180 °C heißem Wasser aus den gerösteten und zerkleinerten Bohnen herausgelöst. Diese Lösung wird zunächst auf die Hälfte eingeengt. Das restliche Wasser wird schonend entfernt: Bei der *Sprühtrocknung* rieselt der Kaffee-Extrakt von oben in Trockentürme. Von unten wird Heißluft eingeblasen. Die *Gefriertrocknung* ist noch schonender. Der Kaffee-Extrakt wird eingefroren. Unter vermindertem Druck sublimiert das gefrorene Wasser und schlägt sich an kälteren Teilen der Apparatur als Raureif nieder. Zurück bleibt löslicher Kaffee.

Gewinnung von löslichem Kaffee:

Extraktion
⇩
Einengen
⇩
Sprühtrocknen oder Gefriertrocknen

1 Beschreibe die Trennvorgänge beim Kaffeekochen.
2 Erkläre den Unterschied zwischen Schonkaffee und koffeinfreiem Kaffee.
3 Erkläre, warum die Aromastoffe beim Gefriertrocknen besser erhalten bleiben als beim Sprühtrocknen.
4 Erläutere die Aussage: „Unter vermindertem Druck sublimiert das gefrorene Wasser."

Trennverfahren in der Technik

Ergebnisse:

Gewinnung von Speiseöl

Speiseöl wird aus Sonnenblumenkernen, Oliven, Nüssen, Soja, Raps und anderen Pflanzen gewonnen. Das Pflanzenmaterial wird dazu zerquetscht und gepresst. Das *kaltgepresste* Öl enthält hohe Anteile an Aromastoffen und Vitaminen. Aber fast ein Drittel des Pflanzenöls bleibt in dem Fruchtbrei zurück. Man kann die Öl-Ausbeute erhöhen, wenn das Pflanzenmaterial beim Pressen erwärmt wird. Noch mehr Öl lässt sich durch Extraktion mit einem fettlösenden Lösungsmittel herausholen. Das extrahierte Öl muss dann jedoch sehr sorgfältig vom Lösungsmittel befreit werden.

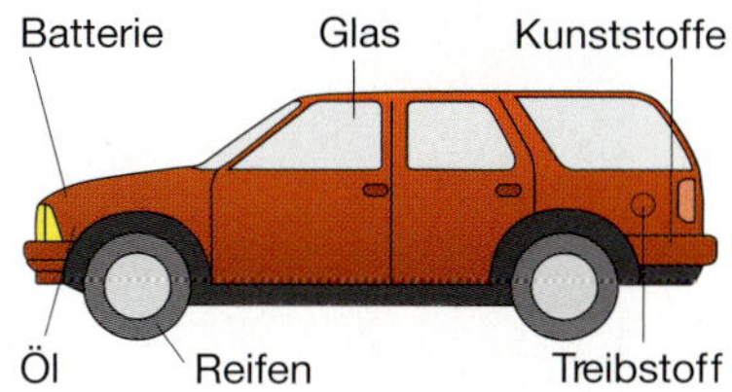

Lebensretter künstliche Niere

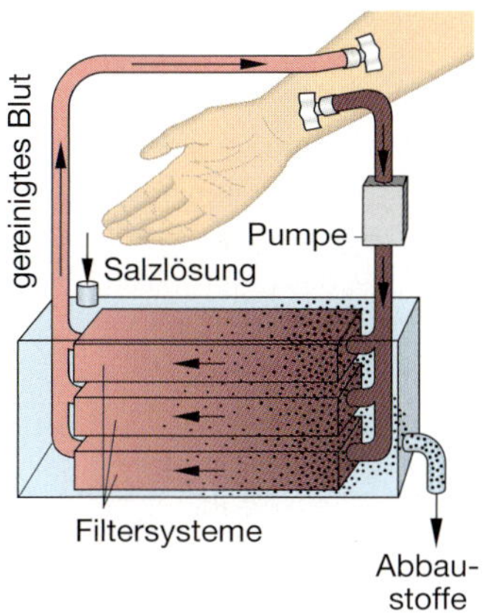

Die Nieren filtern die Endprodukte des Stoffwechsels aus dem Blut heraus. Menschen, deren Nieren nicht mehr funktionieren, können daher nur überleben, wenn sie ihr Blut regelmäßig reinigen lassen. Dazu müssen sie alle drei Tage für vier bis acht Stunden an ein Dialyse-Gerät angeschlossen werden.
Aus einer Arterie wird das Blut des Patienten in diese *künstliche Niere* geleitet. Dort fließt es durch hauchdünne Schläuche mit sehr feinen Poren. Durch die Poren können die Teilchen der Abfallstoffe nach außen hindurch treten, nicht aber die normalen Bestandteile des Bluts. Außerhalb der Schläuche werden die Abfallstoffe weggespült. Das gereinigte Blut wird in den Blutkreislauf des Patienten zurückgeführt.

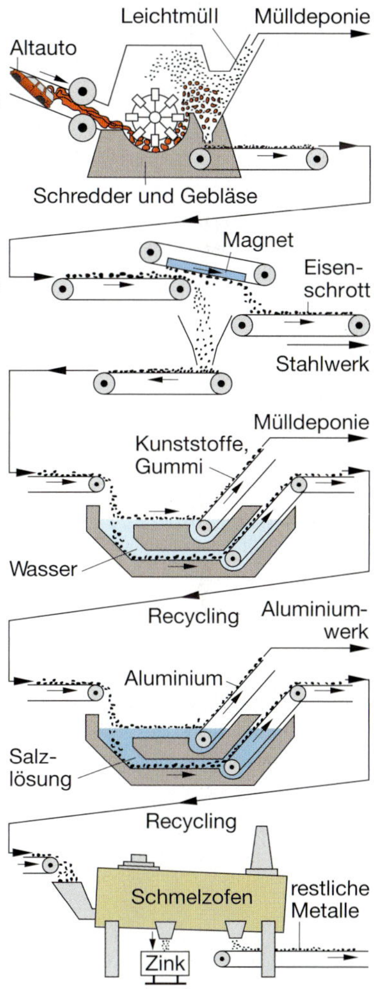

Auto-Recycling

Millionen von Autos werden jährlich verschrottet. Voraussetzung für eine Wiederverwertung ist dabei die Trennung der einzelnen Bestandteile.
Zunächst baut man bestimmte Teile aus. Anschließend zerkleinert ein Schredder die Karosserie. Leichtmüll aus Kunststoff, Gummi und Textilien wird durch ein Gebläse abgetrennt und deponiert. Ein Magnet entfernt sodann die eisenhaltigen Teile. Sie werden in Stahlwerken wieder eingeschmolzen. Der Rest wird in ein Wasserbecken transportiert. Kunststoffe und Gummi mit einer geringeren Dichte als Wasser schwimmen auf und können abgeschöpft werden. Die Metallteile gelangen in eine hochkonzentrierte Salzlösung, in der Aluminium aufschwimmt. Kupferhaltige und zinkhaltige Restmetalle setzen sich ab. Im Schmelzofen wird das Zink herausgeschmolzen. Ein Problem bei der Wiederverwertung ist der hohe Kunststoffanteil der Autos, der zurzeit noch deponiert werden muss. Um das Recycling zu verbessern, müssen zukünftige Autos mehr sortenreine Kunststoffteile enthalten, die vor dem Zerkleinern leicht abmontiert werden können.

Aufgaben

1 Kalt gepresstes Olivenöl ist wertvoller als Öl, das beim Pressen erwärmt wird. Erläutere den Sachverhalt.

2 Nenne das Trennverfahren, das bei der künstlichen Niere eingesetzt wird.

3 **a)** Benenne alle Trennverfahren, die beim Auto-Recycling eine Rolle spielen.
b) Gib die Dichte an, die eine Salzlösung mindestens haben muss, damit sich Aluminium von anderen Metallen trennen lässt.

Exkurs

Wasserverteilung und Wasserkreislauf

Die Erde aus dem Weltraum betrachtet

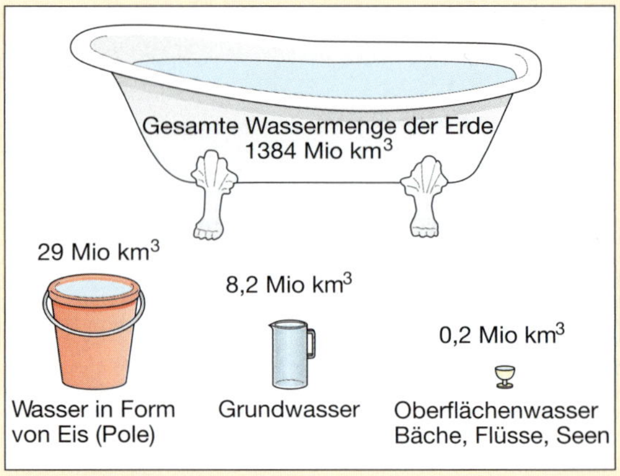

Wasserverteilung auf der Erde

Die Erde verdankt ihren Beinamen „blauer Planet“ ausgedehnten Meeren, die fast drei Viertel der Erdoberfläche bedecken. Das Wasser auf der Erde ist also überwiegend *Salzwasser*. Nur etwa drei Hundertstel des Wassers sind *Süßwasser*. Wir kennen es vor allem als Oberflächenwasser in Seen, Flüssen und Bächen. Erheblich mehr Wasser ist aber im Boden versickert und bildet das Grundwasser, aus dem unser Trinkwasser gewonnen wird.

Oberflächenwasser und Grundwasser machen aber nur einen kleinen Teil des Süßwassers aus. Der größte Teil liegt gefroren als Eis in den Polargebieten und in den Gletschern der Gebirge. Ein sehr kleiner Rest bildet die Wolken und ist in der Luft als Luftfeuchtigkeit enthalten.

Wasserkreislauf. Das Wasser auf der Erde befindet sich in einem ständigen *Kreislauf:* Über den Meeren steigt warme feuchte Luft auf und kühlt sich ab. Dabei bilden sich Wolken. Sie bestehen aus zahllosen kleinen Wassertröpfchen oder Eiskristallen.

Der größte Teil des Wassers gelangt als Niederschlag ins Meer zurück. Der Rest fällt als Regen oder Schnee auf das Land. Ein Drittel der Niederschläge versickert dort im Boden und bildet das Grundwasser, das unterirdisch zu nahe liegenden Bächen und Flüssen strömt. Zusammen mit dem Oberflächenwasser fließt es so in die Meere zurück.

Ein großer Teil der auf den Boden fallenden Niederschläge verdunstet direkt oder auf dem Weg über die Pflanzen und verstärkt die Wolkenbildung.

Wasser ist die Basis für das Leben auf unserer Erde. Lebewesen benötigen Wasser als Lösungsmittel und Transportmittel für Nährstoffe und Abbauprodukte in ihrem Körper. Organismen enthalten etwa 60 % Wasser, manche Pflanzen sogar bis zu über 90 %.

1 Gib an, wo man auf der Erde Süßwasser findet und welchen Anteil Süßwasser an der gesamten Wassermenge auf der Erde hat.
2 Wasser wird als kostbares Gut bezeichnet, obwohl es fast drei Viertel der Erde bedeckt. Erläutere.
3 Beschreibe den Kreislauf des Wassers.

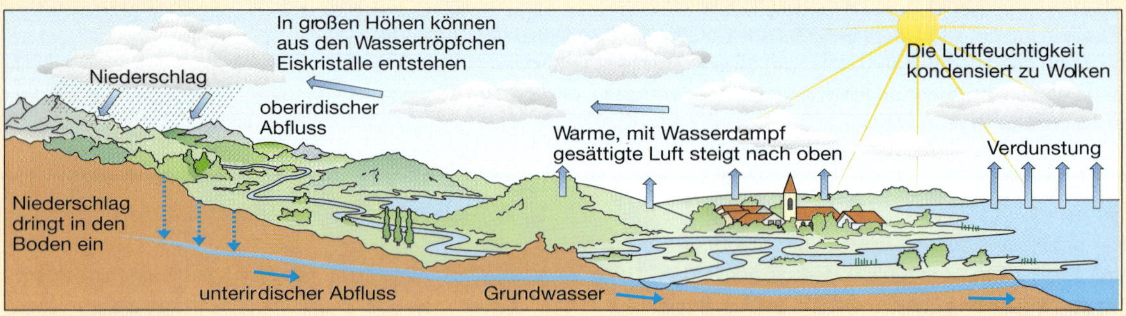

Wasserkreislauf

Trinkwasser aus dem Meer

Exkurs

In vielen Küstenregionen herrscht Mangel an Trinkwasser, obwohl es in den angrenzenden Meeren ausreichend Wasser gibt. Meerwasser ist jedoch wegen seines Salzgehaltes von etwa 3 % als Trinkwasser und zur Bewässerung unbrauchbar. Auch die Industrie kann Meerwasser nicht verwenden, da Rohre durch Salzwasser schnell rosten. Es wurden deshalb verschiedene Verfahren entwickelt, um Meerwasser zu entsalzen.

Verdunstungsverfahren. Das einfachste und preisgünstigste Verfahren, Meerwasser zu entsalzen, nutzt die Energie der Sonne aus. Dazu leitet man Meerwasser in große, mit schwarzer Folie ausgelegte Becken, die mit Glasscheiben überdacht sind.
Durch die Wärme verdunstet das Wasser allmählich. Es kondensiert dann an den kühleren Glasscheiben und wird als salzfreies Wasser aufgefangen.
Auf diese Weise können am Tag pro Quadratmeter nur etwa fünf Liter Trinkwasser gewonnen werden. Um größere Mengen Trinkwasser zu gewinnen, benötigt man neben ausreichend Sonnenschein daher ausgedehnte Flächen für solche Anlagen.

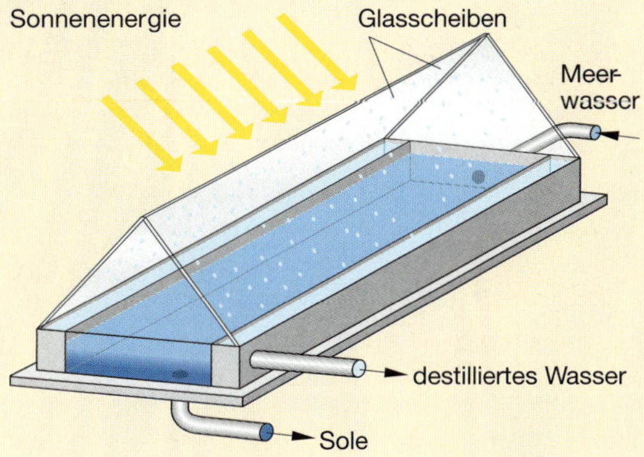

Destillationsverfahren. Um große Mengen Wasser zu entsalzen, wird Meerwasser in Kesseln zum Sieden erhitzt. Man erzeugt dazu mit Ölbrennern oder Gasbrennern Wasserdampf mit einer Temperatur von etwa 120 °C. Der heiße Wasserdampf wird durch ein System von mehreren hintereinander geschalteten Kesseln geleitet. Damit die so zugeführte Wärme ausreicht, das Wasser auch im zweiten und dritten Kessel zum Sieden zu bringen, greift man zu einem verfahrenstechnischen Trick: Man erzeugt einen Unterdruck in den Kesseln. Unter diesen Bedingungen siedet das Wasser bereits bei einer Temperatur unterhalb von 100 °C. Das Kondensat fängt man als Trinkwasser auf.

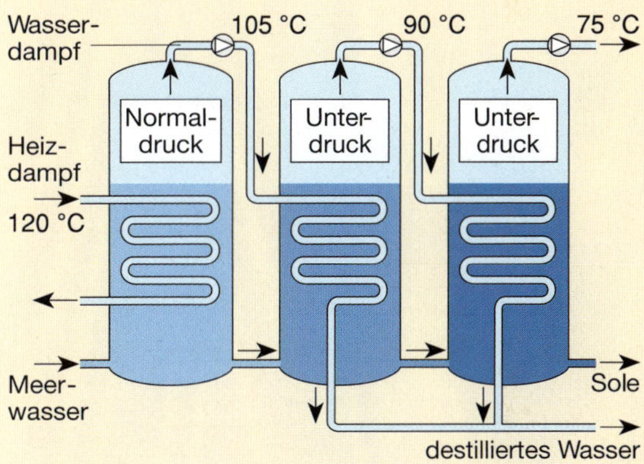

Membranverfahren. Bei dem modernsten Verfahren zur Trinkwassergewinnung wird Meerwasser unter hohem Druck durch dünne Kunststofffolien mit sehr feinen Poren gepresst. Diese Membranen sind für die Salz-Teilchen undurchlässig, nur die Wasser-Teilchen können durch die Poren hindurchtreten. Die Höhe des notwendigen Druckes hängt vom Salzgehalt des Wassers ab. Deshalb eignen sich diese Anlagen vor allem zur Entsalzung von salzarmem Brackwasser.
Das Membranverfahren hat einen wichtigen Vorteil: Man kann auch kleine transportable Anlagen bauen.

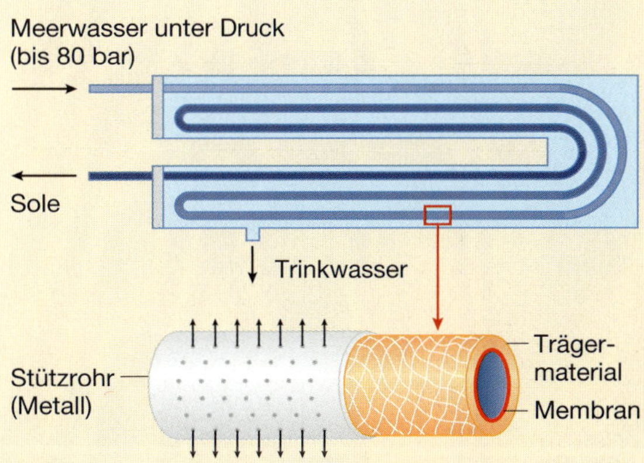

1 Stelle die Vor- und Nachteile der drei Methoden zur Trinkwassergewinnung aus dem Meer zusammen.
2 Erkläre, warum beim Destillationsverfahren mit Unterdruck, beim Membranverfahren mit Überdruck gearbeitet wird.

3.4 Trinkwasser – (k)ein Naturprodukt?

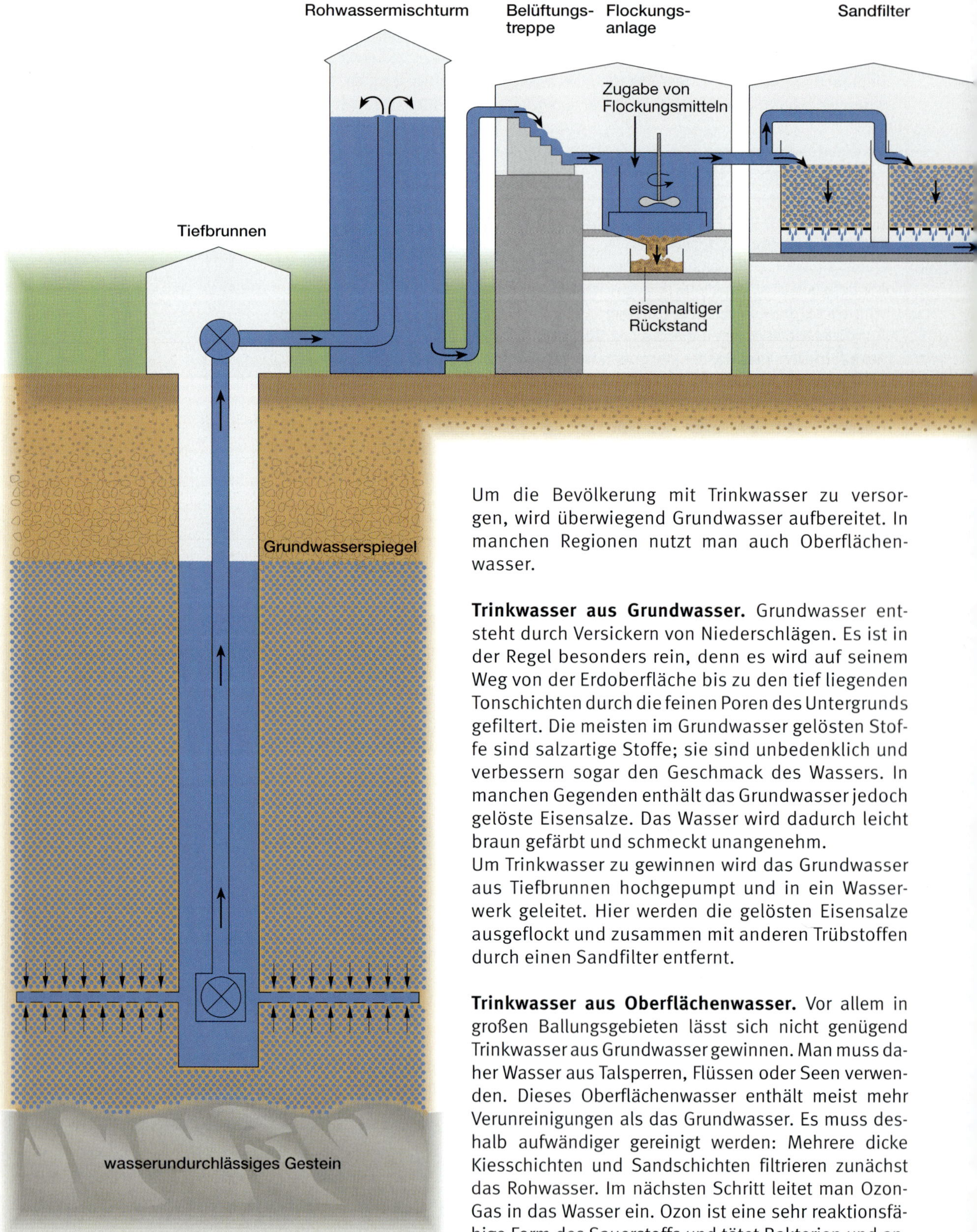

Um die Bevölkerung mit Trinkwasser zu versorgen, wird überwiegend Grundwasser aufbereitet. In manchen Regionen nutzt man auch Oberflächenwasser.

Trinkwasser aus Grundwasser. Grundwasser entsteht durch Versickern von Niederschlägen. Es ist in der Regel besonders rein, denn es wird auf seinem Weg von der Erdoberfläche bis zu den tief liegenden Tonschichten durch die feinen Poren des Untergrunds gefiltert. Die meisten im Grundwasser gelösten Stoffe sind salzartige Stoffe; sie sind unbedenklich und verbessern sogar den Geschmack des Wassers. In manchen Gegenden enthält das Grundwasser jedoch gelöste Eisensalze. Das Wasser wird dadurch leicht braun gefärbt und schmeckt unangenehm.
Um Trinkwasser zu gewinnen wird das Grundwasser aus Tiefbrunnen hochgepumpt und in ein Wasserwerk geleitet. Hier werden die gelösten Eisensalze ausgeflockt und zusammen mit anderen Trübstoffen durch einen Sandfilter entfernt.

Trinkwasser aus Oberflächenwasser. Vor allem in großen Ballungsgebieten lässt sich nicht genügend Trinkwasser aus Grundwasser gewinnen. Man muss daher Wasser aus Talsperren, Flüssen oder Seen verwenden. Dieses Oberflächenwasser enthält meist mehr Verunreinigungen als das Grundwasser. Es muss deshalb aufwändiger gereinigt werden: Mehrere dicke Kiesschichten und Sandschichten filtrieren zunächst das Rohwasser. Im nächsten Schritt leitet man Ozon-Gas in das Wasser ein. Ozon ist eine sehr reaktionsfähige Form des Sauerstoffs und tötet Bakterien und an-

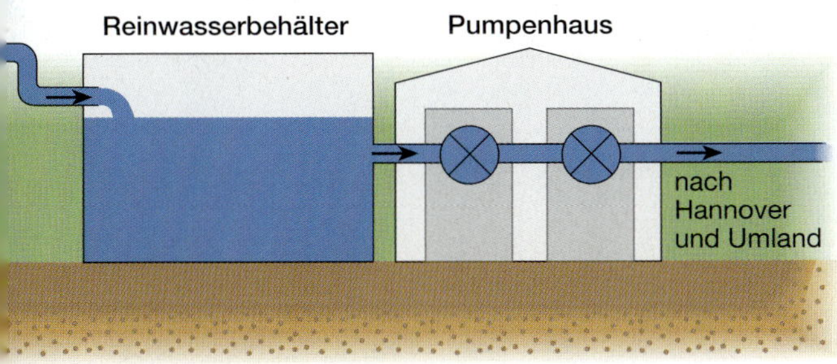

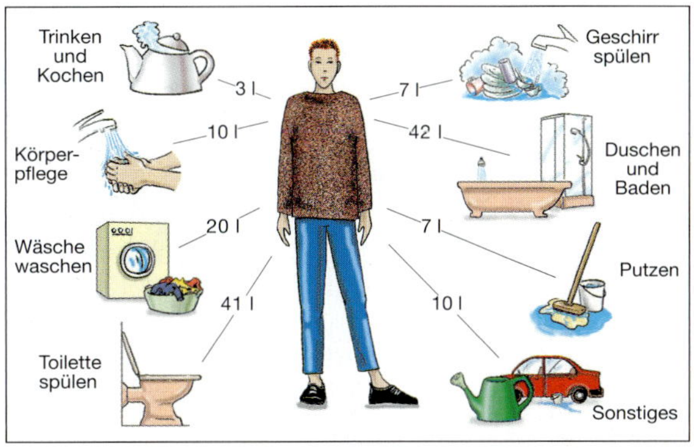

Durchschnittliche Wassernutzung pro Tag und Person

dere Krankheitserreger ab. Außerdem ballen sich in Gegenwart von Ozon kleinste Schmutzteilchen zu größeren Flocken zusammen. Eine dicke Aktivkohle-Schicht adsorbiert anschließend alle Verunreinigungen.
Bevor nun das gereinigte Oberflächenwasser in das Leitungsnetz eingespeist wird, kann Chlor oder Chlordioxid zugesetzt werden. Diese *Chlorung* bewirkt, dass sich in den langen Leitungen keine Bakterien oder andere Keime ansiedeln und vermehren können.

Trinkwasser aus Uferfiltrat. Wo Mangel an Grundwasser besteht, entnehmen die Wasserwerke Wasser aus einem Fluss und lassen es in der Uferzone versickern. Dabei wird es auf dem Weg durch den sandigen Untergrund auf natürliche Weise gereinigt. Einige hundert Meter vom Fluss entfernt fördern Pumpen das Wasser als *Uferfiltrat* aus Tiefbrunnen wieder herauf. Anschließend wird es zu Trinkwasser aufbereitet.

In manchen Gebieten leitet man das Uferfiltrat in Wasserschutzgebiete und versprüht es dort. Dabei reichert es sich mit Luftsauerstoff an. Die Bodenbakterien können dann Schadstoffe schneller abbauen. Das versickerte Wasser erhöht so den natürlichen Grundwasservorrat.

Trinkwasserversorgung. In Deutschland verkaufen 7000 Wasserversorgungsunternehmen täglich viele Millionen Liter Trinkwasser. Das Wasser wird gereinigt, aufbereitet, kontrolliert, gespeichert und über ein großes Trinkwasserleitungsnetz verteilt.

Diese Versorgung mit Trinkwasser kostet in Deutschland durchschnittlich 1,50 € pro Kubikmeter (m^3). 1 m^3 ist das Volumen eines Würfels mit der Kantenlänge von einem Meter und entspricht 1000 l Wasser. Da die Kosten vom Verbraucher zu bezahlen sind, gibt es in jedem Haus eine **Wasseruhr.** Sie misst die vom Wasserwerk gelieferte Wassermenge. Einmal im Jahr wird die Uhr abgelesen und aus dem gemessenen Verbrauch werden die Kosten berechnet: Eine dreiköpfige Familie braucht im Monat durchschnittlich 12,6 m^3 Wasser und muss somit knapp 19 € pro Monat bezahlen.

An der Wasseruhr lässt sich auch erkennen, ob alle Anschlüsse im Hause dicht schließen. Das kleine Dreieck in der Mitte der Uhr dreht sich bereits, wenn ein Wasserhahn tropft.

Trinkwasser kann aus Grundwasser, Oberflächenwasser und Uferfiltrat gewonnen werden. Oberflächenwasser muss weit aufwändiger als Grundwasser gereinigt werden. Zum Schutz vor Keimen wird das Trinkwasser oft mit Chlor versetzt. Trinkwasser ist teuer. Der an der Wasseruhr abgelesene Verbrauch wird abgerechnet.

1 Beschreibe die verschiedenen Möglichkeiten der Trinkwassergewinnung.
2 Erkundige dich über die Herkunft des Trinkwassers an deinem Wohnort.
3 Sieh auf eurer letzten Wasserrechnung nach, wie viel Trinkwasser eure Familie im letzten Jahr verbraucht hat. Gib die Kosten für das Trinkwasser an.

3.5 Kläranlagen reinigen Abwässer

In Kläranlagen wird das stark verschmutzte Abwasser stufenweise so weit gereinigt, dass es in die Flüsse eingeleitet werden kann. Nach einer mechanischen Reinigung durchläuft das Abwasser dabei ein *Belebungsbecken* und ein *Nachklärbecken*.

Mechanische Stufe. Das Abwasser läuft zunächst durch *Rechen,* die grobe Feststoffe zurückhalten. Danach fließt das Wasser langsam durch einen *Sandfang,* in dem sich mitgeführter Sand am Boden absetzt. Viele Kläranlagen entfernen dabei auch Fett und Öl durch einen *Fettabscheider.* Der Sand und die groben Feststoffe werden von Zeit zu Zeit entnommen und zu einer Deponie gebracht. Das Abwasser gelangt dann in ein *Vorklärbecken.* Hier können sich die fein verteilten Schwebstoffe als Schlamm absetzen. Damit sind etwa 30 % der Verunreinigungen entfernt.

Biologisch-chemische Stufe. Das von suspendierten Feststoffen weitgehend gereinigte Wasser enthält noch eine Vielzahl von gelösten Stoffen. Es handelt sich dabei vor allem um Kohlenstoff-Verbindungen, die im *Belebungsbecken* biologisch entfernt werden müssen. Diese Aufgabe übernehmen bestimmte Bakterien und andere Mikroorganismen, die sich rasch vermehren. Sie nutzen die unerwünschten Stoffe als Nahrungsquelle. Für ihren Stoffwechsel benötigen sie aber auch Sauerstoff; durch große Rührwerke wird dem Abwasser daher Luft zugemischt.

In neueren Anlagen werden auch stickstoffhaltige Stoffe wie Nitrate und Ammonium-Salze abgebaut. Aus den Stickstoff-Verbindungen entsteht dabei letztlich elementarer Stickstoff. Durch andere Bakterien im Belebungsbecken wird auch der Phosphatgehalt erniedrigt. Um die Phosphate noch weiter zu entfernen setzt man Eisensalze zu. Dabei bildet sich schwer lösliches Eisenphosphat, das auf den Boden des Beckens absinkt.

Das durch die zahllosen Bakterien stark getrübte Abwasser fließt dann in ein *Nachklärbecken.* Hier lagern sich die Mikroorganismen zu Flocken zusammen und setzen sich am Boden ab. Ein Teil dieses *Belebtschlammes* wird wieder in das Belebungsbecken zurückgeführt. Auf diese Weise wird dort der Abbau der Kohlenstoff-Verbindungen beschleunigt.

Schlammbehandlung. Der überschüssige Schlamm aus dem Nachklärbecken wird mithilfe von Filterpressen eingedickt, bevor er in einem *Faulbehälter* bei 37 °C unter Luftausschluss von anderen Bakterien zersetzt wird. Dabei bildet sich *Faulgas,* das hauptsächlich aus Methan besteht. Es kann daher als Brennstoff verwendet werden. Der zurückbleibende *Klärschlamm* wird verbrannt oder als Dünger genutzt.

Das Abwasser wird durch eine Kombination von mechanischen und biologisch-chemischen Verfahren gereinigt. In neueren Anlagen wird durch besondere Mikroorganismen der Nitratgehalt und der Phosphatgehalt stark herabgesetzt.

1 Beschreibe die Funktionsweise einer Kläranlage.
2 Nenne die Trennverfahren, die bei der mechanischen Reinigung angewendet werden.
3 Beschreibe die Folgen, die ein Ausfall einer Kläranlage haben kann.
4 Vergleiche die Kläranlage deiner Gemeinde mit der im Buch dargestellten Anlage.

Mischen und Trennen

Basiswissen

1. Reinstoffe und Gemische

Ein Reinstoff hat charakteristische Eigenschaften und ist einheitlich aufgebaut. Stoffgemische bestehen aus mehreren Reinstoffen. Ihre Eigenschaften hängen vom Mischungsverhältnis ab.

Gemische

heterogene Gemische
Die Bestandteile sind erkennbar.

homogene Gemische
Die Bestandteile sind selbst mit dem stärksten Mikroskop nicht erkennbar.

Aggregatzustand der Bestandteile		Bezeichnung
fest	fest	Gemenge
fest	flüssig	Suspension
fest	gasförmig	Rauch, Schaum
flüssig	flüssig	Emulsion
flüssig	gasförmig	Nebel, Schaum

Aggregatzustand der Bestandteile		Bezeichnung
fest	fest	Legierung
fest	flüssig	Lösung
flüssig	flüssig	Lösung
gasförmig	fest	Lösung
gasförmig	flüssig	Lösung
gasförmig	gasförmig	Gasgemisch

2. Stofftrennungen

Stoffgemische können aufgrund der unterschiedlichen Eigenschaften der Bestandteile getrennt werden.

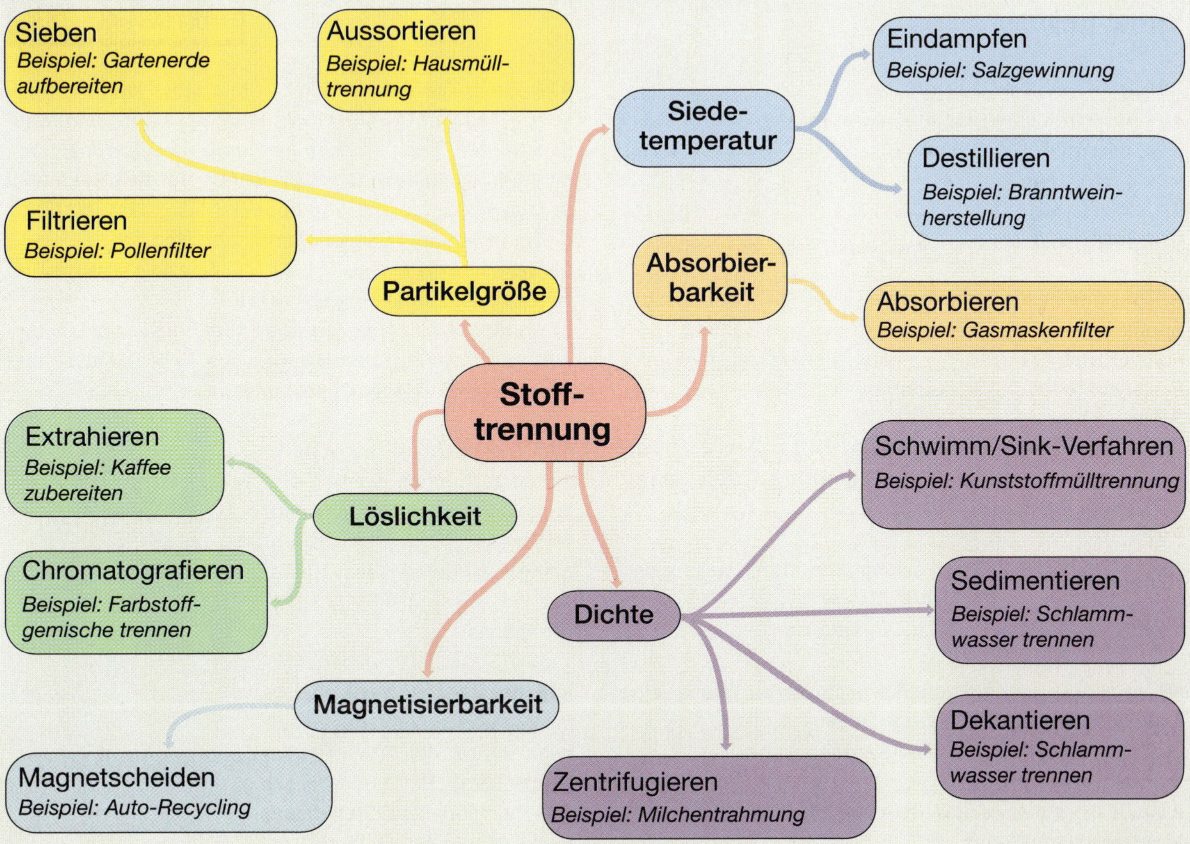

Prüfe dein Wissen

Quiz

A1 a) Erkläre die Begriffe des Fensters.
b) Notiere auf der Vorderseite von Karteikarten den Begriff, auf der Rückseite die Erklärung.

A2 Gib an, welche der folgenden Stoffe Gemische sind: Edelstahl, Diamant, Backpulver, Marmelade, Kaffeepulver, Aluminium, Leitungswasser, Mineralwasser, Benzin, Kupfer.

A3 Nenne je zwei Beispiele für eine Suspension, eine Emulsion, eine Legierung und eine Lösung.

A4 a) Ordne folgende Gemische einem Gemischtyp zu: Beton, Body-Lotion, Apfelsaft, Sekt, Tinte, Ketchup, Styropor®, Hausmüll, Schlagsahne.
b) Zeichne für jedes der Gemische ein Teilchenmodell.

A5 Gib geeignete Trennmethoden an:
a) Kohlepulver/Kochsalz-Gemisch
b) Wasser/Alkohol/Farbstoff-Gemisch
c) Sand/Salz/Eisenspäne/Wasser-Gemisch.

Know-how

A6 *Experimentelle Hausaufgabe:*
a) Gib jeweils einen Teelöffel der folgenden Stoffe in ein Glas mit Wasser und rühre um: Zucker, Mehl, Öl, Essig, Grieß.
b) Notiere deine Beobachtungen. Gib für alle Gemische den Gemischtyp an.

A7 Beschreibe die Vorgehensweise bei der Trennung eines Gemisches aus folgenden Kunststoffen und Gummi.
Polypropylen ($\varrho = 0{,}91\,\frac{g}{cm^3}$), Polyethylen ($\varrho = 0{,}95\,\frac{g}{cm^3}$), Polystyrol ($\varrho = 1{,}05\,\frac{g}{cm^3}$), Gummi ($\varrho = 1{,}23\,\frac{g}{cm^3}$), Polyvinylchlorid ($\varrho = 1{,}30\,\frac{g}{cm^3}$).
Als Flüssigkeiten stehen Wasser ($\varrho = 1{,}0\,\frac{g}{cm^3}$), Kochsalz-Lösung ($\varrho = 1{,}2\,\frac{g}{cm^3}$) und Fixiersalz-Lösung ($\varrho = 1{,}28\,\frac{g}{cm^3}$) zur Verfügung.

A8 Wasser ist durch Tinte blau gefärbt. Durch welche Verfahren könnte man den Farbstoff vom Wasser trennen? Gib die Vorteile und Nachteile der Verfahren an.

A9 a) Gib an, ob fein verteilter Schwefel in Wasser eine Emulsion oder eine Suspension bildet.
b) Schlage ein mögliches Trennverfahren vor.

A10 Beschreibe, wie die Luft in ihre einzelnen Bestandteile zerlegt werden kann.

Die wichtigsten Begriffe

- heterogenes Gemisch
- homogenes Gemisch
- Reinstoff
- Gemenge
- Legierung
- Lösung
- Emulsion
- Suspension
- Rauch, Nebel, Aerosol
- Schaum
- Sedimentation
- Filtration
- Extraktion
- Adsorption
- Destillation
- Chromatografie

Natur – Mensch – Technik

A11 Meersalz aus Nordseewasser in Salzgärten zu gewinnen ist unwirtschaftlich. Begründe.

A12 Es macht einen geschmacklichen Unterschied, den Tee drei oder fünf Minuten ziehen zu lassen. Erkläre.

A13 Manche Flüsse führen im Sand und Schlamm kleine Goldkörnchen mit sich.
Beschreibe das Verfahren des Goldwaschens. Nenne die Eigenschaft, die zum Trennen genutzt wird.

A14 Einen Kunden, der ein Schmuckstück kauft, interessiert vor allem der Goldgehalt, denn dieser bestimmt weitgehend den Preis, Deshalb werden Gold-Legierungen mit einem Prägestempel gekennzeichnet, der den Goldanteil in Tausendstel angibt: 585 bedeutet also, dass in 1000 g dieser Legierung 585 g Gold enthalten sind.
a) Berechne die Masse an Gold, die eine 50 g schwere Brosche mit der Einprägung 750 erhält.
b) Lohnt es sich einen Ring aus 585er Gold gegen ein doppelt so schweres Schmuckstück aus 333er Gold zu tauschen? Begründe deine Entscheidung.

A15 Um mehrere Kunststoffsorten zu trennen, werden die Kunststoffe gemahlen und mit Wasser in einem Hydrozyklon umhergewirbelt. Beschreibe das Wirkungsprinzip eines Hydrozyklons.

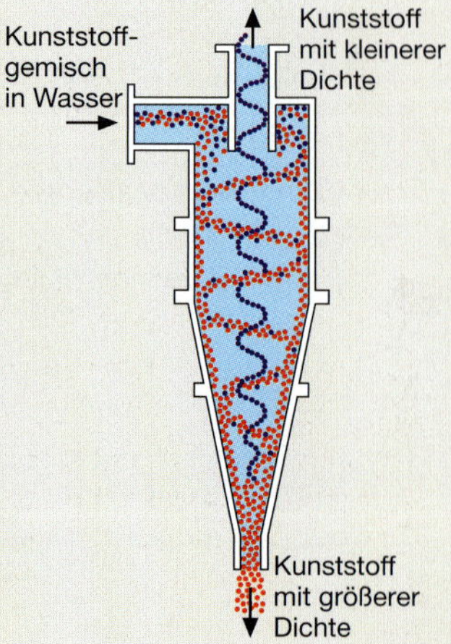

A16 Manche Medikamente muss man vor Gebrauch schütteln. Nenne den vorliegenden Gemischtyp. Beschreibe, was sich bei längerem Stehen der Medikamente beobachten lässt.

A17 Trennverfahren rund ums Auto

Pollenfilter
Blütenpollen können bei Allergikern Heuschnupfen auslösen. Moderne Autos sind daher mit Pollenfiltern ausgestattet, die die Luft im Auto pollenfrei halten sollen. Außer den Pollen mit einer durchschnittlichen Größe von 15 µm sollen auch Feinstäube mit ihren winzigen, nur rund 0,5 µm großen Partikeln zurückgehalten werden. Denn auch diese Staub- und Schmutzpartikel können allergische Reaktionen und Reizungen der Atmungsorgane verursachen.

Altöl-Recycling
Motoröle verschleißen bei Gebrauch. Daher müssen sie bei einer bestimmten Kilometerleistung gewechselt werden. Gründe für den Verschleiß sind die natürliche Alterung des Öls, die Verschmutzung durch Verbrennungsrückstände wie Ruß und Wasser und mechanischer Abrieb im Innern des Motors.
Gebrauchte Motoröle werden heute in vielen Fällen wieder aufgearbeitet und dann wieder verwendet. Bei der Aufbereitung des Altöls müssen zunächst alle Verunreinigungen aus dem Stoffgemisch entfernt werden. Danach folgt eine chemische Nachbehandlung, die letztlich zu einem wieder verwertbaren Schmieröl führt.

Rußpartikelfilter
Moderne Dieselfahrzeuge besitzen Rußpartikelfilter, die unter dem Wagenboden in die Abgasanlage eingebaut sind. Der Partikelfilter verfügt über wechselweise angeordnete Ein- und Ausgangskanäle. Beim Fahren wird die Temperatur des Abgases und damit die des Filters durch eine elektronische Steuerung in bestimmten Abständen kurzfristig erhöht.

Ölabscheider
In Tankstellen, Autowaschanlagen und Garagen sind Ölabscheider zwingend vorgeschrieben. Sie trennen Wasser/Öl-Gemische.

a) Beschreibe Aufbau und Wirkungsweise des Pollenfilters. Erkläre dabei auch die Funktion der Aktivkohle.
b) Erstelle einen Plan, nach dem die Verunreinigungen des Altöls entfernt werden können.
c) Beschreibe die Wirkungsweise eines Rußpartikelfilters. Erkläre, warum dabei die Abgastemperatur zeitweise erhöht werden muss.
d) Wie bezeichnet man ein Gemisch aus Wasser und Öl?
e) Erkläre das Trennprinzip des Ölabscheiders und begründe, warum Autowaschanlagen und Tankstellen mit ihnen ausgerüstet werden müssen.
f) Nenne andere Betriebe, in denen man ebenfalls Ölabscheider findet.

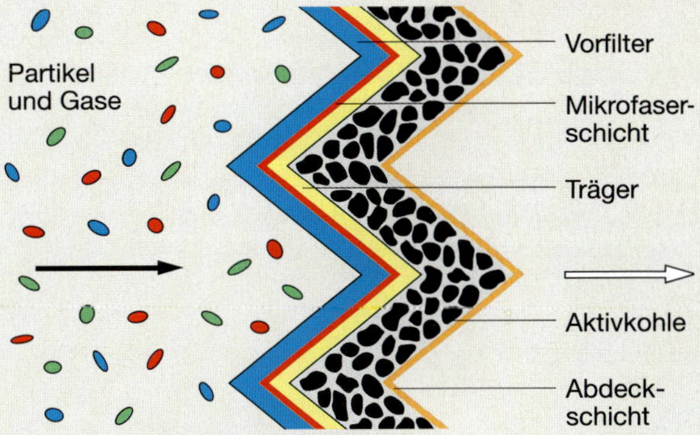

Funktionsweise des Pollenfilters

Ungebrauchtes Motorenöl und Altöl im Vergleich

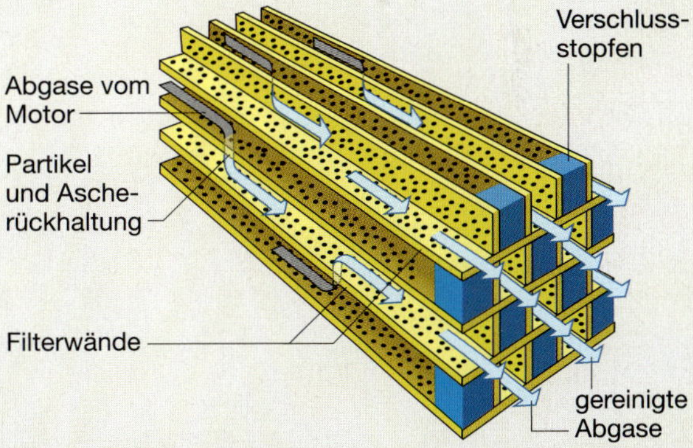

Bau eines Rußpartikelfilters

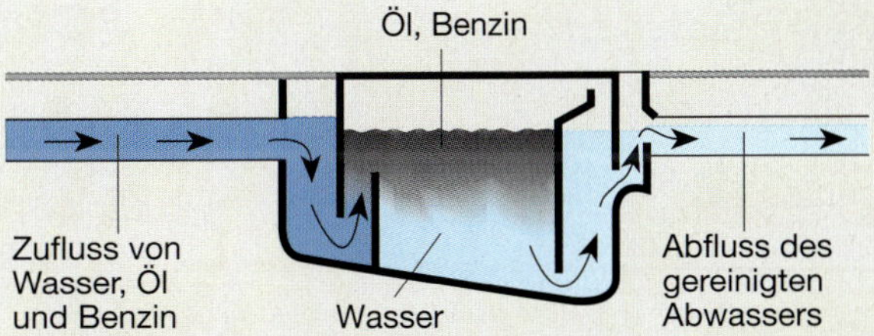

Funktionsweise eines Ölabscheiders

4 Chemische Reaktionen

Es zischt und knallt, die Funken sprühen. Ein Silvester-Feuerwerk wird gezündet. Lichter in den schönsten Farben erhellen den Nachthimmel.

Feststoffgemische, die vorher völlig unauffällig waren, zeigen erstaunliche Veränderungen. Eine ausgebrannte Rakete fällt zu Boden, ihr Inhalt ist scheinbar verschwunden. Es riecht nach „Rauch und Schwefel".

Zentrale Fragen:
- **Woran erkennt man eine chemische Reaktion?**
- **Was sagt ein Reaktionsschema aus?**
- **Aus welchen Teilchen sind die Stoffe aufgebaut?**

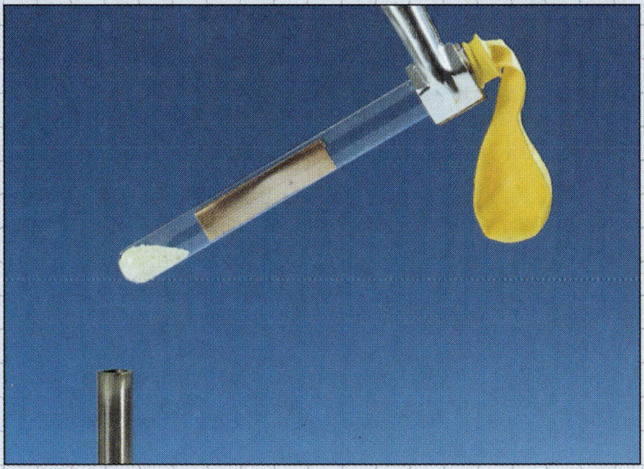

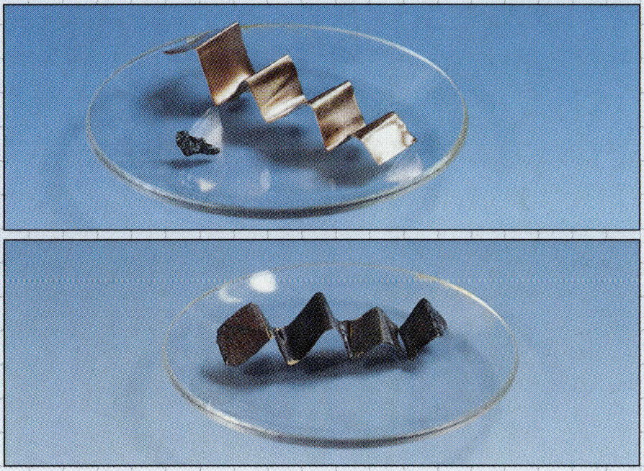

V1: Reaktion von Kupfer mit Schwefel

Materialien: Pinzette, Luftballon, Gasbrenner; Kupferblech (etwa 1 cm × 7 cm), Schwefelpulver.

Durchführung:

1. Gib einige Spatel Schwefelpulver in ein Reagenzglas, füge dann einen Streifen Kupferblech hinzu und verschließe das Reagenzglas mit dem Luftballon.

2. Erhitze das Reagenzglas kräftig, bis die Reaktion zwischen Kupfer und Schwefel einsetzt.

3. Lass das Reagenzglas nach der Reaktion abkühlen und entnimm das Reaktionsprodukt.

Aufgaben:

a) Beschreibe den Ablauf der Reaktion zwischen Kupfer und Schwefel.

b) Woran erkennst du, dass eine chemische Reaktion stattgefunden hat?

c) Begründe, dass bei der Reaktion Energie frei wird.

d) Gib an, in welchen Eigenschaften sich das Reaktionsprodukt von den Ausgangsstoffen unterscheidet. Nenne die neuen Eigenschaften.

V2: Reaktion von Kupfer mit Iod

Materialien: Pinzette, Luftballon, Gasbrenner; Kupferblech (etwa 1 cm × 10 cm), Iod (Xn, N).

Durchführung:

1. Gib einen Iod-Kristall mithilfe der Pinzette in ein Reagenzglas.

2. Falte einen Kupferblechstreifen ziehharmonikaförmig und klemme ihn in mittlerer Höhe in das Reagenzglas.

3. Verschließe das Reagenzglas mit dem Luftballon.

4. Erhitze zunächst den Iod-Kristall mit kleiner Flamme, bis die entstehenden Iod-Dämpfe das Kupferblech erreichen. Erhitze nun auch das Kupferblech.

5. Lass das Reagenzglas nach der Reaktion abkühlen und entnimm vorsichtig das Reaktionsprodukt.

Aufgaben:

a) Notiere deine Beobachtungen.

b) Erläutere die Kennzeichen einer chemischen Reaktion an diesem Beispiel.

c) Nenne den Namen des Reaktionsproduktes und gib auch an, worauf die Namensgebung hindeutet.

4.1 Woran sind chemische Reaktionen zu erkennen?

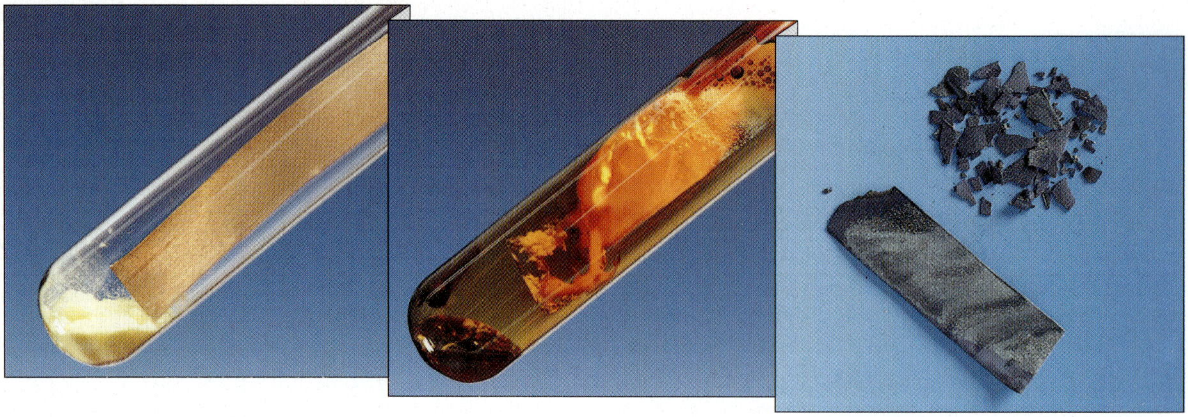

Kupfer reagiert mit Schwefel zu Kupfersulfid.

Eigenschaften von Kupfer:
charakteristisch roter Metallglanz
Dichte: $8{,}9 \frac{g}{cm^3}$
Schmelztemperatur: 1083 °C

Eigenschaften von Schwefel:
gelbe Farbe
Dichte: $2{,}1 \frac{g}{cm^3}$
Schmelztemperatur: 113 °C

Eigenschaften von Kupfersulfid:
schwarze Farbe
Dichte: $5{,}8 \frac{g}{cm^3}$
Schmelztemperatur: 1130 °C

Aus einem Lexikon:

Kupferglanz: Das Mineral ist eines der wichtigsten Kupfererze. Die chemische Bezeichnung lautet Kupfersulfid.
Man findet Kupferglanz in fast allen Kupfer-Lagerstätten, so etwa in Schlesien, Arizona, Utah, Mexico, Sibirien und Cornwall.

Kupfergewinnung: Kupfer wird aus Kupferglanz gewonnen. Das Metall ist in dem Mineral chemisch an Schwefel gebunden. Zuerst wird das Erz an der Luft erhitzt. Man erhält dabei Kupferstein, ein Gemisch aus Kupfersulfid und Kupferoxid, das bei etwa 900 °C geschmolzen wird. Durch Einblasen von Sauerstoff erhält man Rohkupfer, das noch gereinigt werden muss.

Wenn sich eine Brausetablette auflöst oder wenn ein Streichholz abbrennt, kann man Stoffänderungen beobachten. Neue Stoffe mit neuen Eigenschaften entstehen. Man spricht dann von einer **chemischen Reaktion.** Für die genannten Fälle ist es jedoch schwierig, die Stoffänderungen genau zu beschreiben. Beobachtungen an einfachen Experimenten zeigen deutlicher, was für chemische Reaktionen allgemein charakteristisch ist:
Erhitzt man ein Kupferblech in Schwefel-Dampf, so glüht das Blech rot auf und es entsteht ein blauschwarzes Produkt. Schon die Farbe zeigt an, dass kein Kupfer mehr vorliegt. Auch der Schwefel ist verschwunden. Der blauschwarze Streifen lässt sich nicht mehr biegen, er ist spröde und zerbricht sehr leicht in kleine Stücke.

Stoffumwandlung. Aus *Kupfer* und *Schwefel* bildet sich ein neuer Stoff: *Kupfersulfid.* Es kommt dabei nicht darauf an, ob Kupferblech, Kupferdraht oder Kupferpulver mit Schwefel reagieren – in allen Fällen erhält man als Produkt blauschwarzes Kupfersulfid. Der Name *Kupfersulfid* weist darauf hin, dass sich der neue Stoff aus Kupfer und Schwefel (lat. *sulfur*) gebildet hat.
Kupfersulfid hat weder die Eigenschaften von Kupfer noch die Eigenschaften von Schwefel. Es unterscheidet sich von ihnen beispielsweise in der Farbe, der Dichte und der Schmelztemperatur. Kupfersulfid ist daher *kein Gemisch* der beiden Stoffe Kupfer und Schwefel. Kupfersulfid ist vielmehr ein neuer **Reinstoff,** der durch eine chemische Reaktion aus Kupfer und Schwefel gebildet wird.
Eine chemische Reaktion ist also dadurch gekennzeichnet, dass neue Stoffe mit eigenen charakteristischen Eigenschaften entstehen.
Nur durch chemische Reaktionen kann man aus Kupfersulfid wieder Kupfer zurückgewinnen. So wird Kupfer technisch aus Kupfersulfid hergestellt; man verwendet dazu das Mineral Kupferglanz.

Änderungen des Aggregatzustands sind keine chemischen Reaktionen, denn es entstehen keine neuen Stoffe. Erhitzt man Schwefel, so bildet sich bei 115 °C eine dünnflüssige Schmelze, die bei weiterem Erhitzen zunächst dunkler und dann auch zähflüssig wird. Bei 445 °C siedet die Schmelze. Ist die Probe wieder abgekühlt, so liegt der Schwefel wieder unverändert mit gelber Farbe vor.

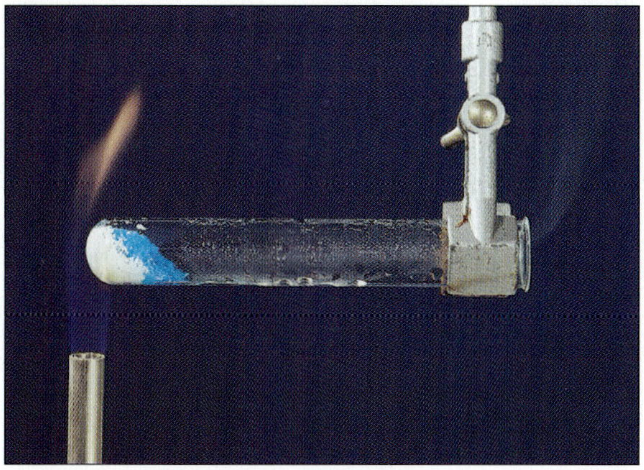

Blaues Kupfersulfat-Hydrat wird erhitzt.

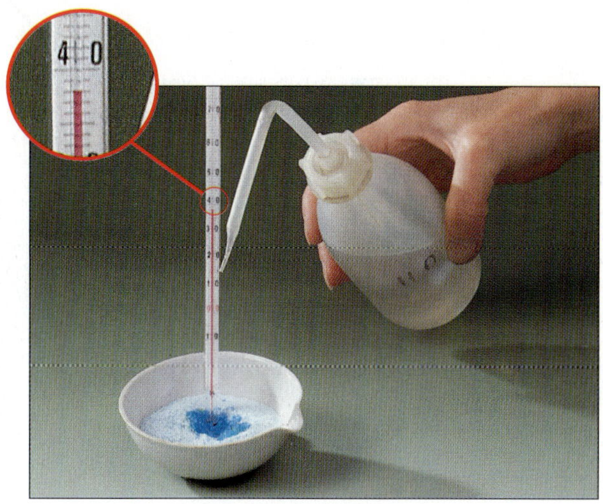

Weißes Kupfersulfat reagiert mit Wasser.

Energieumsatz. Ein Kupferblech glüht auf, wenn es mit Schwefel reagiert. Offensichtlich wird bei der Reaktion von Kupfer mit Schwefel Energie frei. Ein solcher **Energieumsatz** ist neben der Stoffumwandlung charakteristisch für chemische Reaktionen. Häufig wird bei chemischen Reaktionen Energie in Form von *Wärme* ausgetauscht.

Besonders einfach lassen sich Aufnahme und Abgabe von Wärme an Experimenten mit Kupfersulfat untersuchen:
Erhitzt man blaues *Kupfersulfat-Hydrat,* so verschwindet die blaue Farbe; gleichzeitig entstehen Tröpfchen einer farblosen Flüssigkeit. Sie erweist sich als Wasser. Außerdem bildet sich bei dieser Reaktion weißes *wasserfreies Kupfersulfat.*
Tropft man Wasser auf diesen neuen Stoff, so bildet sich der blaue Stoff zurück und die Temperatur steigt an. Eine solche Reaktion, bei der Wärme frei wird, bezeichnet man als **exotherme Reaktion.** Um Wasser aus dem blauen Kupfersulfat-Hydrat abzuspalten, muss dagegen ständig Wärme zugeführt werden. In diesem Fall spricht man von einer **endothermen Reaktion.**

Reaktionsschema. Eine chemische Reaktion wird in Kurzform durch ein Reaktionsschema beschrieben: Man notiert die Namen der **Ausgangsstoffe** und setzt ein Plus-Zeichen dazwischen. Es folgen der **Reaktionspfeil** und dann die Namen der **Endstoffe.** Der Pfeil gibt also die Richtung der Reaktion an. Angaben zum Energieumsatz werden nach einem Semikolon hinzugefügt:

Kupfer + Schwefel ⟶ Kupfersulfid; exotherm

Das Plus-Zeichen wird als „und" gelesen, der Reaktionspfeil als „reagieren zu".

Das Reaktionsschema heißt daher in Worten:
„Kupfer und Schwefel reagieren zu Kupfersulfid; die Reaktion verläuft exotherm."

Das Reaktionsschema für die Bildung von weißem Kupfersulfat lautet:

Kupfersulfat-Hydrat ⟶
Kupfersulfat + Wasser; endotherm

„Kupfersulfat-Hydrat reagiert zu Kupfersulfat und Wasser; die Reaktion verläuft endotherm."

> Bei chemischen Reaktionen bilden sich neue Stoffe mit charakteristischen Eigenschaften, die Masse bleibt erhalten. Gleichzeitig findet ein Energieumsatz statt:
> Bei exothermen Reaktionen wird Wärme abgegeben;
> bei endothermen Reaktionen wird Wärme aufgenommen.

1 Nenne die Kennzeichen einer chemischen Reaktion.
2 Nenne vier Beispiele für chemische Reaktionen.
3 **a)** Definiere die Begriffe „exotherme Reaktion" und „endotherme Reaktion".
b) Nenne jeweils ein Beispiel für eine exotherme Reaktion und für eine endotherme Reaktion.
4 Gib das Reaktionsschema für die Reaktion von weißem Kupfersulfat mit Wasser an.
5 Diskutiere, ob es sich bei den nachfolgenden Vorgängen um chemische Reaktionen handelt. Nenne Argumente, die dafür oder dagegen sprechen.
a) Zucker löst sich in Wasser.
b) Schnee schmilzt.
c) Eine Rakete wird gestartet.
d) Ein Wasser/Alkohol-Gemisch wird destilliert.
e) Eisen rostet.
6 Diskutiere, ob es sich beim Auflösen einer Brausetablette um eine chemische Reaktion handelt.

4.2 Energie bei chemischen Reaktionen

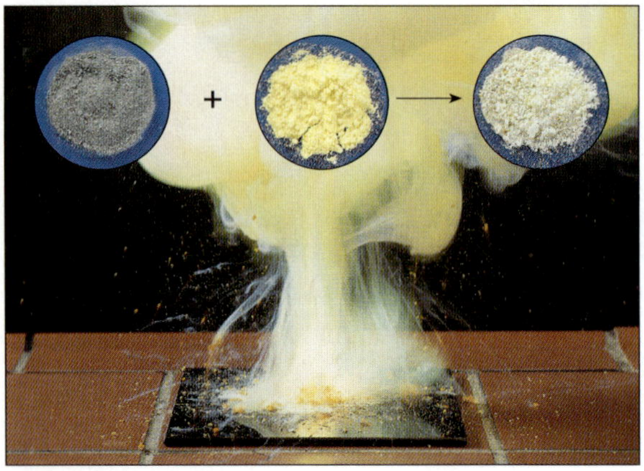

Reaktion von Zink und Schwefel zu Zinksulfid

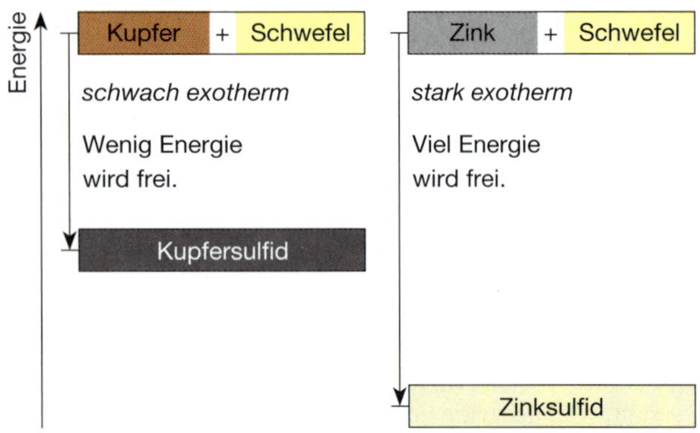

Energiediagramme der Reaktionen von Kupfer und Zink mit Schwefel

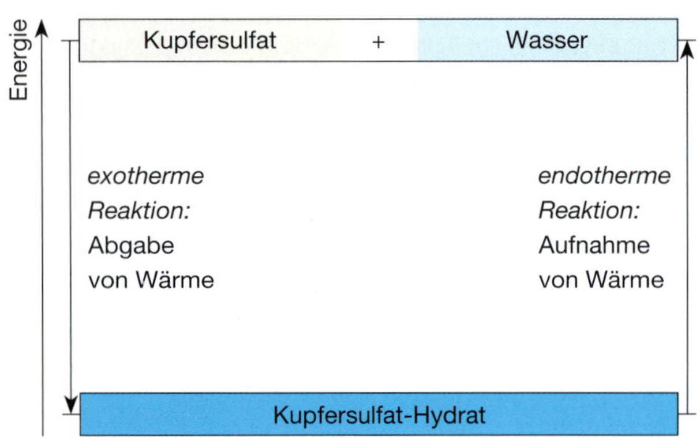

Energiediagramm für eine chemische Reaktion und ihre Umkehrung

Kupfer reagiert mit Schwefel unter Aufglühen; es wird also Energie in Form von Wärme frei:

Kupfer + Schwefel ⟶ Kupfersulfid; exotherm

Die entsprechende Reaktion von Zink mit Schwefel verläuft nahezu explosionsartig.

Ursache für den unterschiedlichen Ablauf ist ein deutlicher Unterschied im Energieumsatz: Bei der Bildung von Kupfersulfid wird nur wenig Energie abgegeben; die Reaktion ist *schwach exotherm*. Die Bildung einer vergleichbaren Menge Zinksulfid setzt wesentlich mehr Energie frei; die Reaktion ist *stark exotherm*.

Energiediagramme. Energieumsätze bei chemischen Reaktionen lassen sich übersichtlich darstellen und vergleichen, wenn man eine Grafik zu Hilfe nimmt. In einem solchen *Energiediagramm* ordnet man den Ausgangsstoffen jeweils ein bestimmtes Energieniveau zu. Da bei exothermen Reaktionen Energie an die Umgebung abgegeben wird, enthalten die Endstoffe weniger Energie als die Ausgangsstoffe. Das Energieniveau der Produkte liegt dementsprechend niedriger als das ursprüngliche Niveau. Für Zinksulfid liegt das Niveau dabei *unterhalb* des Niveaus von Kupfersulfid, da die Reaktion von Zink mit Schwefel stärker exotherm verläuft als die Reaktion von Kupfer mit Schwefel.

Bei der Bildung von wasserfreiem Kupfersulfat und Wasser aus Kupfersulfat-Hydrat muss Energie in Form von Wärme zugeführt werden. Die Endstoffe liegen damit auf einem höheren Energieniveau als der Ausgangsstoff. Man sagt auch: Bei einer endothermen Reaktion wird die zugeführte Wärme als **chemische Energie** in den Produkten gespeichert. Bei der exotherm verlaufenden Rückbildung von Kupfersulfat-Hydrat wird dann chemische Energie wieder in Wärme umgewandelt.

Erhaltung der Energie. Bei chemischen Reaktionen kann Energie in unterschiedlichen Formen auftreten. Neben Wärmeenergie beobachtet man oft die Freisetzung von Lichtenergie und gelegentlich auch – etwa bei Explosionen – von Bewegungsenergie. Es gibt auch chemische Reaktionen, bei denen elektrische Energie frei wird. Solche Reaktionen laufen in Batterien und Akkus ab.
Generell wird Energie weder neu geschaffen noch verbraucht, sondern nur von einer Energieform in eine andere überführt. So wird bei einer exothermen Reaktion chemische Energie in Wärme umgewandelt. Beim Laden eines Akkus wird elektrische Energie in chemische Energie überführt und so gespeichert.

Aktivierungsenergie. Die exotherme Reaktion von Kupfer mit Schwefel kommt erst dann in Gang, wenn man ein Kupfer/Schwefel-Gemisch kurz erhitzt. Man sagt auch: Man muss zunächst *Anregungsenergie* oder *Aktivierungsenergie* zuführen, um die Reaktion zu starten.

Aktivierungsenergie im Modell. Den Start einer exothermen Reaktion kann man sich durch ein einfaches *Modell* veranschaulichen:
Ein Tennisball ist in einer Dachrinne gelandet. Bevor er wieder auf den Boden gelangen kann, muss er bis über den Rand der Rinne gehoben werden. Dadurch erreicht der Ball einen energiereicheren Zustand, aus dem er dann zu Boden fällt. Ganz ähnlich läuft eine exotherme Reaktion erst dann ab, wenn die zu ihrem Start notwendige Energie zugeführt ist und die beteiligten Stoffe in einem *aktivierten, reaktionsfähigen Zustand* sind.

Eine chemische Reaktion kann nur ablaufen, wenn die Teilchen zusammenstoßen. Ein *Stoß* führt allerdings nur dann zu einer Reaktion, wenn die Teilchen heftig genug zusammenprallen. Die erforderliche Aktivierungsenergie wird durch Erwärmen zugeführt. Dadurch wird die Geschwindigkeit der Teilchen so weit erhöht, dass der Stoß heftig genug erfolgt und eine Reaktion abläuft.

Katalysatoren. Bei manchen Reaktionen ist die Aktivierungsenergie so hoch, dass sie in der Praxis nicht oder nur sehr langsam ablaufen. Ein Beispiel ist die Umwandlung von gefährlichen Autoabgasen in ungefährliche Stoffe. Um die Reaktion zu ermöglichen, benutzt man den „Kat". Er enthält feinverteiltes Platin, das die Aktivierungsenergie herabsetzt. Einen solchen Stoff bezeichnet man als *Katalysator.*
Ein Beispiel für eine Reaktion, die in Gegenwart eines Katalysators abläuft, ist die Spaltung von Wasserstoffperoxid in Wasser und Sauerstoff mithilfe von Braunstein. Wasserstoffperoxid zersetzt sich sonst nur bei hoher Temperatur. Gibt man jedoch etwas Braunsteinpulver hinzu, so kommt die Reaktion sofort in Gang. Der Katalysator vermindert die Aktivierungsenergie und die Reaktion kann rascher ablaufen. Ein Katalysator nimmt zwar an der Reaktion teil, wird aber selbst nicht dauerhaft verändert.

Bei chemischen Reaktionen wird chemische Energie in andere Energieformen umgewandelt. Es gilt der Energieerhaltungssatz.
Für viele Reaktionen benötigt man Aktivierungsenergie, um sie zu starten. Katalysatoren erniedrigen die Aktivierungsenergie.

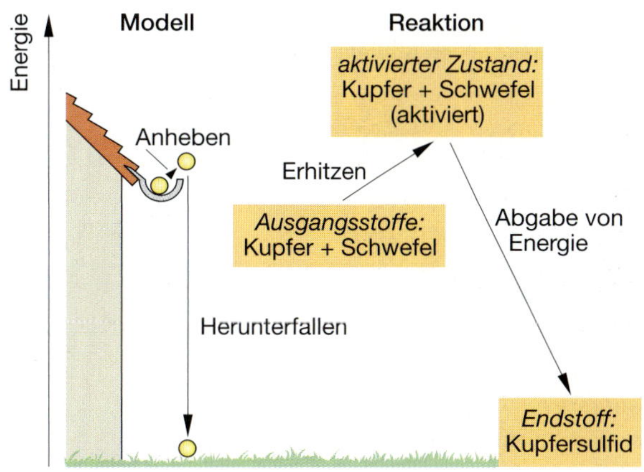

Energiediagramm mit Aktivierungsenergie.
Modell und Beispielreaktion

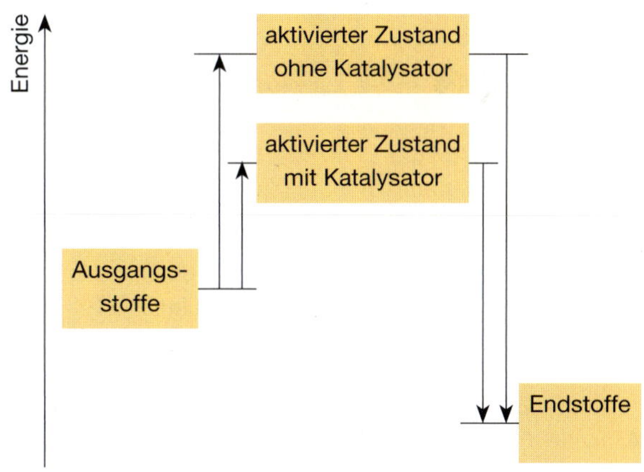

Energiediagramm einer exothermen Reaktion mit und ohne Katalysator

1 Notiere für die Reaktionen von Kupfer und Schwefel und Zink und Schwefel jeweils das Reaktionsschema. Gib an, welche Reaktion stärker exotherm ist.
2 Definiere die Begriffe „Aktivierungsenergie" und „Katalysator".
3 Notiere das Reaktionsschema und das Energiediagramm für den Zerfall von Wasserstoffperoxid.
4 In einem Kraftwerk wird Kohle verbrannt. Informiere dich, welche Energieformen auftreten, bis schließlich elektrische Energie an den Kunden geliefert wird.
5 Gib an, für welche der folgenden Reaktionen man mehr Aktivierungsenergie benötigt: Anzünden eines Streichholzes oder Auflösen einer Brausetablette.
6 Beschreibe wie die Aktivierungsenergie beim Verbrennen von Benzin im Automotor geliefert wird.
7 Im Stoffwechsel reagieren die Nährstoffe mit dem Sauerstoff, den wir einatmen. In welche Energieformen wird die dabei frei werdende Energie umgewandelt?

Stoffumwandlung und Energieumsatz

V1: Entwässern von blauem Kupfersulfat

Materialien: Gasbrenner;
Kupfersulfat-Hydrat (Xn, N).

Durchführung: Gib in ein Reagenzglas zwei Kristalle blaues Kupfersulfat und erhitze mit dem Gasbrenner, bis sich die Kristalle entfärbt haben.

Aufgaben:

a) Notiere deine Beobachtungen.

b) Zeichne das Energiediagramm für diese Reaktion und beschrifte es.

V2: Zerlegung von Kupferiodid

Materialien: Gasbrenner, Pinzette, Luftballon;
Iod (Xn, N), Kupferiodid, Heptan (Xn, N, F).

Durchführung:

1. Gib in zwei Reagenzgläser jeweils etwa einen ml Heptan.

2. Füge im ersten Reagenzglas einen kleinen Iod-Kristall hinzu. Schüttle vorsichtig.

3. Gib im zweiten Reagenzglas eine kleine Spatelspitze Kupferiodid hinzu. Schüttle auch hier.

4. In ein drittes Reagenzglas wird etwas Kupferiodid gegeben. Verschließe das Reagenzglas mit dem Luftballon und erhitze kräftig.

5. Gib nach dem Abkühlen etwa einen ml Heptan in das dritte Reagenzglas. Schüttle vorsichtig.

Aufgaben:

a) Notiere deine Beobachtungen.

b) Der Iod-Nachweis in Arbeitsschritt 3 verläuft negativ. Gib eine Erklärung.

c) Gib ein Reaktionsschema für die Reaktion von Kupferiodid beim Erhitzen an.

d) Entscheide und begründe, ob die Reaktion von Kupferioxid exotherm oder endotherm verläuft.

e) Zeichne das Energiediagramm für diese Reaktion.

A1 Wasser wird durch den Einfluss von elektrischem Strom in Wasserstoff und Sauerstoff zerlegt.

a) Erkläre an diesem Beispiel, dass eine Stoffumwandlung stattgefunden hat.

b) Entscheide, ob die Zerlegung von Wasser eine exotherme oder eine endotherme Reaktion ist. Begründe deine Antwort.

V3: Reaktion von weißem Kupfersulfat mit Wasser

Materialien: Porzellanschale, Tropfpipette, Thermometer;
weißes Kupfersulfat (Xn, N).

Durchführung:

1. Gib einen Spatel weißes Kupfersulfat in die Porzellanschale und stelle das Thermometer hinein.

2. Gib einige Tropfen Wasser hinzu und verfolge den Temperaturverlauf.

Aufgaben:

a) Notiere die gemessenen Temperaturen vor und nach der Reaktion und deine sonstigen Beobachtungen.

b) Zeichne das Energiediagramm für diese Reaktion und beschrifte es.

c) Nenne weitere exotherm bzw. endotherm verlaufende chemische Reaktionen.

Experimentelle Hausaufgabe: Wir machen Brausepulver

Materialien: Löffel, Trinkbecher;
Zucker, Zitronensäure, Natron.

Durchführung:

1. Gib nacheinander jeweils eine kleine Menge Zucker, Zitronensäure und Natron auf ein Stück Papier. Beschreibe das Aussehen der Stoffe und prüfe ihren Geschmack.

2. Zwei Teelöffel Zucker, zwei Teelöffel Zitronensäure und ein Teelöffel Natron werden in einem Glas durch Schütteln gut vermischt.

3. Schütte etwas von dem Gemisch auf ein Stück Papier und prüfe erneut Aussehen und Geschmack.

4. Stelle Brauselimonade her, indem du einen Teelöffel des Gemischs im Trinkbecher mit Wasser übergießt.

Suche:

Chemische Reaktionen im Alltag

Ergebnisse:

Rosten von Eisen

Es ist ein alltäglicher Vorgang: Eisen rostet. Auf dem silberglänzenden Metall zeigen sich zunächst dunkle Punkte; nach einer Weile entwickeln sich daraus braune Flecken: *Rost.* Wenn man den Rost abkratzt, erhält man einen porösen Stoff, der sich deutlich von dem ursprünglichen Metall unterscheidet.

Voraussetzung für das Rosten ist der Kontakt des Eisens mit Luft. Feuchtigkeit begünstigt den Vorgang. Beim Rosten reagiert Eisen mit Sauerstoff und mit Wasser. Bei dem Reaktionsprodukt Rost handelt es sich um eine komplizierte chemische Verbindung.

Tinte „killen" – eine chemische Reaktion

Schon wieder verschrieben! Ein Tintenkiller muss her. Diese Stifte enthalten eine Flüssigkeit, die mit der blauen Tinte eine chemische Reaktion eingeht. Dabei wird die Tinte in einen farblosen Stoff umgewandelt, den man auf dem Papier fast nicht mehr sieht. Mit anderer als blauer Tinte reagiert der Tintenkiller nicht.

Vom Sauerstoff zum Kohlenstoffdioxid

Wie alle Tiere und viele Pflanzen gewinnt der Mensch die Energie, die er benötigt, aus exothermen Reaktionen. Mit der Nahrung nehmen wir Nährstoffe wie Kohlenhydrate, Fette oder Eiweißstoffe auf. Die Atmung liefert den Reaktionspartner Sauerstoff. Nährstoffe und Sauerstoff werden mit dem Blut bis zu den einzelnen Zellen transportiert. Dort reagieren sie in einer exothermen Reaktion miteinander. Als Reaktionsprodukte entstehen Wasser und Kohlenstoffdioxid, die ausgeschieden werden.

Vom Kohlenstoffdioxid zum Sauerstoff

Das bei der Atmung von Pflanzen und Tieren produzierte Kohlenstoffdioxid sammelt sich nicht in der Atmosphäre an, sondern wird in der Natur wieder umgewandelt: Tagsüber nehmen die grünen Pflanzen Kohlenstoffdioxid und Wasser auf und produzieren daraus Traubenzucker. Als Nebenprodukt entsteht der für uns lebensnotwendige Sauerstoff. Die Reaktion von Kohlenstoffdioxid mit Wasser ist endotherm, als Energiequelle dient dabei das Sonnenlicht. Man bezeichnet den gesamten Vorgang als **Fotosynthese.**

Wirkung von saurem Regen auf Kalkstein

Durch Abgase aus Kraftwerken, Industrie und Verkehr wird Regenwasser sauer: Es entsteht *saurer Regen.* Gebäude aus Kalkstein und Kunstwerke aus Marmor werden durch sauren Regen im Laufe der Zeit zerstört. Dabei läuft die gleiche chemische Reaktion ab wie beim Entkalken von Küchengeräten.

vor 1900: 1969:

Experimentelle Hausaufgabe:
Zersetzen von Eierschalen

Materialien: Wasserglas;
gekochtes Ei, Speiseessig, Zahncreme.

Durchführung:

1. Fülle das Glas etwa 3 cm hoch mit Speiseessig.
2. Lege das Ei hinein und beobachte.
3. Nimm das Ei nach fünf Minuten aus dem Glas, spüle es mit Leitungswasser ab und untersuche die Eierschale auf Veränderungen.
4. Bestreiche einen Teil der Eierschale mit Zahncreme. Trage dabei die Zahncreme nur ganz dünn auf.
5. Lege das Ei erneut in das Glas mit Speiseessig und lasse es über Nacht stehen.

Aufgaben:

a) Notiere und erkläre deine Beobachtungen.
b) Übertrage deine Erkenntnisse aus den Arbeitsschritten 4 und 5 auf die Zahnpflege: Zeige Parallelen auf.

4.3 Gesetz von der Erhaltung der Masse

Bereits in der zweiten Hälfte des 18. Jahrhunderts gab es experimentelle Untersuchungen über die Massenverhältnisse bei chemischen Reaktionen:
Führt man eine Reaktion in einer geschlossenen Apparatur durch, so stellt man auch bei *genauesten* Wägungen niemals eine Massenänderung fest. Dieser Sachverhalt wird durch das *Gesetz von der Erhaltung der Masse* beschrieben:
Bei chemischen Reaktionen ist die Masse der Endstoffe gleich der Masse der Ausgangsstoffe.

Die Erhaltung der Masse bei chemischen Reaktionen lässt sich mit dem Atommodell erklären: Reagiert beispielsweise Kupfer mit Sauerstoff zu Kupferoxid, so finden sich alle Kupfer-Atome und alle Sauerstoff-Atome im Produkt wieder. Obwohl durch die Reaktion ein Stoff mit neuen Eigenschaften entsteht, werden Atome weder zerstört noch neu gebildet. Die Atome werden nur *umgruppiert* und in anderer Anordnung wieder miteinander verknüpft. Daher bleibt die Masse bei einer chemischen Reaktion unverändert.

Bei jeder chemischen Reaktion ist die Masse der Endstoffe gleich der Masse der Ausgangsstoffe.

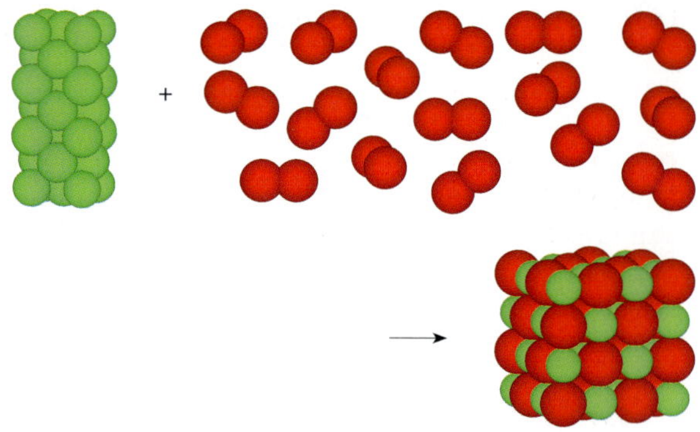

Chemische Reaktion als Umgruppierung von Atomen

1 Gib das Gesetz von der Erhaltung der Masse mit eigenen Worten wieder. Erläutere, weshalb die Masse der Produkte einer chemischen Reaktion ebenso groß ist wie die Masse der Ausgangsstoffe.

2 a) Eine brennende Kerze wird kleiner und leichter. Erkläre, ob diese Beobachtung im Widerspruch zum Gesetz von der Erhaltung der Masse steht.

b) Bei der Verbrennung von Kupfer an der Luft nimmt die Masse scheinbar zu. Nimm zu dieser Aussage Stellung.

Praktikum — Erhaltung der Masse

V1: Reaktion von Kupfer mit Sauerstoff

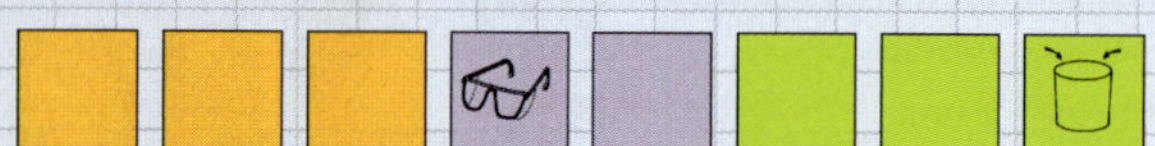

Materialien: Luftballon, Waage, Gasbrenner; Kupferwolle, Sauerstoff.

Durchführung:

1. Gib einen Bausch Kupferwolle in ein Reagenzglas.
2. Befülle das Reagenzglas nach Anweisung der Lehrerin oder des Lehrers mit Sauerstoff und verschließe es mit dem Luftballon.
3. Wiege das Reagenzglas und notiere die Masse.
4. Erhitze das Reagenzglas mit dem Gasbrenner, bis die Reaktion zwischen Kupfer und Sauerstoff einsetzt.
5. Warte, bis die Reaktion beendet ist und sich das Reagenzglas wieder abgekühlt hat. Wiege erneut.

Aufgaben:

a) Vergleiche das Ergebnis der Wägung vor der Reaktion mit dem Ergebnis der Wägung nach der Reaktion.
b) Vergleiche dein Ergebnis mit dem deiner Mitschülerinnen und Mitschüler und fasse zusammen.
c) Stelle das Reaktionsschema auf.

V2: Massenerhaltung bei einer Verbrennung

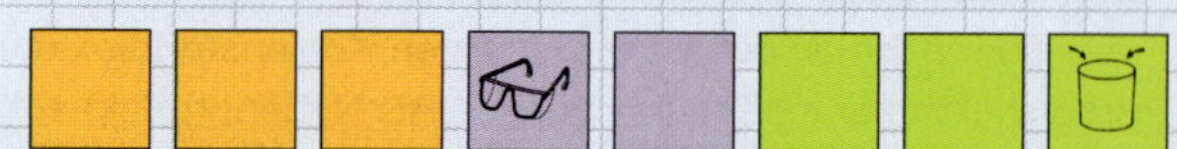

Materialien: Luftballon, Waage, Gasbrenner; Streichhölzer.

Durchführung:

1. Gib drei Streichhölzer in ein Reagenzglas und verschließe es mit dem Luftballon.
2. Wiege das Reagenzglas und notiere die Masse.
3. Halte das Reagenzglas in die Brennerflamme, bis sich die Streichhölzer entzünden.
4. Wiege das Reagenzglas nach dem Erkalten erneut.

Aufgaben:

a) Erläutere auf der Basis deiner Ergebnisse das Gesetz der Erhaltung der Masse.
b) Beschreibe die besondere Bedeutung des Luftballons bei diesem Versuch.

A1: Gib die Fälle an, in denen Reaktionen in einem geschlossenen Reaktionssystem durchgeführt werden müssen.

4.4 Elemente und Verbindungen

Ein Gemenge aus Kupfer und Iod ist etwas ganz anderes als Kupferiodid. Das zeigt ein einfacher Versuch: Schüttelt man ein Gemenge aus Kupfer und Iod mit Heptan, so löst sich das Iod. Man erhält eine violette Lösung. Das Kupfer setzt sich ab und lässt sich abfiltrieren. Das Gemenge aus Kupfer und Iod wird also voneinander getrennt. Aus Kupferiodid kann man dagegen mit Heptan kein Iod herauslösen: Kupferiodid ist also kein *Gemisch* aus Kupfer und Iod, sondern ein *Reinstoff,* der durch eine chemische Reaktion aus Kupfer und Iod entsteht.

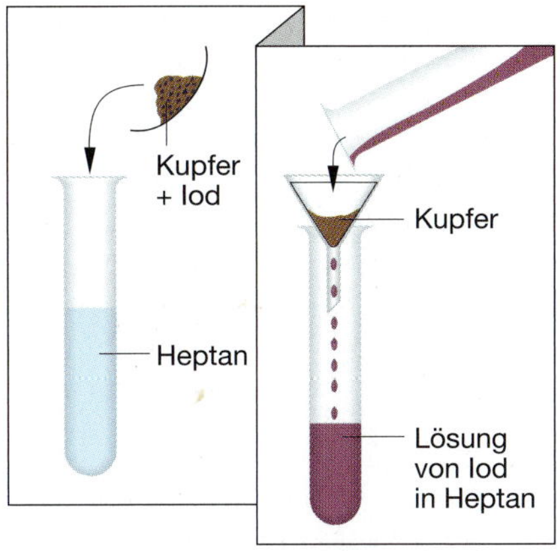

Trennung eines Kupfer/Iod-Gemenges

Erhitzt man jedoch Kupferiodid, so bildet sich violetter Iod-Dampf. Der Reinstoff Kupferiodid lässt sich also bei höherer Temperatur zerlegen. Im Gegensatz zu Kupferiodid ist es aber unmöglich, Kupfer, Iod oder Schwefel in andere Stoffe zu zerlegen. Solche Reinstoffe, die man nicht weiter zerlegen kann, nennt man chemische **Elemente.**
Kupferiodid ist dagegen ein Reinstoff, aus dem man wieder Kupfer und Iod gewinnen kann. Solche Reinstoffe, die aus verschiedenen Elementen zusammengesetzt sind, bezeichnet man als **Verbindungen.** Die Zerlegung von Verbindungen in die jeweiligen Elemente ist nur durch chemische Reaktionen möglich.

Chemiker haben sehr viele Stoffe untersucht und dabei in der Natur 90 Elemente entdeckt. Davon gehören 70 zu den Metallen und 20 zu den Nichtmetallen. Elf Elemente sind bei Raumtemperatur gasförmig. Nur zwei Elemente sind bei 20 °C flüssig: das Metall Quecksilber und das Nichtmetall Brom. Aus den 90 Elementen lassen sich unvorstellbar viele Verbindungen aufbauen: Bis heute kennt man mehr als zehn Millionen! Die Chemiker verwenden häufig eine tabellarische Übersicht über die Elemente, das *Periodensystem der Elemente.*

Bildung von Kupferiodid – eine chemische Reaktion

Im Mittelalter versuchte man, Metalle wie Kupfer oder Blei in Gold umzuwandeln. Die Alchemisten entdeckten auf diese Weise viele neue chemische Reaktionen – nur Gold ließ sich auf diesen Wegen nicht herstellen. Heute wissen wir, dass sich ein Element nur aus seinen Verbindungen gewinnen lässt, ein Element kann nicht in ein anderes umgewandelt werden. Aus diesem Grund konnte die Herstellung von Gold aus Kupfer oder Blei nicht gelingen.

Die Herstellung einer Verbindung aus den jeweiligen Elementen bezeichnet man als **Synthese.** Bei der Zerlegung einer Verbindung in ihre Elemente spricht man von einer **Analyse.** Heute versteht man unter Analyse auch ganz allgemein die Aufklärung der Zusammensetzung eines Stoffes oder eines Stoffgemisches.

Elemente und Verbindungen sind Reinstoffe. Verbindungen lassen sich grundsätzlich in Elemente zerlegen. Elemente sind dagegen nicht in andere Stoffe zerlegbar.

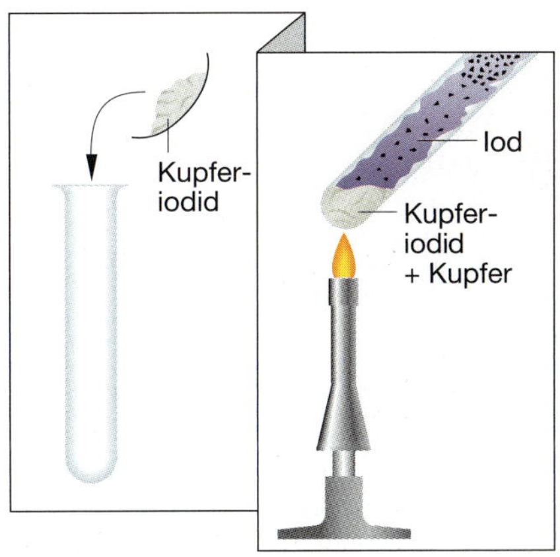

Zerlegung von Kupferiodid – eine chemische Reaktion

1 Nenne Möglichkeiten für die Einteilung von Reinstoffen. Gib Beispiele an.
2 Beschreibe den Unterschied zwischen Element und Verbindung.
3 Nenne je drei Beispiele für Elemente und Verbindungen.
4 **a)** Definiere die Begriffe „Synthese“ und „Analyse“.
b) Entscheide, ob man Gold durch eine Analyse oder eine Synthese gewinnen kann. Begründe deine Antwort.

4.5 DALTONs Atommodell

John DALTON (1766 – 1844)

„Chemical analysis and synthesis go no farther than to the separation of particles one from another, and to their reunion. No new creation or destruction of matter is within the reach of chemical agency. We might as well attempt to introduce a new planet into the solar system, or to annihilate one already in existence, as to create or destroy a particle of hydrogen."

matter: Materie; agency: Wirkung; might as well attempt: könnten genauso gut versuchen; to annihilate: vernichten; hydrogen: Wasserstoff

Aus DALTONS „A New System of Chemical Philosophy" von 1808

Zu Beginn des 19. Jahrhunderts entwickelte der englische Naturforscher DALTON eine Modellvorstellung über die kleinsten Teilchen, aus denen die Stoffe aufgebaut sind. Die kleinsten Teilchen der Elemente bezeichnete er als **Atome** (griech. *atomos:* unteilbar).
Der Atombegriff stammt ursprünglich aus der Gedankenwelt der griechischen Naturphilosophie. Schon vor 2500 Jahren hatten die Philosophen LEUKIPP und DEMOKRIT angenommen, dass die Materie aus kleinsten, nicht weiter zerlegbaren Teilchen, den Atomen, aufgebaut sei.
Im Mittelalter und in der frühen Neuzeit wurde diese Vorstellung immer wieder aufgegriffen. Schließlich verknüpfte DALTON um 1800 die Atomtheorie mit den experimentellen Ergebnissen seiner Zeit.

DALTONs Atommodell. Die Überlegungen DALTONs lassen sich in folgenden vier Kernaussagen zusammenfassen:

1. Jedes Element besteht aus kleinsten, nicht weiter teilbaren Teilchen, den Atomen.
2. Alle Atome eines Elements haben die gleiche Größe und die gleiche Masse. Die Atome unterschiedlicher Elemente unterscheiden sich in ihrer Masse. Damit gibt es genau so viele Atomarten, wie es Elemente gibt.
3. Atome sind unzerstörbar. Sie können durch chemische Vorgänge weder vernichtet noch erzeugt werden.
4. Bei chemischen Reaktionen werden die Atome der Ausgangsstoffe neu angeordnet und in bestimmten Anzahlverhältnissen miteinander verknüpft.

Diese Vorstellung von den Atomen wird als *DALTONs Atommodell* bezeichnet. Dabei stellt man sich die Atome am einfachsten als winzig kleine Kugeln vor.

Die besondere Leistung DALTONs und seines Atommodells besteht zunächst darin, dass die praktisch unüberschaubare Vielzahl von Stoffen, die in der Natur vorkommen, auf relativ wenige unveränderliche Teilchen der Elemente, auf die Atome, zurückgeführt wurde.
Darüber hinaus ließen sich die experimentellen Untersuchungen der Massenverhältnisse bei chemischen Reaktionen und die chemischen Reaktionen selbst mithilfe des Atommodells deuten.

Exkurs

Atome und ihre Darstellung

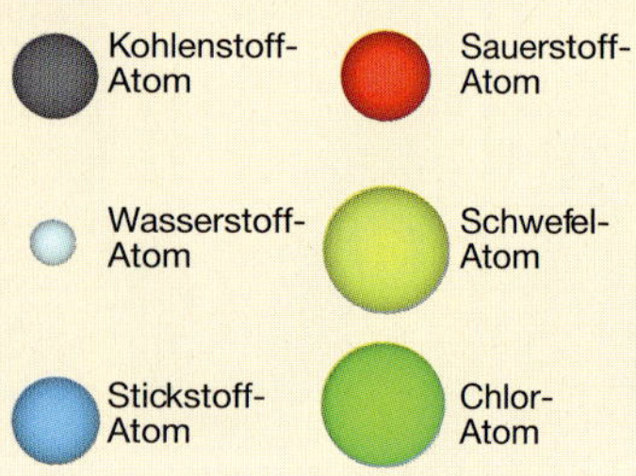

In Abbildungen und in Modellbaukästen stellt man die Atome der verschiedenen Elemente in unterschiedlichen Farben dar. So werden Schwefel-Atome meist als gelbe Kugeln abgebildet. Damit kann man sie leicht dem Element Schwefel mit seiner gelben Farbe zuordnen.
In Wirklichkeit haben Atome jedoch keine Farbe. Erst wenn unvorstellbar viele Schwefel-Atome in bestimmter Weise miteinander verknüpft sind, treten die Eigenschaften von Schwefel auf: die Farbe Gelb, eine bestimmte Dichte, eine bestimmte Schmelztemperatur. Ein *Verband* aus vielen Schwefel-Atomen hat charakteristische Stoffeigenschaften, ein *einzelnes* Schwefel-*Atom* kann solche Eigenschaften nicht haben.

Massenerhaltung. Mithilfe von DALTONs Atommodell lässt sich auch das Gesetz zur Erhaltung der Masse erklären: Wenn Kupfer mit Schwefel zu Kupfersulfid reagiert, finden sich alle Kupfer-Atome und alle Schwefel-Atome im Produkt wieder. Die Atome werden weder zerstört noch neu gebildet, sie bleiben bei der Reaktion erhalten. Die Masse ändert sich bei der chemischen Reaktion nicht.

Gesetz der konstanten Massenverhältnisse. Experimentelle Untersuchungen haben immer wieder gezeigt, dass die Massen der Ausgangsstoffe bei einer chemischen Reaktion stets in einem bestimmten Verhältnis zu einander stehen. So reagieren Kupfer und Schwefel bei der Synthese von Kupfersulfid stets im Massenverhältnis 4 : 1. In diesem Massenverhältnis sind dann die Kupfer-Atome und Schwefel-Atome auch in der Verbindung Kupfersulfid enthalten. Dieser Sachverhalt wird durch das *Gesetz der konstanten Massenverhältnisse* beschrieben: *In einer Verbindung sind die Elemente stets in einem bestimmten Massenverhältnis enthalten.*

Die chemische Reaktion – eine Umgruppierung von Atomen. Auf der Grundlage des Atommodells von DALTON lassen sich chemische Reaktionen deuten. So wird mithilfe dieses Modells verständlich, weshalb sich die Elemente aus Verbindungen wieder zurückgewinnen lassen:
Bei der Reaktion von Kupfer mit Schwefel zu Kupfersulfid lösen sich die Kupfer-Atome und die Schwefel-Atome aus dem jeweiligen Atomverband der Elemente und bilden dann in einer bestimmten Anordnung den Gitterverband der Verbindung Kupfersulfid. Die Atome werden also umgruppiert und in anderer Anordnung wieder miteinander verknüpft.
Die Atome, aus denen die Ausgangsstoffe aufgebaut sind, werden nach dieser Vorstellung durch eine chemische Reaktion voneinander getrennt und anschließend im Produkt neu angeordnet. Daher ist es leicht verständlich, dass man aus der Verbindung Kupfersulfid die Elemente Kupfer und Schwefel wiedergewinnen kann. Man muss nur die Atome erneut umgruppieren: Aus den Kupfer-Atomen bilden sich wieder Kupfer-Kristalle und aus den Schwefel-Atomen entstehen Schwefel-Kristalle.

Alle Modelle haben nur begrenzte Möglichkeiten zur Erklärung von Sachverhalten. So ist auch die Leistungsfähigkeit von DALTONs Atommodell beschränkt. Es kann viele Sachverhalte, die erst später entdeckt wurden, nicht erklären. Dazu gehört etwa die Feststellung, dass Atome aus noch kleineren Einheiten aufgebaut sind.

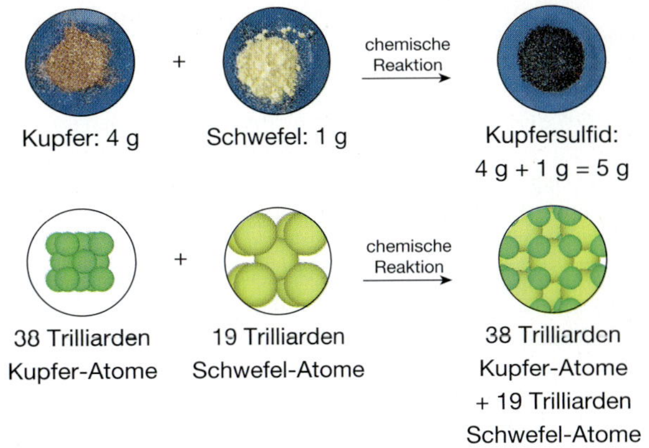

Massenverhältnisse bei chemischen Reaktionen

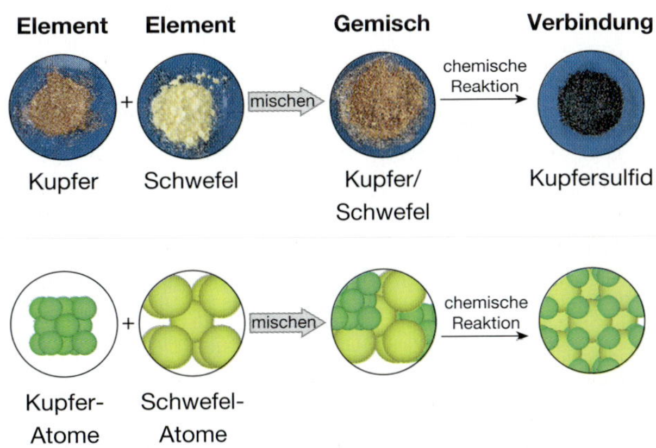

Chemische Reaktion als Umgruppierung von Atomen

Die Atome sind die kleinsten Teilchen der Elemente.
Die Atome eines Elements haben alle die gleiche Masse.
Atome können weder erzeugt noch vernichtet werden.
Bei chemischen Reaktionen gilt das Gesetz von der Erhaltung der Masse. Die Ausgangsstoffe reagieren in einem bestimmten Massenverhältnis miteinander. Dabei werden die Atome der Ausgangsstoffe umgruppiert.

1 Nenne die vier Aussagen, die DALTON über die Atome macht.
2 Die Masse der Produkte einer chemischen Reaktion ist eben so groß wie die Masse der Ausgangsstoffe. Begründe diese Aussage.
3 Erkläre mithilfe des Atommodells die Bildung einer Verbindung aus den Elementen.
4 Begründe mit dem Atommodell, warum es unmöglich ist, ein Element durch eine chemische Reaktion in ein anderes umzuwandeln.

Exkurs

Die kleinsten Teilchen im Überblick

Nach DALTONs Atommodell bestehen alle Stoffe letztlich aus Atomen. Heute weiß man aber, dass es auch andere Teilchen gibt: Neben Atomen unterscheidet man noch Moleküle und Ionen.

Je nach Teilchenart besitzen die Stoffe ganz unterschiedliche Eigenschaften. Nach diesen Eigenschaften teilt man die Stoffe in verschiedene Stoffklassen ein.

Teilchen	Erläuterung	Teilchenmodell
Atome	Die kleinsten Bausteine der Materie sind nach DALTON die **Atome.** Es gibt eben so viele Atomarten wie Elemente. Allerdings bestehen nur wenige elementare Stoffe aus isolierten Atomen. Dabei handelt es sich durchweg um bei Normalbedingungen gasförmige Elemente. Ein Beispiel ist das Edelgas *Helium:* Zwischen den einzelnen Atomen gibt es nur sehr schwache Anziehungskräfte. Bei den meisten anderen Elementen sind jeweils mehrere Atome zu größeren Einheiten verbunden.	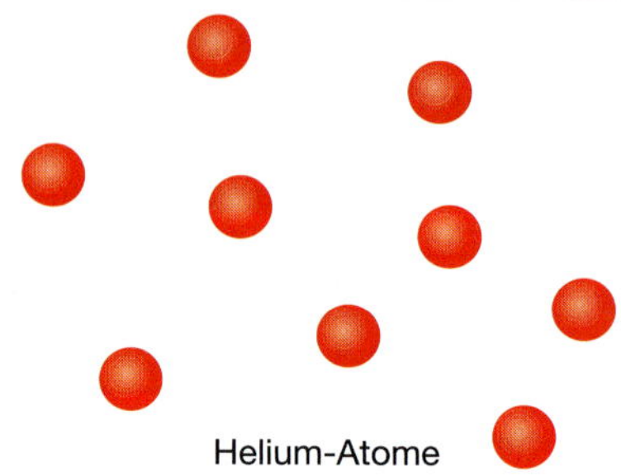 Helium-Atome
Moleküle	Die kleinsten Teilchen von Elementen wie *Wasserstoff, Schwefel* oder *Iod* sind **Moleküle.** Diese Teilchen bestehen aus mehreren Atomen, die fest miteinander verbunden sind. So sind Wasserstoff-Moleküle und Iod-Moleküle aus je zwei Atomen, Schwefel-Moleküle dagegen aus acht Atomen aufgebaut. Auch Nichtmetall-Verbindungen bestehen aus Molekülen. Beispiele sind *Kohlenstoffdioxid* und *Wasser.* Kohlenstoffdioxid-Moleküle sind aus einem Kohlenstoff-Atom und zwei Sauerstoff-Atomen aufgebaut, Wasser-Moleküle aus einem Sauerstoff-Atom und zwei Wasserstoff-Atomen. Wie zwischen isolierten Atomen herrschen auch zwischen Molekülen nur relativ schwache Anziehungskräfte. Daher haben alle Stoffe, die aus Molekülen bestehen, niedrige Schmelztemperaturen und Siedetemperaturen. Manche Verbindungen bestehen aus **Makromolekülen,** die aus vielen Tausend Atomen aufgebaut sind. Ein Beispiel ist Gummi; so sind in einem Gummiring alle Atome zu einem riesengroßen Makromolekül verbunden.	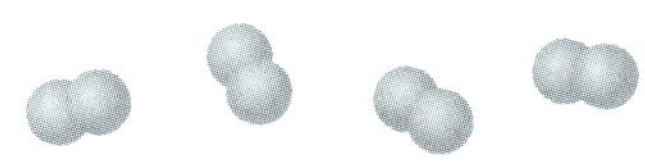 Wasserstoff-Moleküle  Iod-Moleküle 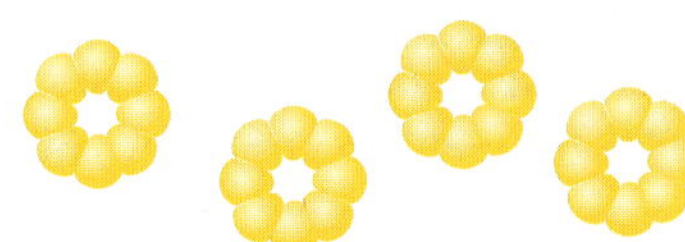 Schwefel-Moleküle  Kohlenstoffdioxid-Moleküle
Ionen	In salzartigen Verbindungen findet man elektrisch geladene Atome. Solche Teilchen bezeichnet man als **Ionen.** Man unterscheidet positiv geladene Kationen und negativ geladene Anionen. Zwischen den entgegengesetzt geladenen Ionen herrschen starke Anziehungskräfte. Daher ordnen sich die Ionen so an, dass sich in alle Raumrichtungen Kationen und Anionen regelmäßig abwechseln: Es bildet sich ein sogenanntes *Ionengitter.* Ionenverbindungen sind Feststoffe mit einer hohen Schmelz- und Siedetemperatur. Ein Beispiel für eine salzartige Verbindung ist *Natriumchlorid.* Das Ionengitter besteht aus positiv geladenen Natrium-Ionen und negativ geladenen Chlorid-Ionen.	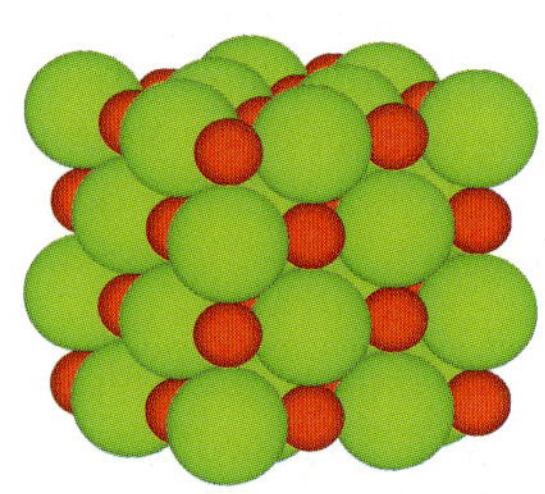 Ionengitter

1. Chemische Reaktionen

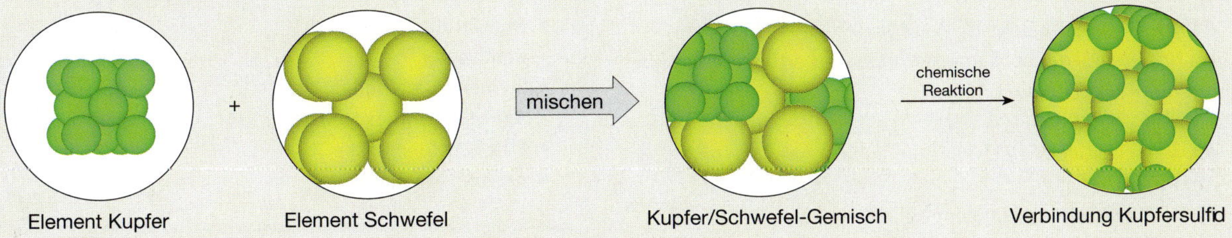

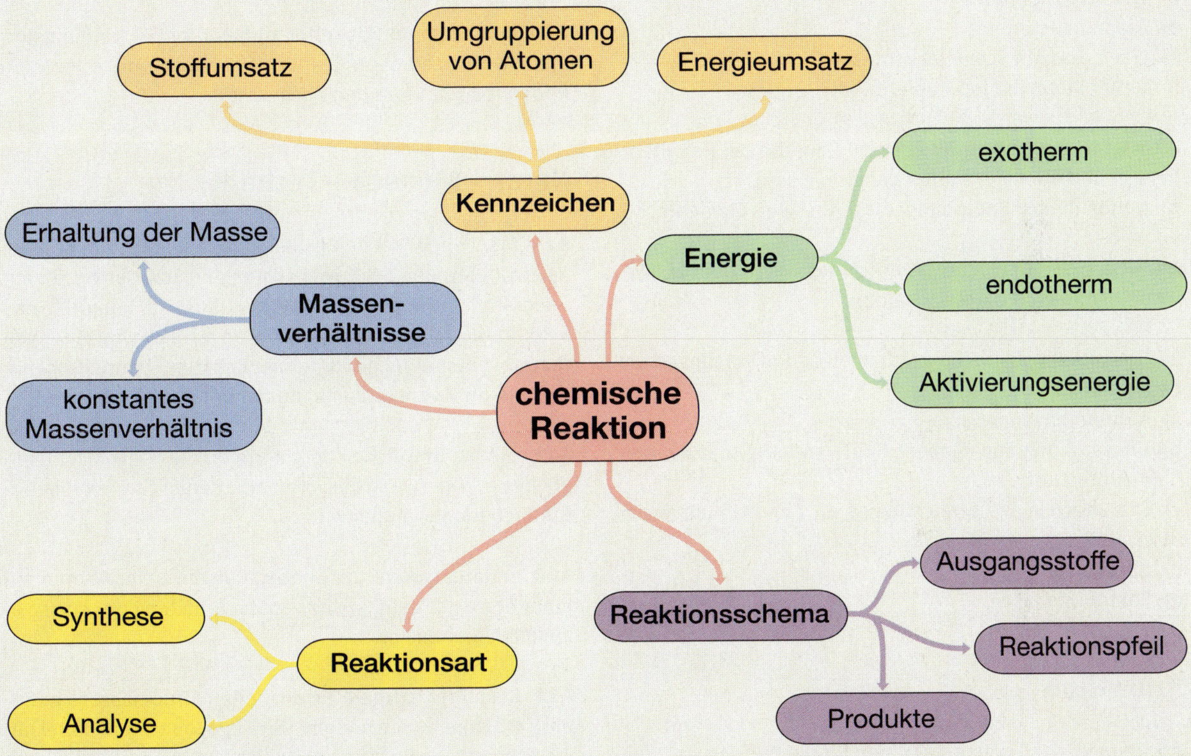

2. DALTONs Atommodell

- Jedes Element besteht aus kleinsten, nicht weiter teilbaren Teilchen, den Atomen.
- Die Atome eines Elements haben alle die gleiche Größe und die gleiche Masse. Die Atome unterschiedlicher Elemente unterscheiden sich in ihrer Masse. Damit gibt es genauso viele Atomarten, wie es Elemente gibt.
- Atome sind unzerstörbar. Sie können durch chemische Vorgänge weder vernichtet noch erzeugt werden.
- Bei chemischen Reaktionen werden die Atome der Ausgangsstoffe neu angeordnet und in bestimmten Anzahlverhältnissen miteinander verknüpft.

3. Energiediagramm

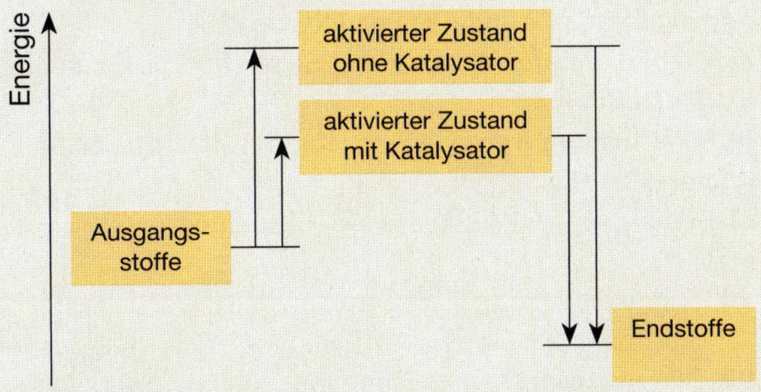

Für viele Reaktionen benötigt man **Aktivierungsenergie,** um sie zu starten.
Katalysatoren erniedrigen die Aktivierungsenergie.

Prüfe dein Wissen

Quiz

A1 a) Erkläre die Begriffe des Fensters.
b) Notiere auf der Vorderseite von Karteikarten den Begriff, auf der Rückseite die Erklärung.

A2 Entscheide, in welchen Fällen eine chemische Reaktion abläuft.
a) Kochsalz wird in Wasser gelöst.
b) Brausepulver wird in Wasser gerührt.
c) Wasser verdampft.
d) Diamant verbrennt.
e) Eisen wird mit Schwefel vermischt.
f) Kupfer bildet mit Iod Kupferiodid.

A3 a) Gib die Anzahl der Elemente an, die bei Raumtemperatur und normalem Druck gasförmig sind.
b) Nenne die bei Raumtemperatur flüssigen Elemente.

A4 Nenne die Unterschiede, durch die sich Kupfer, Schwefel und Kupfersulfid unterscheiden.

A5 Diskutiere, ob es sich bei den folgenden Vorgängen um exotherme Reaktionen handelt:
a) Abbrennen einer Kerze,
b) Umwandlung von blauem Kupfersulfat-Hydrat zu weißem Kupfersulfat,
c) Entzünden eines Streichholzes an der Reibfläche der Streichholzschachtel,
d) Backen von Brot,
e) Rosten von Eisen.

Know-how

A6 Zeichne das Energiediagramm für die Bildung von weißem Kupfersulfat-Hydrat.

A7 Stelle jeweils das Reaktionsschema auf. Gib auch die Aggregatzustände und den Energieumsatz an:
a) Graphit verbrennt mit dem Sauerstoff der Luft zu Kohlenstoffdioxid,
b) Umwandlung von weißem Kupfersulfat zu blauem Kupfersulfat-Hydrat,
c) Bildung von Zinksulfid aus den Elementen.

A8 Nenne die Aussagen des Atommodells von DALTON?

A9 Der umgangssprachliche Ausdruck „Energieverbrauch" ist irreführend. Begründe diese Aussage.

Die wichtigsten Begriffe

- chemische Reaktion
- Reaktionsschema
- exotherm, endotherm
- Aktivierungsenergie
- Katalysator
- Element, Verbindung
- Analyse, Synthese
- Erhaltung der Masse
- DALTONs Atommodell

A10 Vom Element Phosphor gibt es drei Erscheinungsformen: weißen Phosphor, roten Phosphor und schwarzen Phosphor. Erläutere den Sachverhalt

Natur – Mensch – Technik

A11 Manche Menschen essen Traubenzucker um Energie nachzuliefern. Im Stoffwechsel reagiert Traubenzucker mit Sauerstoff zu Wasser und Kohlenstoffdioxid. Entwickle das Reaktionsschema. Gib auch an, ob es sich um eine exotherme oder eine endotherme Reaktion handelt. Kennzeichne die Aggregatzustände der beteiligten Stoffe.

A12 Gib an, in welche Energieformen die chemische Energie der in Feuerwerkskörpern enthaltenen Stoffe beim Abbrennen umgewandelt wird.

A13 Erkläre, warum die Beobachtungen beim Abbrennen einer Kerze mit dem Gesetz von der Erhaltung der Masse in Einklang stehen.

A14 Bei hoher Temperatur und hohem Druck lässt sich Graphit in Diamant umwandeln. Überlege, ob es sich dabei um eine chemische Reaktion handelt.

A15 Das Metall Zink wird aus dem Mineral Zinkblende gewonnen. Dabei handelt es sich um Zinksulfid. Im ersten Reaktionsschritt wird das Sulfid mit Sauerstoff umgesetzt. Dabei entstehen Zinkoxid und Schwefeldioxid. Zinkoxid reagiert in einem zweiten Schritt mit Kohlenstoff zu Zink und Kohlenstoffdioxid. Gib für beide Schritte das Reaktionsschema an.

A16 In einer Zeitschrift war unlängst zu lesen, dass es Alchemisten im 15. Jahrhundert gelungen wäre, Gold herzustellen. Ausgangsmaterial sei Kupfer gewesen, das man zusammen mit Zink erhitzt habe. Nimm zu dieser Geschichte Stellung.

A17 Chemische Reaktionen rund um die Kartoffel

Im 16. Jahrhundert gelangte die Kartoffel aus Südamerika nach Europa. Hier wurde die Pflanze zunächst wegen ihrer schönen Blüten in Ziergärten angebaut. Erst in Hungerzeiten in der Mitte des 18. Jahrhunderts erkannte man ihren Wert als Nahrungsmittel: Die Kartoffel enthält viel Stärke und ist reich an Vitaminen. Sie wurde daher zu einem wichtigen Grundnahrungsmittel.

Sowohl beim Wachstum einer Kartoffelpflanze als auch bei der weiteren Verwendung von Kartoffeln spielen chemische Reaktionen eine zentrale Rolle.

1. Im Frühjahr werden Saatkartoffeln auf dem Acker gepflanzt. Die Kartoffelknollen keimen aus und es wachsen dann neue Kartoffelpflanzen. Bei der Photosynthese bilden sich in den grünen Pflanzenteilen Reservestoffe: Dabei wird mithilfe des Sonnenlichts aus Kohlenstoffdioxid und Wasser neben Sauerstoff auch Traubenzucker gebildet. Ein Teil des Traubenzuckers wird in Stärke umgewandelt und in neu gebildeten Kartoffelknollen gespeichert.

2. Bei der maschinellen Kartoffelernte kommen Roder zum Einsatz: Sie reißen den Boden auf und trennen die Kartoffelknollen von den restlichen Pflanzenteilen. Gelegentlich werden dabei auch einzelne Kartoffeln zerquetscht. Sie bleiben auf dem Acker liegen und verfaulen.

3. Die geernteten Kartoffeln gelangen zum Verbraucher und kommen beispielsweise gekocht als Salzkartoffeln auf den Tisch. Im menschlichen Körper wird die in den Kartoffeln enthaltene Stärke zu Traubenzucker umgewandelt, der dann in den Muskeln verbraucht wird.

4. Kartoffeln lassen sich zu Tiefkühl-Pommes-Frites verarbeiten. Eine Maschine schält dazu die Kartoffeln und schneidet sie in Stäbchen. Anschließend werden sie bei 160 °C frittiert und dann tiefgefroren.

5. Kartoffeln können zur Stärkeproduktion eingesetzt werden. Dabei wird die Kartoffel zunächst zerrieben und die Stärke ausgewaschen. Der entstandene Stärkebrei wird dann noch getrocknet.

6. Eine weitere Verwendungsmöglichkeit für Kartoffeln besteht in der Herstellung hochprozentiger alkoholischer Getränke: Bei der alkoholischen Gärung bilden Hefepilze aus Kartoffelstärke Alkohol, der anschließend destilliert wird.

Kartoffelpflanze mit Kartoffelknollen

Kartoffelernte: Vom Acker ...

a) Überprüfe und entscheide bei jedem der sechs Punkte, ob bei den beschriebenen Vorgängen chemischen Reaktionen ablaufen.
b) Stelle Reaktionsschemata der jeweiligen Reaktionen auf.
c) Begründe, ob es sich bei den einzelnen Vorgängen um exotherme oder endotherme Reaktionen handelt.

... auf den Tisch

5 Luft – Chemie der Verbrennung

Das Lagerfeuer brennt und alle erfreuen sich an der Wärme und der romantischen Stimmung, die es verbreitet. Wann und wo das Feuer von den Menschen zuerst genutzt wurde, ist nicht genau bekannt. Es gibt aber Hinweise, dass man bereits vor 400 000 Jahren den Umgang mit dem Feuer beherrschte. Es spendete Wärme und Licht und diente der Zubereitung von Speisen. Funde aus späterer Zeit zeigen, dass man das Feuer auch nutzte, um Metalle zu gewinnen.

Zentrale Fragen:
- Woraus besteht Luft?
- Welche chemische Reaktion läuft bei einer Verbrennung ab?
- Was geschieht bei einem Brand und wie lässt er sich verhindern?
- Welche Bedeutung haben Verbrennungen für Gesellschaft und Umwelt?

5.1 Reaktionspartner Luft

Um ein Feuer anzuzünden, benötigt man einen brennbaren Stoff wie Papier, Holz, Kohle, Heizöl oder Erdgas. **Brennstoffe** entzündet man durch ein Streichholz oder ein Feuerzeug, indem man sie an einer Stelle stark erhitzt. Einige Stoffe lassen sich dabei leichter, also bei niedrigerer Temperatur, entzünden als andere.

Besonders leicht lässt sich ein gasförmiger Brennstoff wie Erdgas entzünden. Bei der Verbrennung bilden sich hell leuchtende Flammen. Auch den Docht einer Kerze kann man sehr einfach mit dem Streichholz anzünden: In der heißen Streichholzflamme verdampft aus dem Docht etwas Wachs. Es ist schließlich dieser Dampf, der dann entzündet wird. Will man jedoch Kerzenwachs direkt zum Brennen bringen, reicht ein Streichholz nicht aus. Man benötigt vielmehr einen Gasbrenner, um die Zündtemperatur von Kerzenwachs zu erreichen.

Eine Verbrennung kann aber nur dann ablaufen, wenn genügend Luft als Reaktionspartner vorhanden ist. Bei mangelnder Luftzufuhr beobachtet man zunächst die Bildung von Ruß und Qualm; schließlich erstickt das Feuer.

Eine Verbrennung ist eine *chemische Reaktion:* Dabei entstehen Stoffe mit neuen Eigenschaften.
Oft wird die Asche, die bei vielen Verbrennungen zurückbleibt, als Verbrennungsprodukt angesehen. Es handelt sich dabei jedoch um einen Rückstand von nicht brennbaren Stoffen. Die eigentlichen Reaktionsprodukte sind meist gasförmige Stoffe wie Kohlenstoffdioxid und Wasserdampf, die man nicht direkt erkennen kann.

Auch Metalle brennen. Einrichtungen und Geräte für den Umgang mit Feuer werden oft aus Eisen hergestellt. Daraus könnte man folgern, dass Eisen nicht brennbar ist. Das gilt jedoch nur für kompakte Stücke. Erhöht man den **Zerteilungsgrad** und vergrößert damit die Oberfläche, so brennt auch Eisen: Hält man Eisenwolle in die Flamme eines Brenners, fängt sie an zu glühen. Bläst man Luft hinein, so glüht sie noch stärker auf. Bei der Reaktion bildet sich aus der hellgrauen Eisenwolle ein dunkelgrauer, stumpf aussehender Stoff, der zerbröselt, wenn man ihn zusammendrückt. Es handelt sich um *Eisenoxid.*

Führt man die Verbrennung von Eisenwolle an einer Waage durch, kann man eine **Zunahme der Masse** beobachten. Diese Beobachtung bestätigt, dass bei der Verbrennung ein weiterer Stoff beteiligt ist. Dabei handelt es sich um die Luft.

Eine Kerze verlischt bei Luftabschluss.

Verbrennung von Eisen

Auch viele andere Metalle sind brennbar. So brennt Magnesium an der Luft mit einer blendend hellen Flamme. Als Verbrennungsprodukt erhält man Magnesiumoxid, einen weißen pulverförmigen Feststoff, der auch als Magnesia bezeichnet wird.

Verbrennungsvorgänge verlaufen stets exotherm; dabei wird also Wärme an die Umgebung abgegeben. Man spricht von der **Verbrennungswärme.**

Die Verbrennung ist eine exotherme chemische Reaktion, bei der Luft mit einem brennbaren Stoff reagiert.

1 Eine Kerze erlischt unter einem Becherglas. Erkläre.
2 Erläutere, warum sich Holzkohle nicht mit einem Streichholz entzünden lässt.
3 Beschreibe, wie man experimentell herausfinden kann, ob es sich bei einem farblosen Gas um Luft handelt.
4 Ein Lagerfeuer soll mit einem Streichholz entzündet werden. Erläutere die Vorgehensweise.
5 Nenne Beispiele für die Nutzung der Verbrennungswärme in Industrie und Haushalt.

5.2 Die Luft – ein Gasgemisch

Mit einer großen Spritze wird ein bestimmtes Luftvolumen abgemessen und anschließend mehrfach über glühende Eisenwolle in den Luftballon gedrückt. Nach Abkühlen der Apparatur bleiben $\frac{4}{5}$ des Volumens der Luft zurück.

Verbrennt man Eisen in einem abgeschlossenen Luftraum, so verringert sich das Volumen um rund ein Fünftel. Bei diesem Anteil der Luft handelt es sich um Sauerstoff. Dieses Gas bildet mit Eisen Eisenoxid:

Eisen + Sauerstoff ⟶ Eisenoxid; exotherm

Die Luft enthält etwa 21 % **Sauerstoff.** Hauptbestandteil ist mit 78 % ein Element, das die Verbrennung nicht unterhält. Eine Flamme erstickt in diesem Gas. Man bezeichnet es als **Stickstoff.** Neben Stickstoff und Sauerstoff enthält Luft noch zu etwa 1 % **andere Gase.** Den größten Teil davon nimmt das Edelgas Argon ein. Kohlenstoffdioxid macht etwa 0,04 % des Luftvolumens aus.

Diese Angaben gelten nur für saubere und *trockene* Luft. Die Luft der Atmosphäre enthält aber immer einen gewissen Anteil an Wasserdampf: Bei 20 °C kann ein Liter Luft bis zu 23 ml Wasserdampf aufnehmen. Das entspricht 17 g Wasserdampf pro Kubikmeter Luft. Die Luft ist dann bei dieser Temperatur mit Wasserdampf gesättigt. Man sagt: Die *relative Luftfeuchtigkeit* beträgt 100 %.
Bei höheren Temperaturen kann die Luft noch mehr Wasserdampf aufnehmen. Kühlt man warme, feuchte Luft ab, so scheiden sich Wassertröpfchen ab: Es bilden sich Nebel, Tau oder Regen.

Auch viele andere gasförmige Bestandteile und große Mengen Staub gelangen auf natürliche Weise in die Atmosphäre: Bei Fäulnisprozessen bilden sich neben Kohlenstoffdioxid Gase wie Schwefelwasserstoff, Methan und Ammoniak. Wald- und Steppenbrände erzeugen Staub und Verbrennungsgase. Aus Vulkanen entweichen Staub, chlorhaltige Gase, Schwefeldioxid und Schwefelwasserstoff.
Ein erheblicher Anteil an Fremdstoffen wird jedoch auch durch Verkehr, Industrie und Haushalte in die Luft abgegeben. Dazu gehören auch gesundheitsschädliche Gase wie Kohlenstoffmonooxid, Stickstoffoxide, Schwefeldioxid und Kohlenwasserstoffe.

Die Luft ist ein Gasgemisch aus 78 % Stickstoff, 21 % Sauerstoff und 1 % sonstigen Gasen. Daneben enthält Luft stets Wasserdampf. Außerdem finden sich oft Schadstoffe in der Atmosphäre, die teils bei natürlichen und teils bei technischen Vorgängen entstehen.

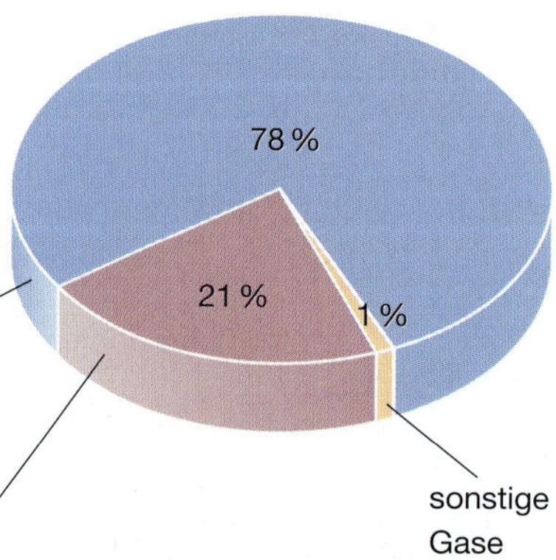

Steckbrief: Stickstoff

Entdeckung: 1772 D. RUTHERFORD, 1772 CAVENDISH
Eigenschaften: farbloses, geruchloses Gas
Dichte: 1,16 $\frac{g}{l}$ (bei 20 °C und 1013 hPa)
Schmelztemperatur: −210 °C
Siedetemperatur: −196 °C
erstickt Flammen, ist chemisch reaktionsträge
Verwendung: als Kältemittel (z. B. in der Lebensmitteltechnik), zur Herstellung von Ammoniak (für stickstoffhaltige Mineraldünger)

Steckbrief: Sauerstoff

Entdeckung: 1772 SCHEELE (Erhitzen von Salpeter); 1774 PRIESTLEY (Erhitzen von Quecksilberoxid)
Eigenschaften: farbloses, geruchloses Gas
Dichte: 1,33 $\frac{g}{l}$ (bei 20 °C und 1013 hPa)
Schmelztemperatur: −219 °C
Siedetemperatur: −183 °C
Löslichkeit in Wasser (bei 20 °C und 1013 hPa aus der Luft): 8,8 $\frac{mg}{l}$
reagiert mit fast allen Elementen zu Oxiden
Verwendung: als Atemgas in Atemgeräten; als Reaktionspartner beim Schweißen und beim Raketenantrieb
Nachweis: Glimmspanprobe

Gas	Anteil in 1000 ml Luft
Stickstoff	780,8 ml
Sauerstoff	209,5 ml
Argon	9,3 ml
Kohlenstoffdioxid	0,4 ml
Sonstige Edelgase	0,024 ml
Methan	0,0016 ml
Wasserstoff	0,0005 ml
Kohlenstoffmonooxid	0,0002 ml
Stickstoffoxide	0,0000005 ml
Ozon	0,0000004 ml

1 Gib die genauen Volumenanteile für die vier häufigsten Bestandteile der Luft in Prozent an.
2 Vergleiche die Reaktionsfähigkeit von Sauerstoff und Stickstoff.
3 Nenne Verwendungsmöglichkeiten für Stickstoff und Sauerstoff.
4 Schlage nach, was man unter Edelgasen versteht.
5 Bei der Reaktion von Eisen in einem abgeschlossenen Luftvolumen bleiben auch dann $\frac{4}{5}$ des Volumens der Luft zurück, wenn man sehr viel Eisen einsetzt. Erkläre.
6 Welche Gase gelangen durch die Aktivitäten des Menschen in die Luft?

Die Lufthülle

Exkurs

Von der Erde aus gesehen scheint die Lufthülle grenzenlos zu sein. Vom Weltraum aus zeigt sich aber nur ein dünner, blau schimmernder Gasmantel um die Erde. Dieser scheinbare Gegensatz erklärt sich aus dem Verhältnis zwischen dem Erddurchmesser von 12 740 km und der Höhe der erdnahen Lufthülle von nur etwa 100 km. Bei einem Globus mit einem Durchmesser von 25 cm wäre die Luftschicht nur 2 mm dick!

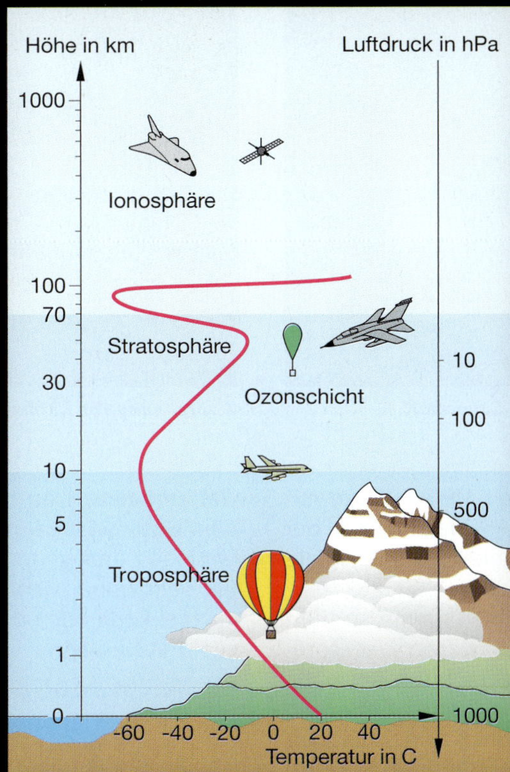

Die Lufthülle wird als *Atmosphäre* bezeichnet. Sie besitzt zum Weltall hin keine scharfe Grenze. Sie breitet sich bis über 1000 km weit in den Weltraum aus, ihre Dichte nimmt dabei aber sehr schnell ab. Bis zu einer Höhe von 100 km enthält die Atmosphäre bereits 99,999 99 % aller Gasteilchen.

Man teilt die Lufthülle in mehrere *Schichten* ein:
Troposphäre: bis 10 km Höhe,
Stratosphäre: bis 70 km Höhe,
Ionosphäre: ab 70 km Höhe.

In der *Troposphäre* spielt sich das Wettergeschehen ab. Forschungsballons steigen bis in die *Stratosphäre* auf. In etwa 30 km Höhe befindet sich die oft genannte Ozonschicht, die uns vor den UV-Strahlen der Sonne schützt. Der Ozon-Anteil in dieser Schicht ist zwar nur sehr gering, die Zerstörung der Ozonschicht hätte aber schwerwiegende Folgen für das Leben auf der Erde.

Die Atmosphäre übt einen Druck von etwa 1000 hPa (1 bar) auf die Erdoberfläche aus: Auf jeden Quadratzentimeter drückt eine Masse von 1 kg.
Mit zunehmender Höhe verringert sich der Luftdruck. Schon in 6000 m Höhe ist er nur noch halb so groß wie in Meereshöhe. Wer auf einen so hohen Berg steigen will, muss seinen Körper deshalb daran gewöhnen, mit nur der Hälfte an Sauerstoff pro Atemzug auszukommen. Diese Höhenanpassung dauert mehrere Tage. In 8000 m Höhe können sich Menschen ohne Sauerstoffversorgung nur maximal einen Tag aufhalten. Jede körperliche Leistung bereitet wegen des Sauerstoffmangels größte Mühe.

In Verkehrsflugzeugen, die in 10 km Höhe fliegen, werden die Passagiere durch eine Druckkabine vor dem verminderten Druck geschützt. Sie hält einen Luftdruck aufrecht, wie er in 2200 m Höhe herrscht. Gleichzeitig wird die Luft noch mit Sauerstoff angereichert. Wegen einer Außentemperatur von –50 °C muss zusätzlich ständig geheizt werden.

1 Nenne die Gasteilchen, die sich in der Lufthülle der Erde befinden.
2 Beschreibe die Änderungen der Temperatur der Atmosphäre mit zunehmendem Abstand von der Erdoberfläche.
3 Die Luft im Flugzeug wird mit Sauerstoff angereichert. Erkläre diese Maßnahme.

5.3 Reaktionen mit Sauerstoff

Verbrennung von Eisen in Luft und in Sauerstoff

Verbrennung von Kohlenstoff in Luft und in Sauerstoff

An zahlreichen Experimenten mit *Metallen* und mit *Nichtmetallen* lässt sich erkennen, welche Rolle der Sauerstoff für die Verbrennung spielt. Zwei Beispiele sollen hier näher erläutert werden.

Erhitzt man *Eisenwolle* in der Brennerflamme, so glüht das Eisen auf. Es bildet sich ein schwarzgraues, sprödes Eisenoxid. Bringt man die glühende Eisenwolle in einen mit Stickstoff gefüllten Standzylinder, so kommt die Reaktion dagegen sofort zum Stillstand. Taucht man die glühende Eisenwolle in reinen Sauerstoff, so verläuft die Reaktion deutlich heftiger als in Luft.

Für die Reaktion gilt das folgende Reaktionsschema:

Eisen + Sauerstoff ⟶ Eisenoxid; exotherm

Ein Stück *Holzkohle* verbrennt, wenn man es erhitzt. Auch hier ist die Reaktion in reinem Sauerstoff sehr viel heftiger als an der Luft. Das Verbrennungsprodukt wird meist gar nicht wahrgenommen; es ist ein farbloses und geruchloses Gas: Kohlenstoffdioxid. Bei sehr hohen Temperaturen oder bei Sauerstoffmangel kann auch das giftige Kohlenstoffmonooxid gebildet werden.

Kohlenstoff + Sauerstoff ⟶ Kohlenstoffdioxid; exotherm

Die experimentellen Ergebnisse lassen sich zusammenfassen: Metalle und Nichtmetalle verbrennen an der Luft und in reinem Sauerstoff. Dabei wird Wärme frei. Die bei der Reaktion gebildeten Sauerstoff-Verbindungen nennt man **Oxide**, die Reaktion bezeichnet man als Oxidation.

Metall + Sauerstoff ⟶ Metalloxid; exotherm

Nichtmetall + Sauerstoff ⟶ Nichtmetalloxid; exotherm

Bei einer chemischen Reaktion eines Stoffes mit Sauerstoff bilden sich Oxide. Dabei wird Wärme frei.

1 Schwefel reagiert mit Sauerstoff zu Schwefeldioxid.
a) Nenne den Reaktionstyp.
b) Gib das Reaktionsschema an.
2 Gib das Reaktionsschema für die Bildung von Kohlenstoffmonooxid an.
3 Beschreibe einen Nachweis für Sauerstoff.
4 Bei der exothermen Oxidation von Kupfer muss zuerst Wärme zugeführt werden, ehe ein Oxid entsteht.
a) Gib das Reaktionsschema für die Bildung von Kupferoxid an.
b) Zeichne ein Energiediagramm.
c) Benenne die anfänglich zugeführte Energie.

Exkurs

Die Glimmspanprobe

Sauerstoff ermöglicht und unterhält die Verbrennung. Diese Eigenschaft kann man nutzen, um Sauerstoff nachzuweisen: Hält man einen an der Luft nur glimmenden Holzspan in Sauerstoff, so flammt er auf und brennt mit großer, heller Flamme. Diese Nachweisreaktion bezeichnet man als Glimmspanprobe.

Mit anderen Gasen wie Stickstoff, Kohlenstoffdioxid oder Argon verläuft die Glimmspanprobe negativ.

Reaktion von Kohlenstoff und Sauerstoff im Teilchenmodell

Theorie

Bei der Verbrennung von Graphit und Diamant entsteht Kohlenstoffdioxid. Es handelt sich dabei um den gleichen gasförmigen Stoff, den wir bei der Atmung freisetzen. Kohlenstoffdioxid ist eine Verbindung aus den Elementen Kohlenstoff und Sauerstoff. Bei der Bildung von Kohlenstoffdioxid verbindet sich stets ein Kohlenstoff-Atom mit zwei Sauerstoff-Atomen zu einem neuen, dreiatomigen Teilchen. Solche Teilchen, die aus einer *bestimmten Anzahl* von Atomen bestehen, heißen **Moleküle.** Mithilfe des Teilchenmodells lässt sich anschaulich darstellen, wie die Verbrennung von Kohlenstoff zu Kohlenstoffdioxid abläuft.

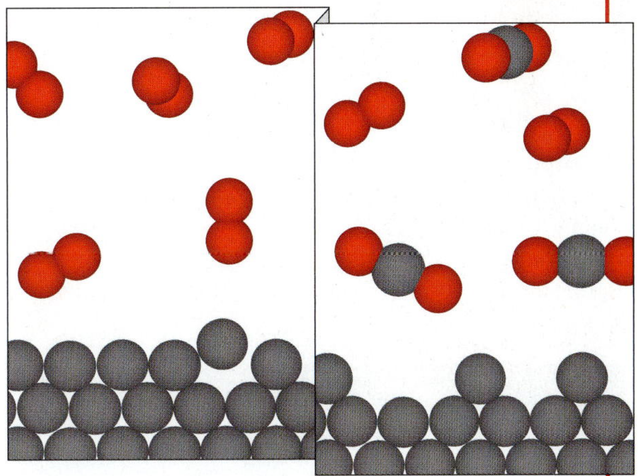

1. In Sauerstoff-Molekülen sind zwei Sauerstoff-Atome miteinander verbunden. Diese Gas-Moleküle bewegen sich sehr schnell und ungeordnet. Sie stoßen häufig zusammen und prallen dabei wie Billardkugeln voneinander ab. Beim Erhitzen nimmt die Geschwindigkeit der Teilchen zu; die Zusammenstöße werden heftiger.

2. Kohlenstoff ist ein Feststoff. Die Kohlenstoff-Atome sind auf festen Plätzen in einem dicht gepackten Gitter angeordnet. Sie schwingen auf ihren Plätzen nur wenig hin und her. Die Schwingungen verstärken sich, je höher die Temperatur steigt. Dadurch wird der Zusammenhalt zwischen den Kohlenstoff-Atomen gelockert. Am Gitterrand sind die Atome weniger stark in das Gitter eingebunden. Sie können daher eine Reaktion eingehen.

3. Bei hoher Temperatur prallen die Sauerstoff-Moleküle mit großer Geschwindigkeit auf das Gitter der Kohlenstoff-Atome. Sie reagieren mit den Kohlenstoff-Atomen am Gitterrand zu Kohlenstoffdioxid-Molekülen, die sich als farbloses Gas im Raum verteilen.

Verflüssigung der Luft

Exkurs

Aus der Luft werden in großen Mengen reiner Sauerstoff und reiner Stickstoff gewonnen. Dazu muss die Luft zunächst mithilfe des **LINDE-Verfahrens** verflüssigt werden. Im ersten Schritt wird die Luft zusammengepresst: Das Volumen nimmt ab, die Temperatur steigt. Die verdichtete Luft wird nun in einem Kühler abgekühlt. Anschließend wird der Druck verringert: Das Volumen nimmt zu, die Temperatur sinkt. Dieser Vorgang wird in einem Kreislauf mehrfach wiederholt, bis die Luft schließlich bei etwa −200 °C verflüssigt ist.
In einer *Destillationsanlage* lässt man die Temperatur der flüssigen Luft langsam ansteigen. Bei −196 °C siedet der *Stickstoff*. Das Gas wird aufgefangen. Bei einer Temperatur von −183 °C siedet schließlich der *Sauerstoff*. Auch dieses Gas wird aufgefangen und unter Druck in Stahlflaschen abgefüllt.

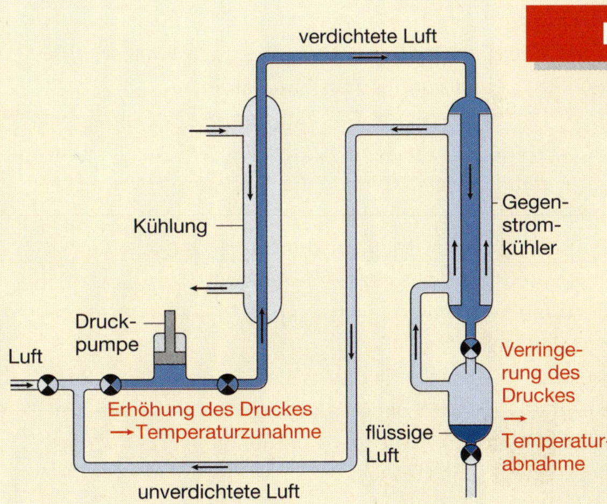

Sauerstoff wird zum Schneiden und Schweißen, in der Stahlgewinnung sowie in der Medizin genutzt. Flüssigen Sauerstoff benötigt man zum Beispiel in der Raumfahrt. So reagieren in der ersten Brennstufe der Ariane-Rakete 120 t Sauerstoff mit 21 t Wasserstoff. Flüssiger Stickstoff dient vor allem zur Herstellung von Tiefkühlkost.

1 Erkläre, warum Sauerstoff und Stickstoff durch Destillation getrennt werden können.
2 Gib die farbliche Kennzeichnung für Stahlflaschen für Luft, Sauerstoff und Stickstoff an.

Praktikum

Die Luft und ihre Bestandteile

V1: Darstellung und Untersuchung von Sauerstoff

Materialien: Reagenzglas mit seitlichem Ansatz, Schlauch, Gasableitungsrohr, pneumatische Wanne, Stopfen mit Kanüle und Einwegspritze (5 ml), Pinzette, Gasbrenner, Holzspan;
Braunstein (Xn), Wasserstoffperoxid (3 %), Holzkohle, Kalkwasser.

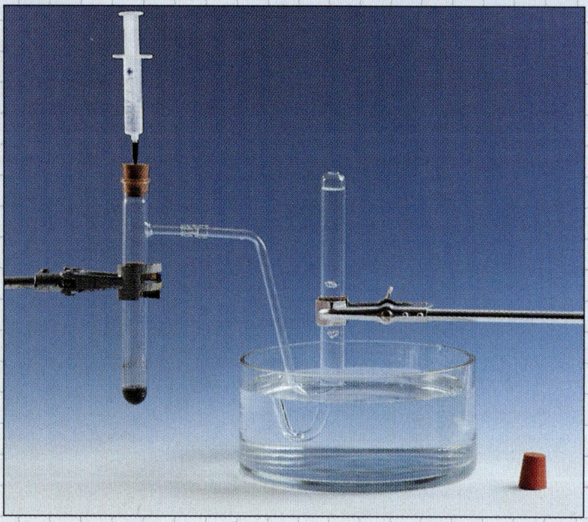

Durchführung:
1. Gib mit der Einwegspritze nach und nach Wasserstoffperoxid zu einer Spatelspitze Braunstein.
2. Fange das entstehende Gas mit zwei Reagenzgläsern auf. Verschließe die Reagenzgläser unter Wasser und führe damit nacheinander die folgenden Versuche durch.
   Hinweis: Lässt die Gasentwicklung nach, muss weiteres Wasserstoffperoxid zugegeben werden.
3. Führe einen glimmenden Holzspan in das erste Reagenzglas ein.
4. Entzünde die Holzkohle und gib sie in das zweite Reagenzglas. Füge nach Beendigung der Reaktion etwa 2 ml Kalkwasser hinzu, verschließe das Reagenzglas mit dem Stopfen und schüttle vorsichtig.

Aufgaben:
a) Notiere deine Beobachtungen.
b) Beschreibe, wie der Sauerstoff bei dem Versuch aufgefangen wird.
c) Erkläre, warum die Glimmspanprobe ein Nachweis für Sauerstoff ist.
d) Gib die Aufgabe von Kalkwasser an.
e) Braunstein liegt nach der Reaktion unverändert vor. Welche Rolle spielt er für den Reaktionsablauf?

V2: Experimente mit einer Kerze

Materialien: Becherglas (250 ml, hoch), Glasrohr mit Spitze (5 cm), Tiegelzange;
Kerze oder Teelicht, Streichhölzer.

Durchführung:
1. Zünde die Kerze an und beobachte Flamme, Docht und Kerzenmaterial.
2. Bringe mit der Tiegelzange das weite Ende des Glasrohres mitten in die Flamme und halte es mit der Spitze schräg nach oben. Überprüfe mit der Streichholzflamme, ob aus dem spitzen Ende des Glasrohres ein brennbares Gas entweicht.
3. Stülpe ein Becherglas über die brennende Kerze. Versuche die Flamme durch Luftzufuhr vor dem Erlöschen zu retten.
4. Blase die Kerzenflamme aus. Entzünde den entstehenden Qualm mit einer darüber gehaltenen Streichholzflamme (Fernzündung).

Aufgaben:
a) Beschreibe das Aussehen der Kerzenflamme. Gib an, wo sie hell und wo sie dunkel ist.
b) Zeichne eine Kerze mit Flamme. Trage die beteiligten Stoffe und ihre Strömungen in verschiedenen Farben ein: festes, flüssiges und gasförmiges Kerzenwachs, frische Luft, Verbrennungsprodukt.
c) Erkläre deine Beobachtungen bei den Arbeitsschritten 3 und 4.

V3: Massenzunahme beim Erhitzen von Kupfer

Materialien: Gasbrenner, Tondreieck, Porzellantiegel, Tiegelzange, Waage;
Kupferpulver, Eisendraht.

Durchführung:
1. Bestimme die Masse des Tiegels. Gib einen gehäuften Spatel Kupferpulver in den Tiegel und wiege erneut.
2. Erhitze den Tiegel. Rühre während des Erhitzens mit dem Eisendraht um.
3. Lass den Tiegel abkühlen und wiege erneut.

Aufgaben:
a) Notiere deine Beobachtungen.
b) Erläutere, wie die Messergebnisse zum Gesetz von der Erhaltung der Masse passen.
c) Gib das Reaktionsschema für die Reaktion an.

Verbrennungsvorgänge

V1: Holzkohle aus Holz

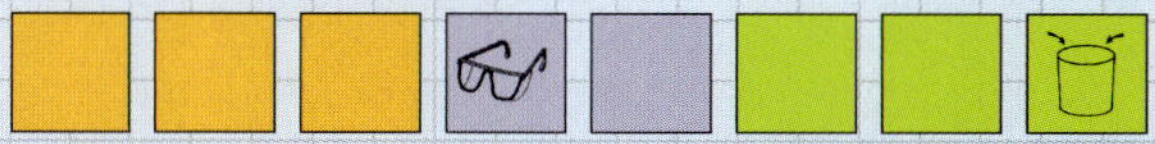

Materialien: Gasbrenner, Porzellanschälchen, Glasrohr mit Spitze, durchbohrter Stopfen, Tiegelzange; Holzstückchen.

Durchführung:

1. Baue die Apparatur nach der Abbildung auf.
2. Erhitze das Holz mit der nicht leuchtenden Brennerflamme. Entzünde den an der Glasspitze entweichenden Qualm.
3. Halte diese Flamme gegen den Boden des Porzellanschälchens.
4. Beende das Erhitzen, wenn die Gasflamme an der Glasspitze erlischt.
5. Nimm ein Stück Holzkohle aus dem Reagenzglas und halte es in die Brennerflamme.

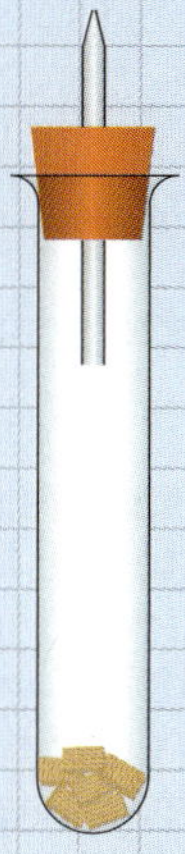

Aufgaben:

a) Notiere und deute deine Beobachtungen.
b) Erkläre, warum das Holz im Reagenzglas verkohlt anstatt zu verbrennen.

V2: Der Kupferbrief

Materialien: Gasbrenner, Tiegelzange;
Kupferblech (Dicke: 0,1 mm, Größe: 4 cm x 5 cm).

Durchführung:

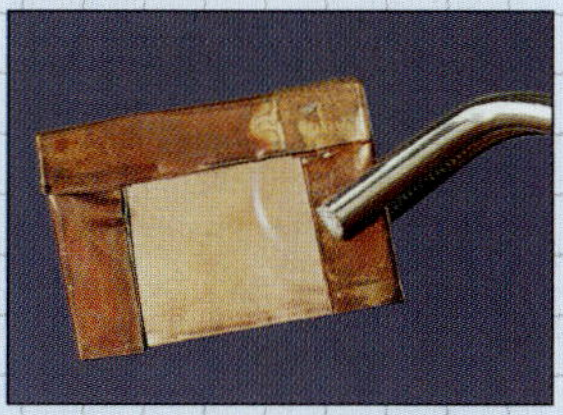

1. Falte das Kupferblech zu einem Brief und knicke es an den Rändern um, sodass keine Luft eindringen kann.
2. Halte den Kupferbrief mit der Tiegelzange in die nicht leuchtende Brennerflamme und erhitze ihn bis zur Rotglut.
3. Öffne den Kupferbrief, wenn er vollständig abgekühlt ist.

Aufgaben:

a) Notiere deine Beobachtungen.
b) Erkläre das unterschiedliche Aussehen von Innenfläche und Außenfläche des Kupferbriefes.
c) Stelle fest, ob sich der Belag an der Außenseite abschaben lässt. Wie sieht der Kupferbrief unter dem Belag aus?
d) Gib das Reaktionsschema für die Reaktion an.

V3: Verbrennung von Schwefel

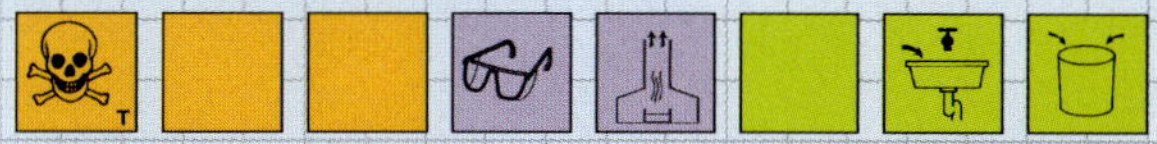

Materialien: Gasbrenner, Stopfen mit Nagel;
Schwefel.

Durchführung:

1. Fülle einige Milliliter Wasser in ein Reagenzglas.
2. Befeuchte die Spitze des Nagels mit Wasser und tauche sie in den Schwefel.
3. Entzünde den an der Nagelspitze haftenden Schwefel in der Brennerflamme, stecke den Nagel mit dem brennenden Schwefel **sofort** in das Reagenzglas und verschließe es mit dem Stopfen. Schüttle kräftig, sodass sich das Produkt im Wasser löst.
Hinweis: Bei der Reaktion entsteht ein giftiges Gas (T).

Aufgaben:

a) Beschreibe und deute deine Beobachtungen.
b) Gib das Reaktionsschema für die Reaktion an.

V4: Bestimmung der Zündtemperatur eines Zündholzes

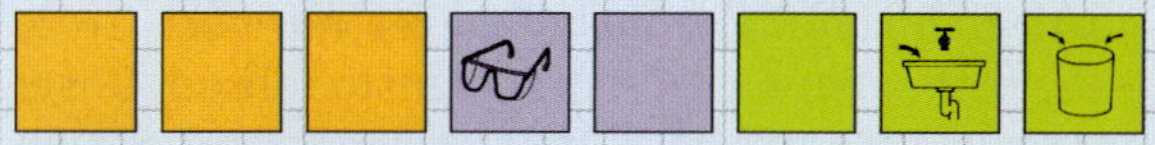

Materialien: Erlenmeyerkolben (250 ml, eng), Gasbrenner, Digitalthermometer (bis 300 °C), durchbohrter Stopfen; Eisendraht (Blumendraht), Zündhölzer, Papier.

Durchführung:

1. Stecke den Temperaturfühler durch den Stopfen.
2. Binde mit dem Draht ein Zündholz so an das Thermometer, dass sich der Zündholzkopf 1 cm vor dem Fühler des Thermometers befindet.
3. Baue den Versuch entsprechend der Abbildung auf.
4. Erhitze die Glaswand vorsichtig mit dem Brenner. Wenn das Thermometer 80 °C erreicht hat, soll die Temperatur nur noch langsam ansteigen.
5. Stelle fest, bei welcher Temperatur sich der Zündholzkopf entzündet. Blase das Zündholz dann sofort aus.
6. Wiederhole den Versuch mit Papier.

Aufgabe: Notiere deine Beobachtungen.

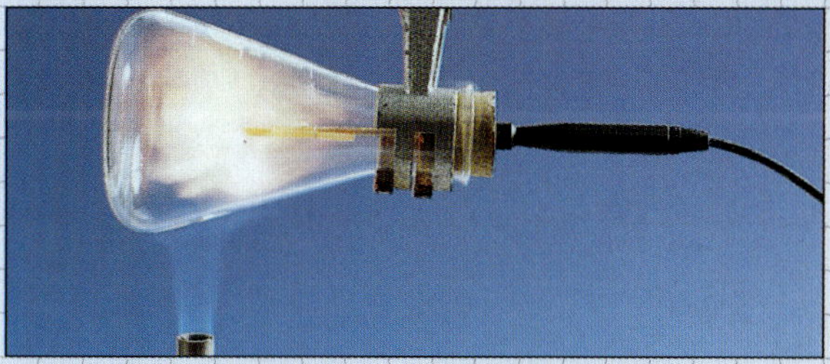

5.4 Atmen und Rosten – langsame Reaktionen

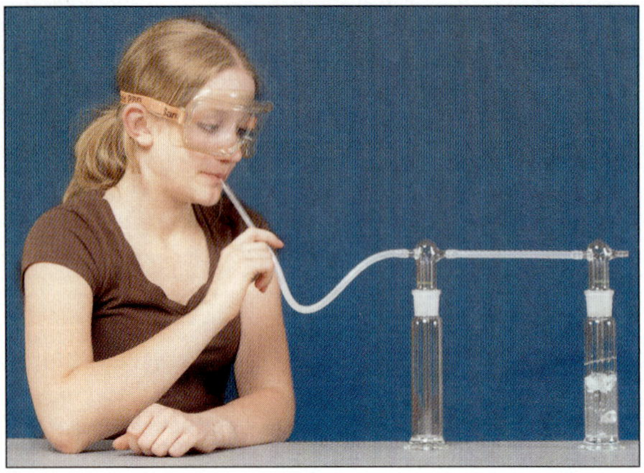

Nachweis von Kohlenstoffdioxid

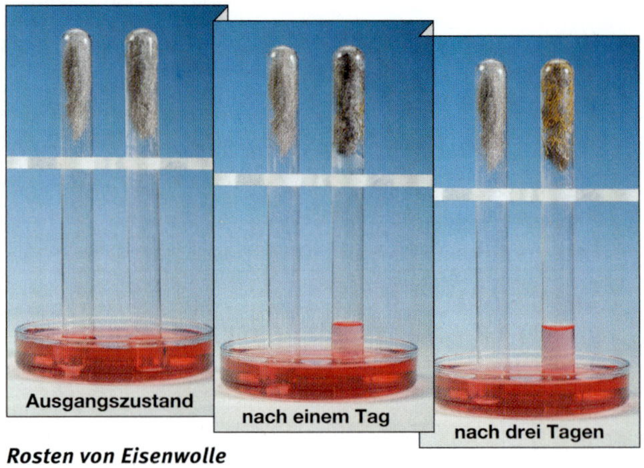

Rosten von Eisenwolle

Sauerstoff ist in der Luft allgegenwärtig. Er verleiht der Atmosphäre ihre oxidierende Eigenschaft. Viele Materialien reagieren jedoch nicht spontan und heftig mit dem Sauerstoff der Luft, sondern erst nach und nach in einer langsamen Oxidationsreaktion.

Atmung. Die Luft der Atmosphäre enthält etwa 21 % Sauerstoff und 0,04 % Kohlenstoffdioxid. In der ausgeatmeten Luft findet man dagegen nur noch 16 % Sauerstoff, aber bis zu 5 % Kohlenstoffdioxid. Unser Körper tauscht also beim Atmen einen Teil des Sauerstoffs gegen Kohlenstoffdioxid aus.
In der Lunge löst sich Sauerstoff aus der eingeatmeten Luft im Blut und wird so zu den einzelnen Körperzellen transportiert. Dort reagiert er mit den Nährstoffen, die vor allem aus Kohlenstoff-Atomen und Wasserstoff-Atomen aufgebaut sind. Diese Verbindungen werden in den Zellen zu Kohlenstoffdioxid und Wasser oxidiert. Das Kohlenstoffdioxid gelangt über das Blut zur Lunge und wird ausgeatmet.
Leitet man ausgeatmete Luft in Kalkwasser ein, so trübt sich die Lösung. Diese Reaktion benutzt man als *Nachweis für Kohlenstoffdioxid:* Kalkwasser bildet mit Kohlenstoffdioxid schwer lösliches Calciumcarbonat.

Die biologische Oxidation der Nährstoffe ist eine *langsame exotherme Reaktion.* Ein großer Teil der frei werdenden Energie dient dazu, die Körpertemperatur aufrecht zu erhalten. Den kleineren Anteil verwendet der Organismus für Stoffwechsel, Wachstum und Bewegung.

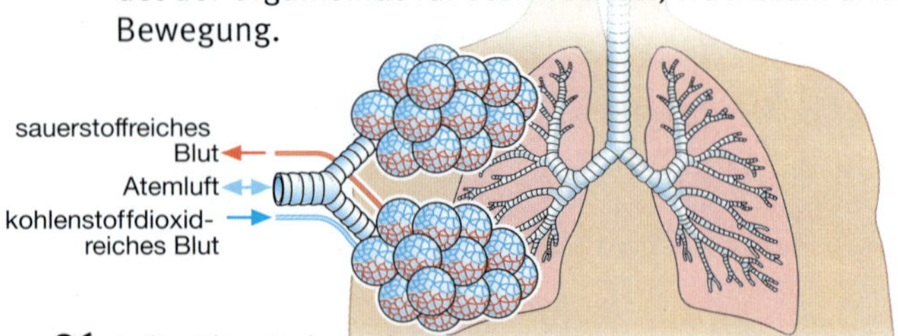

Rosten. Fein verteiltes Eisen reagiert lebhaft mit Sauerstoff; es verbrennt zu Eisenoxid. Die Oxidation des Eisens kann aber auch sehr langsam ablaufen. Man spricht dann vom Rosten des Eisens.
Vor allem bei Anwesenheit von Wasser bildet sich auf ungeschützten Eisenteilen ein Rostüberzug. Dieser besteht aus rotem, wasserhaltigem Eisenoxid; er ist *porös* und *durchlässig* für Luft und Wasser. Daher kann ein Eisenblech durch weitere langsame Oxidation nach und nach durchrosten. Die langsame Zerstörung von metallischen Werkstoffen bezeichnet man als *Korrosion.*

Anders als Eisen bilden Metalle wie Aluminium, Zink und Chrom *zusammenhängende* Oxidschichten. Sie schützen das Metall vor weiterer Korrosion, indem sie den Zutritt von Luft und Wasser verhindern.

Um die Korrosion von Werkstücken aus Metallen zu verhindern, muss der Kontakt mit Sauerstoff und Wasser unterbunden werden. Dazu bringt man Lackschichten oder schützende Metallüberzüge auf.

Korrosionsvorgänge bei Metallen und die Stoffwechselvorgänge bei der Atmung sind langsam ablaufende Oxidationsreaktionen.

1 Beschreibe den Nachweis von Kohlenstoffdioxid.
2 Stelle das Reaktionsschema für die Oxidation des Nährstoffs Traubenzucker auf.
3 Erkläre das abgebildete Experiment zum Rosten von Eisen. Erläutere wie, hoch das Wasser maximal steigen kann.
4 Recherchiere Möglichkeiten des Rostschutzes.
5 Nenne Metallgegenstände aus Alltag und Technik, die durch Metallüberzüge geschützt sind.

Streichhölzer – eine zündende Idee

Exkurs

Wer das erste Streichholz erfunden hat, ist nicht bekannt. Viele tausend Jahre lang suchten die Menschen nach Hilfsmitteln, mit denen sie schnell und ungefährlich Feuer machen konnten. Bis zu den handlichen Streichholz-Päckchen, die es heute überall zu kaufen gibt, war es aber ein langer Weg voller Versuche – und verbrannter Finger.

Für lange Zeit spielte ein an Bäumen wachsender Pilz, der *Zunderschwamm*, eine wichtige Rolle. Dieser Pilz wurde mit einer Salpeterlösung getränkt und getrocknet, sodass er sich schon durch einen Funken entzünden ließ. Den Funken erzeugte man duch Anschlagen eines Feuersteins an Stahl. Der Zunder brannte jedoch nur glimmend. Eine Flamme erhielt man dann im zweiten Schritt: Man entzündete ein mit geschmolzenem Schwefel getränktes Holzstäbchen an dem glimmenden Zunder.

Zunderschwamm

In China wurden Zündhölzer dieser Art schon im 6. Jahrhundert von den Hausfrauen benutzt, um das Herdfeuer schnell und gefahrlos zu entzünden.

Vorläufer der heutigen Zündhölzer wurden in Europa ab 1785 bekannt: Man steckte kleine Holzstäbchen in ein Fläschchen, das eine Mischung mit dem giftigen und leicht entzündlichen weißen Phosphor enthielt. Zog man das mit Phosphor benetzte Hölzchen aus der Flasche, entzündete es sich an der Luft. Unkontrollierbare Brände und Unfälle waren bei diesem Verfahren immer wieder an der Tagesordnung.

Später entwickelte man Zündholzköpfe mit weißem Phosphor, bei denen durch Beimengungen verhindert wurde, dass sie sich selbst entzündeten. Sie wurden durch Reibung entzündet. Auch diese Streichhölzer waren gefährlich: Erstens, weil sie giftig waren und zweitens, weil sie sich an fast jeder Oberfläche durch Reibung anzünden ließen.

Die heute üblichen **Sicherheitszündhölzer** mit einer speziellen Reibfläche gehen auf eine Erfindung des schwedischen Chemikers Gustav Erik PASCH aus dem Jahr 1841 zurück.

Es war jedoch sehr schwierig, ein kostengünstiges Produktionsverfahren zu entwickeln. Deshalb vergingen weitere 40 Jahre, ehe Zündhölzer dieser Art als „Schwedenhölzer" weltweit berühmt wurden. PASCH setzte statt des gefährlichen weißen Phosphors den ungiftigen roten Phosphor ein. Zudem befindet sich der rote Phosphor nur auf der Reibefläche der Schachtel. Eine unbeabsichtigte Entzündung des Zündholzköpfchens wird dadurch ausgeschlossen.

Neben den Sicherheitszündhölzern gibt es auch die **Überall-Zündhölzer**, die sich an jedem Gegenstand entzünden lassen. Diese Zündhölzer kennt man aus vielen Western-Filmen: der Held entfacht das Zündholz mit lässiger Bewegung am Stiefel des niedergestreckten Gegners. Dass sie sich überall entzünden lassen, verdanken sie einer Beimischung eines sehr leicht entzündlichen Stoffs: Tetraphosphortrisulfid.

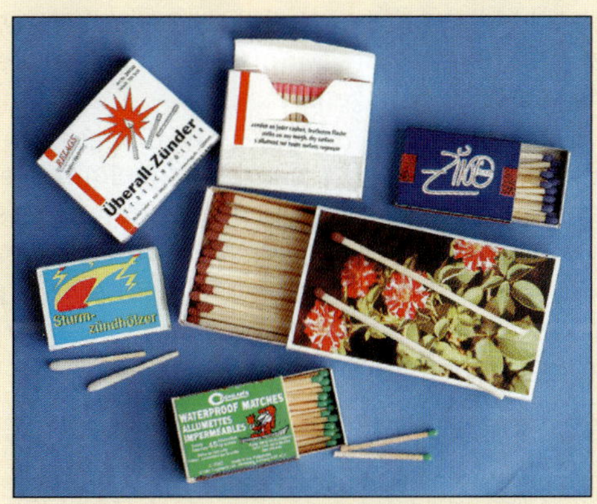

5.5 Von der Feuerstelle zur Zentralheizung

Unsere Vorfahren zündeten schon vor Tausenden von Jahren in ihren Höhlen Holzfeuer an, um sich daran zu wärmen und um wilde Tiere abzuschrecken. Das Feuer diente gleichzeitig auch der Zubereitung von Mahlzeiten. Nur mithilfe des Feuers ließen sich auch kalte Jahreszeiten überleben. Feuer schützte auch vor Dämonen. Das glaubten jedenfalls die alten Germanen und ließen darum ihr Feuer nie verlöschen.

Später bauten die Menschen Hütten mit festen Feuerstellen. Zum Kochen wurden große Kessel über das Feuer gehängt. Beim Verbrennen des Holzes entstand aber beißender Rauch. Deshalb ließen sie in der Wand oder im Dach der Hütte eine Öffnung, durch die der Rauch abziehen konnte.

Allmählich wurde dann die offene Feuerstelle durch einen Herd ersetzt. Die im Brennstoff enthaltene Energie konnte dadurch viel besser ausgenutzt werden. Außer Holz, Torf und Stroh konnte im Herd nun auch Kohle verbrannt werden. Ein eingebauter Wasserkessel hielt immer einen Vorrat an heißem Wasser bereit.

Heute ist es noch viel bequemer: Die Zentralheizungsanlage sorgt für eine warme Wohnung und liefert meist auch das warme Wasser für Küche und Bad. Man braucht nur noch das Heizungsventil oder den Warmwasserhahn zu öffnen.
Warme Mahlzeiten lassen sich jederzeit zubereiten, denn in jeder Küche stehen ein Elektroherd oder Gasherd sowie ein Mikrowellengerät, die man sofort einschalten kann.

Bei der Entwicklung vom Feuer in der Höhle bis zur Zentralheizung in unseren Wohnungen haben sich viele Veränderungen ergeben. Eines aber ist geblieben: Die Menschen brauchen zum Heizen einen Brennstoff, mit dem sie die gewünschte Wärme gewinnen können. Früher wurde Holz oder Kohle verbrannt; heute wird meist mit Erdgas oder Heizöl geheizt. Kohle wird heute hauptsächlich in Kraftwerken zur Stromerzeugung genutzt.

Brennstoffe werden *Energieträger* genannt. Bei der Verbrennung wird Wärme erzeugt. Man sagt auch: *Die in den Brennstoffen enthaltene Energie wird bei der Verbrennung in Wärme und teilweise auch in Licht umgewandelt. Die Verbrennung ist also eine Energieumwandlung.*

Bei der Verbrennung von Energieträgern wie Heizöl, Erdgas und Kohle wird die im Brennstoff enthaltene Energie in Wärme umgewandelt.

Feuerstellen ändern sich

1 Nenne Energieträger, aus denen durch Verbrennung Wärme erzeugt werden kann.

2 Gib verschiedene Arten von Heizungen an, die genutzt werden. Nenne ihre Vorteile und Nachteile.

3 Erkläre mithilfe der Abbildung, wie sich Heizen und Kochen im Laufe der Zeit verändert hat.

4 Erkundige dich zu Hause, wie hoch die Kosten für Heizung und warmes Wasser pro Jahr sind.

5.6 Verbrennung von Kohlenwasserstoff-Verbindungen

Bei vielen technischen Prozessen verbrennt man Stoffe, um die Verbrennungsprodukte zu gewinnen. Andere Stoffe werden verbrannt, um sie zu beseitigen. Dieser Gedanke steht bei der Müllverbrennung im Vordergrund. Im Alltag spielen Verbrennungsvorgänge noch aus einem anderen Grund eine wichtige Rolle: Sie dienen der *Wärmeerzeugung*. In Heizungsanlagen werden Brennstoffe wie Heizöl, Erdgas oder auch Kohle verbrannt, um die freigesetzte Wärmeenergie zu nutzen. Im Straßenverkehr verwendet man Brennstoffe wie Benzin, Diesel oder Erdgas und wandelt die chemische Energie in Bewegungsenergie um.

Fossile Brennstoffe. Erdöl und Erdgas sind in Millionen von Jahren aus winzigen, in tropischen Meeren lebenden Organismen entstanden. Diese Mikroorganismen sanken nach dem Absterben auf den Meeresgrund, wo sie unter Luftabschluss zersetzt wurden. Dabei bildeten sich Verbindungen, die im Wesentlichen aus den Elementen Kohlenstoff und Wasserstoff bestehen. Auch Kohle hat sich aus biologischem Material gebildet: Sie ist in Jahrmillionen aus tropischen Sumpfwäldern entstanden.
Weil sich die Brennstoffe Kohle, Erdöl und Erdgas aus abgestorbenen Lebewesen gebildet haben, bezeichnet man sie auch als *fossile Brennstoffe*.

Erdöl und Erdgas und die aus Erdöl hergestellten Treibstoffe wie Benzin und Diesel-Kraftstoff sind Kohlenstoff-Wasserstoff-Verbindungen. Die Chemiker sprechen bei solchen Verbindungen von **Kohlenwasserstoffen.** Sie gehören wie andere Stoffe, die von Organismen produziert werden, zu den *organischen Stoffen*.
Der Hauptbestandteil von Erdgas ist *Methan,* dessen Moleküle aus einem Kohlenstoff-Atom und vier Wasserstoff-Atomen aufgebaut sind. Ein typischer Bestandteil von Benzin ist *Octan*.

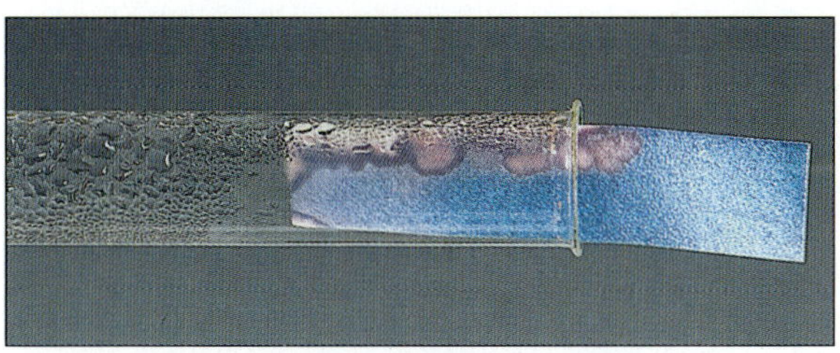

Nachweis von Wasser mit Cobaltchlorid-Papier

Verbrennung von fossilen Brennstoffen. Bei der Verbrennung werden Kohlenwasserstoff-Verbindungen mit Luftsauerstoff zu gasförmigen Produkten oxidiert. Leitet man die Verbrennungsgase eines Feuerzeugs oder einer Kerze in Kalkwasser ein, so beobachtet man eine Trübung. Dies ist ein *Nachweis für Kohlenstoffdioxid.*
An den kälteren Stellen der Apparatur bilden sich Tröpfchen. Wischt man diese mit blauem Cobaltchlorid-Papier ab, so färbt sich das Papier rosa. Diese Reaktion ist ein *Nachweis für Wasser.*
Bei der Oxidation von Kohlenwasserstoffen entstehen also Kohlenstoffdioxid und Wasser.

Die Verbrennung von fossilen Brennstoffen schafft eine Reihe ökologischer Probleme:

- Fossile Brennstoffe enthalten stets geringe Mengen an Schwefel-Verbindungen. Daher entsteht beim Verbrennen fossiler Brennstoffe auch *Schwefeldioxid*, das durch aufwändige Verfahren aus den Ausgangsstoffen oder aus den Verbrennungsprodukten entfernt werden muss.
- Bei hohen Verbrennungstemperaturen wird immer auch ein kleiner Teil des Luftstickstoffs oxidiert. Dabei bilden sich *Stickstoffoxide*, die ebenfalls aus den Abgasen entfernt werden. Dazu benötigt man eine aufwändige Katalysatortechnik.
- Ein ungelöstes Problem stellen die großen Mengen an Kohlenstoffdioxid dar, die bei der Verbrennung in die Atmosphäre gelangen. Sie verursachen möglicherweise gravierende Klimaveränderungen.

Fossile Brennstoffe enthalten Kohlenstoff-Wasserstoff-Verbindungen, die zur Energienutzung verbrannt werden. Dabei werden die Kohlenwasserstoffe durch Luftsauerstoff zu Kohlenstoffdioxid und Wasser oxidiert. Als Nebenprodukte treten Schwefeldioxid und Stickstoffoxide auf.

1 Gib an, wofür Verbrennungsvorgänge genutzt werden.

2 **a)** Formuliere das Reaktionsschema für die Verbrennung von Methan und Octan. Gib jeweils auch den Energieumsatz an.

b) Beschreibe, wie man die Reaktionsprodukte nachweisen kann.

3 Beschreibe die Entstehung fossiler Brennstoffe.

4 Recherchiere die weltweiten Vorkommen von Erdöl und Erdgas. Erstelle dazu eine Tabelle.

5 Bei der Förderung fossiler Brennstoffe können Umweltprobleme auftreten. Recherchiere dazu in deinem Erdkundebuch oder in einem Lexikon.

5.7 Nichtmetalloxide bilden saure Lösungen

Schwefel verbrennt und reagiert mit Wasser.

Genauso wie Kohlenstoff verbrennen auch die Nichtmetalle Schwefel und Phosphor, wenn man sie an der Luft erhitzt. Schwefel brennt mit blauer Flamme. Dabei entsteht *Schwefeldioxid,* ein farbloses, stechend riechendes, giftiges Gas:

Schwefel + Sauerstoff ⟶ Schwefeldioxid; exotherm

Neben Schwefeldioxid entsteht bei der Verbrennung in geringen Mengen auch *Schwefeltrioxid,* das sich als weißer Rauch bemerkbar macht:

Schwefel + Sauerstoff ⟶ Schwefeltrioxid; exotherm

Saure Lösungen. Leitet man die Verbrennungsprodukte des Schwefels in Wasser, so entsteht eine saure Lösung. Schwefeldioxid bildet mit Wasser *Schweflige Säure,* Schwefeltrioxid bildet *Schwefelsäure:*

Schwefeldioxid + Wasser ⟶ Schweflige Säure; exotherm

Schwefeltrioxid + Wasser ⟶ Schwefelsäure; exotherm

Phosphor verhält sich ganz ähnlich wie Schwefel. Er verbrennt an der Luft zu einem weißen Rauch von Phosphoroxid. Mit Wasser bildet sich daraus *Phosphorsäure.* Vergleicht man die Reaktionen miteinander, so ergibt sich das allgemeine Reaktionsschema:

Nichtmetalloxid + Wasser ⟶ Säure; exotherm

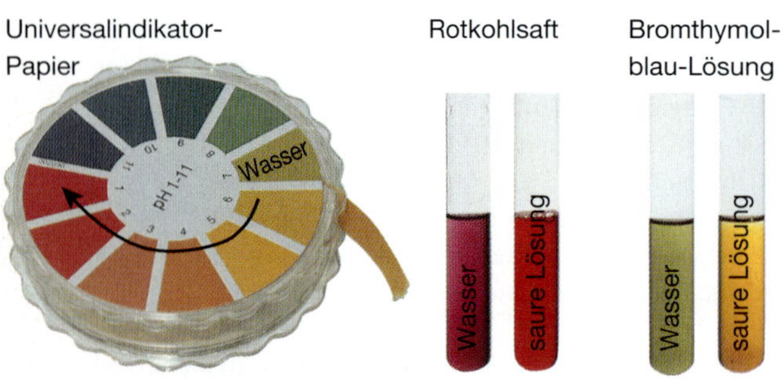

Indikatoren in saurer Lösung

Indikatoren. Wie kann man zeigen, dass die wässerigen Lösungen der Nichtmetalloxide saure Lösungen sind? Bei vielen Obstsorten verrät der saure Geschmack, dass die Früchte Säuren enthalten. Es ist jedoch sehr gefährlich, auch im Labor durch Geschmacksproben festzustellen, ob ein Stoff als Säure wirkt. Man verwendet deshalb *Indikatoren* (lat. *indicare:* anzeigen). Dabei handelt es sich um Farbstoffe, die in saurer Lösung ihre Farbe ändern. Tee oder Rotkohlsaft enthalten solche Farbstoffe. Sie werden heller, wenn man Zitronensaft oder Essig hinzufügt.
Die im Labor verwendete *Bromthymolblau-Lösung* zeigt in Wasser eine grüne Farbe, in saurer Lösung schlägt sie nach gelb um. *Universalindikator-Lösung* oder *Universalindikator-Papier* enthält ein Gemisch aus verschiedenen Indikatoren; eine gelborange bis rote Färbung zeigt an, dass eine Lösung sauer ist.

Saurer Regen. Wenn Kohle oder Erdölprodukte wie Benzin und Heizöl verbrannt werden, entsteht als Nebenprodukt auch Schwefeldioxid, denn Kohle und Erdöl enthalten immer einen kleinen Anteil an Schwefel-Verbindungen. Mit feuchter Luft reagiert Schwefeldioxid dann weiter zu Schwefelsäure; Regen kann deshalb relativ stark sauer sein.
Neben Schwefelsäure spielt auch *Salpetersäure* eine wesentliche Rolle: Bei hohen Verbrennungstemperaturen reagiert ein kleiner Teil des Luftstickstoffs mit Sauerstoff. Die dadurch gebildeten *Stickstoffoxide* werden wiederum an feuchter Luft in Salpetersäure überführt.
Die Belastung der Umwelt durch Stickstoffoxide wird hauptsächlich durch den Kraftfahrzeugverkehr verursacht, Schwefeldioxid dagegen stammt vor allem aus Kraftwerken. Durch Abgasreinigungsverfahren konnte bei uns die Bildung des sauren Regens in den letzten Jahren stark verringert werden.

Durch Reaktion von Nichtmetalloxiden mit Wasser entstehen Säuren, die man mit Indikatoren nachweisen kann.

1 Gib die Namen der Oxide an, die bei der Verbrennung von Schwefel und Phosphor entstehen.
2 Stelle jeweils das Reaktionsschema für die Bildung von Phosphorsäure und Salpetersäure auf.
3 Erdgas gilt als umweltfreundlicherer Brennstoff. Gib eine Begründung.
4 Recherchiere, welche Schäden durch den sauren Regen verursacht werden und welche Maßnahmen zur Lösung des Problems ergriffen wurden
5 *Experimentelle Hausaufgabe:* Gib zu Tee Zitronensaft; beobachte dabei die Farbe des Tees.

Chemie-Recherche

Location: http://www.schroedel.de/chemie_heute.html

Suche:

Spurengase in der Luft

Ergebnisse:

Steckbrief: Kohlenstoffdioxid
Vorkommen: zu 0,04 % in der Atmosphäre, entsteht bei der Verbrennung kohlenstoffhaltiger Brennstoffe sowie bei der Atmung und der Gärung
Eigenschaften: farbloses, geruchloses Gas, schwerer als Luft; nicht brennbar, löscht Feuer, gut wasserlöslich, wirkt erstickend; festes Kohlenstoffdioxid (Kohlensäureschnee, Trockeneis) sublimiert bei –78 °C
Verwendung: in Getränken (Sekt, Mineralwasser), zur Brandbekämpfung, Trockeneis zum Kühlen

Steckbrief: Kohlenstoffmonooxid
Vorkommen: entsteht bei unvollständiger Verbrennung kohlenstoffhaltiger Brennstoffe, so zum Beispiel in Heizungsanlagen und Verbrennungsmotoren
Eigenschaften: farbloses, geruchloses Gas, verbrennt mit blauer Flamme zu Kohlenstoffdioxid, wenig wasserlöslich, tödliches Atemgift
Verwendung: Rohstoff in der chemischen Industrie

Steckbrief: Stickstoffoxide
Stickstoffmonooxid: farbloses, giftiges Gas; entsteht bei der Oxidation von Stickstoff (zum Beispiel in Blitzen, in Kraftfahrzeug-Motoren, in der Glut von Zigaretten); reagiert mit Sauerstoff zu Stickstoffdioxid

Stickstoffdioxid: braunrotes, giftiges Gas; mit Wasser bildet sich eine saure Lösung
Verwendung: Herstellung von Salpetersäure (vor allem für die Produktion von Düngemitteln)

Steckbrief: Schwefeldioxid
Vorkommen: entsteht bei der Verbrennung von Schwefel und von schwefelhaltigen Brennstoffen
Eigenschaften: farbloses, stechend riechendes, giftiges Gas; gut löslich in Wasser, bildet dabei Schweflige Säure
Verwendung: Herstellung von Schwefelsäure; Bleichmittel für Papier und Stroh

Steckbrief: Ozon
Von Sauerstoff gibt es verschiedene Erscheinungsformen: In etwa 30 km Höhe wird durch die Sonneneinstrahlung aus normalem Luftsauerstoff Ozon gebildet.
Eigenschaften: farbloses Gas mit charakteristischem Geruch; noch reaktionsfähiger als Sauerstoff; zerfällt auch bei tiefen Temperaturen explosionsartig; Atemgift
Verwendung: Entkeimung von Trinkwasser und Wasser in Schwimmbädern

Ozon in der Stratosphäre (Ozonschicht):
In der Stratosphäre absorbiert Ozon die für Lebewesen schädlichen UV-Strahlen der Sonne und schützt die Organismen dadurch vor Strahlenschäden. In einem Kreisprozess werden durch UV-Licht Sauerstoff-Moleküle in Sauerstoff-Atome gespalten. Diese reagieren mit weiteren Sauerstoff-Molekülen zu Ozon-Molekülen. Unter Absorption von UV-Licht zerfallen Ozon-Moleküle wieder in Sauerstoff-Moleküle und Sauerstoff-Atome.

Ozon in Bodennähe (Sommersmog):
In Bodennähe bildet sich Ozon bei Einwirkung von intensiver Sonneneinstrahlung auf Stickstoffoxid-haltige Luft: Das aus Kraftfahrzeug-Abgasen stammende Stickstoffmonooxid reagiert sehr schnell mit dem Luftsauerstoff zu Stickstoffdioxid. Dieses wandelt den Sauerstoff in Ozon um, wenn UV-Licht der Sonne eingestrahlt wird. Es wird dabei selbst wieder zu Stickstoffmonooxid.

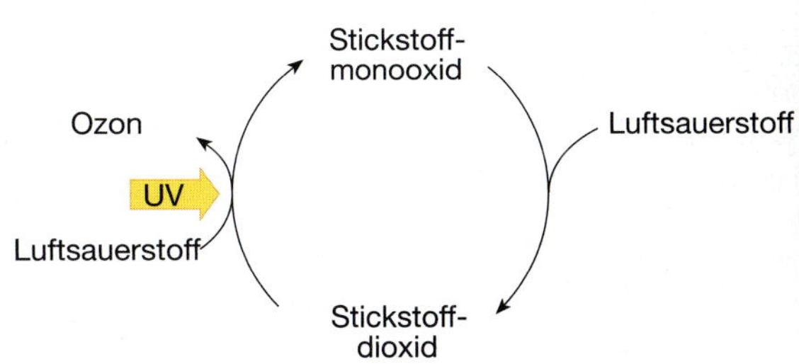

Projekt

Wir untersuchen die Luft

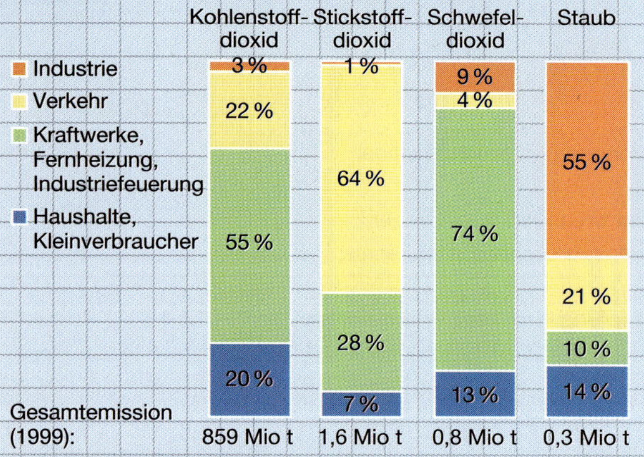

Quellen der Luftverschmutzung

Arbeitsaufträge:
Informiert euch, welche Qualität die Luft in eurer Stadt hat und welche Ursachen dafür verantwortlich sind.
Setzt euch mit der Behörde für Umweltschutz in Verbindung und erfragt, ob eure Vorstellungen von den Ursachen der Luftqualität mit denen der Behörde übereinstimmen.
Führt eine Befragung von Bürgern eurer Stadt zum gleichen Thema durch.
Stellt in einer Übersicht die Ergebnisse aus den drei Befragungen zusammen und vergleicht sie. Welche Schlussfolgerungen zieht ihr aus den Ergebnissen?

V1: Untersuchung der Staubbelastung

Materialien: Bechergläser, Klebefilm, Lupe oder Mikroskop.

Durchführung:
1. Spanne über ein Becherglas einen Klebefilmstreifen, sodass die Klebeseite nach oben zeigt.
2. Stelle mehrere so vorbereitete Gläser an ausgewählten Stellen 24 Stunden lang im Freien auf.

Aufgaben:
- ***a)*** Untersuche die auf dem Klebstreifen haftenden Staubkörner auf Menge, Größe und Form. Benutze dazu Mikroskop und Lupe.
- ***b)*** Trage die Ergebnisse in einen Stadtplan ein.
- ***c)*** Nenne mögliche Quellen für den Staub.
- ***d)*** Informiere dich über gesundheitsschädigende Wirkungen von Staub.

V2: Bestimmung giftiger Gase

Materialien: Gasspürgerät, Prüfröhrchen für Kohlenstoffmonooxid, Stickstoffdioxid und Schwefeldioxid.

Durchführung: Untersuche die Luft mit dem Gasspürgerät an ausgewählten Standorten in der Stadt. Beachte dabei die Gebrauchsanweisung des Herstellers.
Hinweis: Die Konzentrationsangabe erfolgt in der Einheit ppm (engl. *parts per million*). 1 ppm entspricht einem Teilchen pro einer Million Luft-Teilchen.

Aufgaben:
- ***a)*** Trage die Ergebnisse in einen Stadtplan ein.
- ***b)*** Gib an, welche Emissionsquellen für die verschiedenen Gase verantwortlich sind.
- ***c)*** Bestimme die Tageszeiten, an denen die Schadstoffwerte besonders hoch sind.

Arbeitsauftrag:
Es gibt sehr viele Verordnungen zum Bundes-Immissionsschutzgesetz.
Setzt euch mit dem Bezirksschornsteinfegermeister in Verbindung und lasst euch erklären, was man bei der Überprüfung von Heizungsanlagen beachten muss. Welche Verordnungen müssen berücksichtigt werden? Besorgt euch die Verordnungen in einer Bibliothek und sucht euch die Vorschriften heraus. Stellt eure Ergebnisse in einer Übersicht dar.

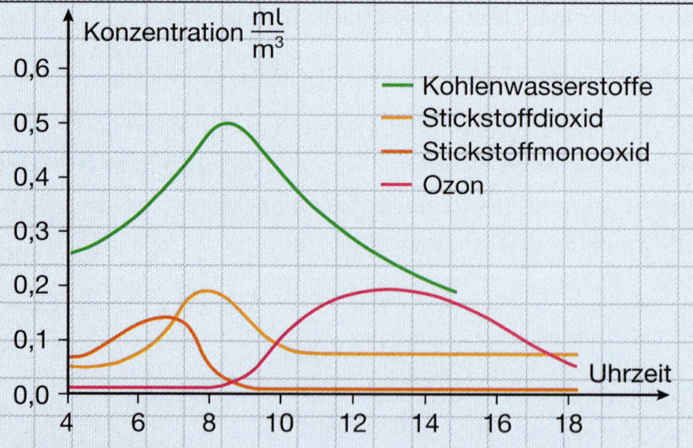

Arbeitsauftrag:
Beschreibe die Schadstoffbildung im Laufe eines Tages. Begründe das späte Auftreten des Ozons, für dessen Entstehung das UV-Licht nötig ist.

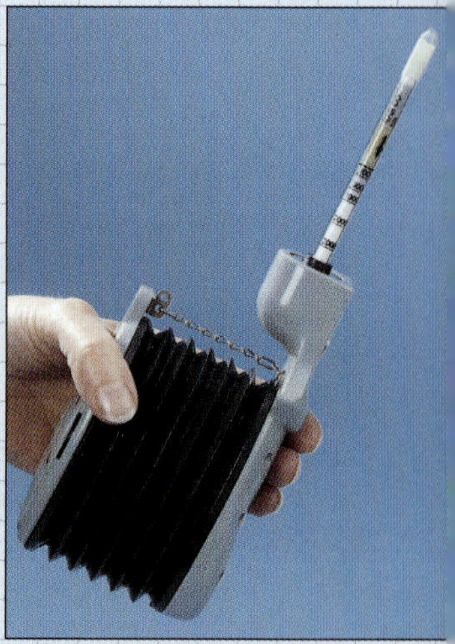

V3: Modellversuch zur Smog-Bildung

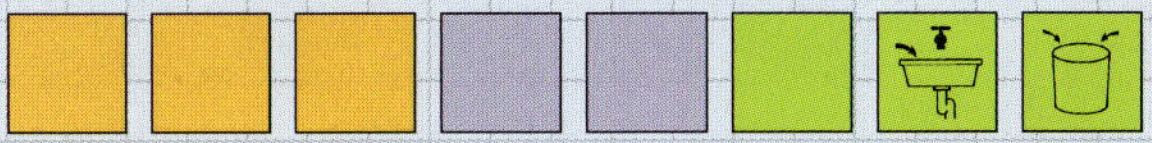

Materialien: Becherglas (2000 ml), Standzylinder (etwa 60 cm hoch), 3 Thermometer, Heizplatte, Eis/Kochsalz-Mischung, Räucherstäbchen.

Durchführung:

1. Befestige drei Thermometer in unterschiedlicher Höhe in dem Standzylinder.
2. Stelle den Standzylinder in ein Gemisch aus Eis und Kochsalz, sodass das untere Drittel gekühlt wird.
3. Zünde ein Stück eines Räucherstäbchens an und lege es auf den Boden des Standzylinders.
4. Wiederhole den Versuch mit dem Standzylinder auf einer Heizplatte.

Aufgabe: Trage die Temperaturen in Abhängigkeit von der Höhe in ein Diagramm ein. Beschreibe und erkläre die Verteilung des Rauchs im Standzylinder.

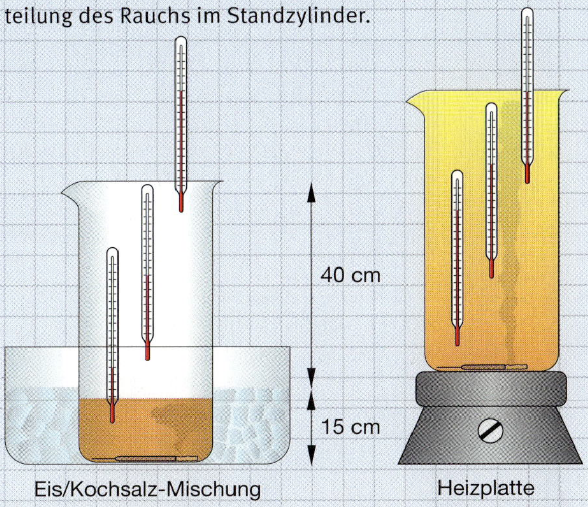

Emission: Abgabe von Stoffen aus Anlagen oder natürlichen Quellen in die Atmosphäre

Immission: Belastung der Luft durch Schadstoffe

MIK-Wert: **M**aximale **I**mmissions**k**onzentration

MAK-Wert: **M**aximale **A**rbeitsplatz**k**onzentration

Inversion: Wetterlage, bei der eine kalte Luftschicht am Boden durch eine warme Luftschicht überlagert wird. Die Grenze der Luftschichten wirkt als Sperrschicht, unter der sich die Abgase anreichern.

Smog: Mischung aus Abgasen (engl. *smoke:* Rauch) und Nebel (engl. *fog:* Nebel); verursacht Erkrankungen der Atemwege.

V4: Langzeitwirkung von Autoabgasen auf Pflanzen

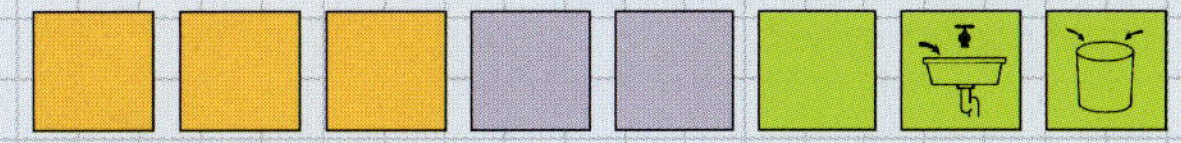

Materialien: Aquarium, Glasplatte, 3 Petrischalen, Watte; Kressesamen, Plastikbeutel, Natriumhydrogensulfit-Lösung.

Durchführung:

1. Ziehe Kressekeimlinge in zwei Petrischalen auf feuchter Watte heran.

Wirkung von Autoabgasen:

1. Fülle einen Plastikbeutel mit Autoabgasen.
2. Lege den Plastikbeutel und eine Petrischale mit Keimlingen in das Aquarium. Öffne den Beutel und decke das Aquarium mit der Glasplatte ab.

Aufgabe: Protokolliere während einer Woche täglich deine Beobachtungen.

Wirkung von Schwefeldioxid:

1. Stelle eine Petrischale mit Keimlingen neben eine offene Petrischale mit Natriumhydrogensulfit-Lösung in das Aquarium und decke es mit der Glasplatte ab.

Aufgabe: Protokolliere während einer Woche täglich deine Beobachtungen.

Schadstoff	Staub	Kohlenstoffmonooxid	Stickstoffoxide	Schwefeldioxid
allgemeine Regelung	50	–	600	450
feste Brennstoffe	50	250	550	450
flüssige Brennstoffe	50	175	450	400
gasförmige Brennstoffe	5	100	380	35

Grenzwerte für Emissionen aus Feuerungsanlagen mit einer Leistung von mehr als 50 MW (in $\frac{mg}{m^3}$)

Arbeitsaufträge:

1. Erkundigt euch bei einem Lungenfacharzt über Erkrankungen der Atemwege, die auf Luftverunreinigungen zurückzuführen sind.
2. Organisiert einen Besuch bei einem Förster mit dem Ziel, euch über Waldschäden und ihre Ursachen zu informieren.
3. Erkundet ein Kraftwerk und informiert euch über die Einrichtungen und Maßnahmen zur Luftreinhaltung.

5.8 Brandentstehung – Brandbekämpfung

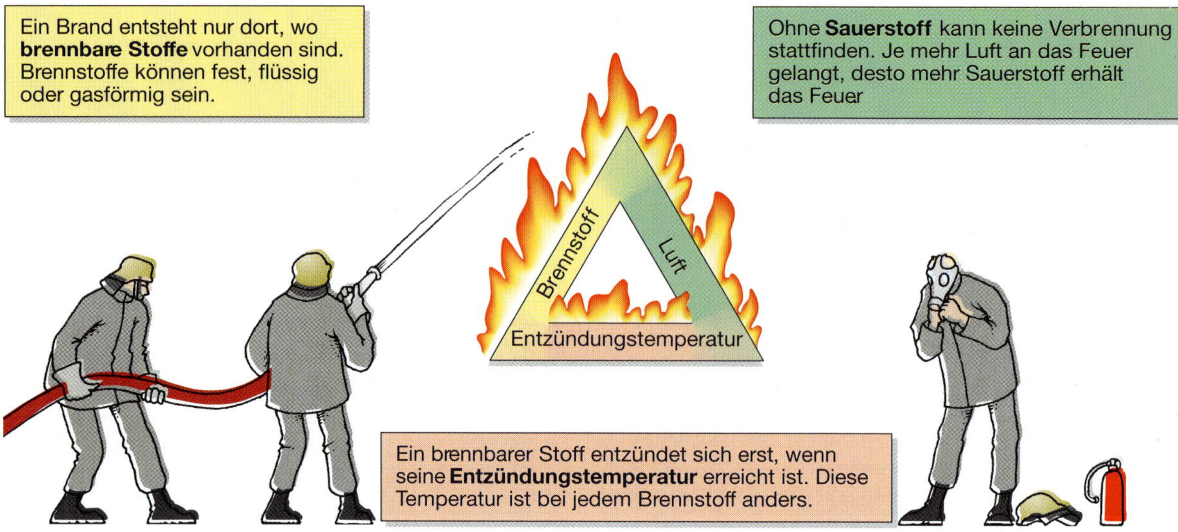

Voraussetzungen für die Entstehung von Bränden

Damit ein Brand entstehen kann, müssen mehrere Voraussetzungen gleichzeitig erfüllt sein. Ganz ähnlich wie beim Entzünden eines Feuers muss neben einem *brennbaren Stoff* auch genügend *Sauerstoff* vorhanden sein. Überdies muss zunächst die *Entzündungstemperatur* erreicht werden.

Brennbare Stoffe. Bei den brennbaren Stoffen kann es sich um feste, um flüssige oder auch um gasförmige Stoffe handeln. Zu den brandgefährdeten Stoffen gehören neben Holz, Papier und Kohle auch Kunststoffe und Textilien sowie trockenes Laub und Stroh. Von den zahlreichen brennbaren Flüssigkeiten spielen bei Bränden nur die häufig verwendeten Produkte wie Benzin, Spiritus, Pflanzenöle und Erdöl eine wesentliche Rolle. Die wichtigsten brennbaren Gase sind Wasserstoff und Erdgas.

Sauerstoff. Die Luft ist ein Gasgemisch, das zu einem Fünftel Sauerstoff enthält. Dieses Gas ist lebensnotwendig für die Atmung aller Lebewesen. Ohne Sauerstoff gäbe es aber auch keine Brände.
Holz muss einige Zeit erhitzt werden, ehe es zu brennen beginnt. Genau gesehen, brennt gar nicht das Holz selbst, es sind vielmehr Dämpfe, die durch die Zersetzung von Holz bei hoher Temperatur entstehen. Die Brandgefahr hängt auch vom *Zerteilungsgrad* der brennbaren Stoffe ab: Je stärker das Brennmaterial zerkleinert und verteilt ist, desto leichter entflammt es. Bei staubfein in Luft verteilten Stoffen kann schon ein Funke eine explosionsartige Verbrennung auslösen. Mehlstaubexplosionen in Getreidemühlen sind ein Beispiel dafür.

Mehlstaub wirkte wie 20 Tonnen Sprengstoff

SSV, 9.2.79: Meterweit geschleuderte Gesteinsbrocken, eingestürzte Hauswände, hunderte von eingedrückten Fensterscheiben, dichter Qualm und Brandgeruch, so sah noch 14 Stunden nach dem verheerenden Explosionsunglück die Umgebung der Bremer Rolandmühle am Holz- und Fabrikhafen aus. Die schwerste Explosion, die nach Kriegsende in der Hansestadt zu verzeichnen war, hat wahrscheinlich 14 Todesopfer gefordert.

Mehlstaubexplosion zerstört eine Mühle

Brandbekämpfung. Bei der Brandbekämpfung arbeiten alle Feuerwehren dieser Welt nach den gleichen Prinzipien: Sie versuchen eine oder mehrere der drei Voraussetzungen für einen Brand zu beseitigen.

Das wichtigste Hilfsmittel ist Löschwasser, das über die Pumpen der Einsatzfahrzeuge mit hohem Druck in die Flammen gespritzt wird. Die Löschwirkung beruht hauptsächlich auf einer starken Abkühlung des Brandherdes. Die Temperatur des brennenden Materials wird schließlich so weit erniedrigt, dass sie unterhalb der Entzündungstemperatur liegt.
Nach dem gleichen Prinzip kann ein kleines Feuer bereits durch einen Luftzug gelöscht werden, ähnlich wie beim Ausblasen einer Kerze.

Ein Brand kann auch bekämpft werden, indem man den Zutritt von Frischluft und damit die Zufuhr von Sauerstoff verhindert. So kann ein kleines Lagerfeuer einfach gelöscht werden, indem es mit Sand abgedeckt wird. Ganz ähnlich wirken auch die meisten Handfeuerlöscher: Das unbrennbare Gas Kohlenstoffdioxid oder ein Löschpulver wird unter hohem Druck auf den Brandherd geleitet. Brennendes Öl löscht die Feuerwehr mit Löschschaum. Das Feuer erstickt, da der Schaum den Zutritt von Frischluft verhindert.

Die Bekämpfung von Bränden wird vielfach unterstützt, indem man brennbares Material beseitigt. So reißen Feuerwehrleute bei Wohnungsbränden brennende Möbelstücke heraus und werfen sie nach draußen, um sie dort zu löschen. Bei Waldbränden werden Brandschneisen in den Wald geschlagen, um so die Ausbreitung des Brandes zu verhindern. Ein ausbrechender Waldbrand kann dann nicht so leicht auf den benachbarten Bereich überspringen.

Ein Feuer kann nur dann entstehen, wenn neben einem brennbaren Stoff auch Sauerstoff vorhanden ist. Außerdem muss die erforderliche Entzündungstemperatur erreicht werden.
Ein Brand kann nur dann gelöscht werden, wenn entweder der Brennstoff entfernt, der Sauerstoffzutritt verhindert oder die Entzündungstemperatur des Brennstoffes unterschritten wird.

1 Erläutere die Bedingungen eines Brandes mit deinem Wissen über chemische Reaktionen.
2 Nenne je zwei Beispiele für feste, für flüssige und für gasförmige Stoffe, die brennbar sind.
3 **a)** Erkläre die einzelnen Schritte bis zum Entzünden eines Lagerfeuers.
b) Beschreibe mehrere Möglichkeiten, ein Lagerfeuer zu löschen.
4 Informiere dich über die Ursachen der Entstehung von Waldbränden. Leite daraus geeignete Schutzmaßnahmen zur Vermeidung von Waldbränden ab.
5 Modernes Isoliermaterial verhindert fast jeden Luftzug an Fenstern und Türen. Wenn in einer gut isolierten Wohnung ein Kaminfeuer betrieben wird, muss an einer Tür ein Lüftungsschlitz sein. Begründe diese Vorschrift.
6 Beim Erhitzen von Pflanzenöl auf dem Herd ist das Öl in Brand geraten. Nenne geeignete Maßnahmen, um das Feuer zu löschen.
7 In einem Kohlekraftwerk wird die Kohle zuerst fein gemahlen, bevor sie verbrannt wird. Begründe das Verfahren.
8 Dem Erdgas wird von den Gasversorgern ein Geruchsstoff zugemischt, damit das geruchlose Gas sich mit der Nase wahrnehmen lässt.
Leite Verhaltensregeln für den Fall ab, dass man den typischen Gasgeruch bemerkt.

Brandschneise

Kühlung durch Wasser

Löschschaum

5.9 Feuerlöscher

Kleinere Brände löscht man mit Handfeuerlöschern, vorausgesetzt, man ist mit ihrer Handhabung vertraut.
Im Falle eines Brandes wird der Feuerlöscher aus der Halterung entnommen und in der Nähe des Brandherdes sicher aufgestellt. Anschließend zieht man den Sicherungssplint heraus, richtet die Sprüheinrichtung auf die Brandstelle und öffnet das Ventil. Da die Füllmenge des Feuerlöschers nur für kurze Zeit ausreicht, sollte ein zweiter Löscher bereitgestellt werden. Nach dem Einsatz ist der Feuerlöscher durch einen neuen zu ersetzen, selbst wenn er nicht vollständig entleert wurde.
Man verwendet *Nasslöscher, Kohlenstoffdioxidschnee-Löscher, Trockenlöscher* oder *Schaumlöscher.* Dabei muss man prüfen, ob der Löscher für den jeweiligen Brand geeignet ist. Kennbuchstaben weisen auf die verschiedenen Brandklassen hin:
A steht für brennbare feste Stoffe,
B für brennbare Flüssigkeiten,
C für brennbare Gase und
D für brennbare Metalle.

Feuerlöscher, auf denen die Brandklassen A, B und C angegeben sind, eignen sich zum Löschen von brennbaren Feststoffen, Flüssigkeiten und Gasen. Bekommt man einen Brand nicht selbst unter Kontrolle, muss die Feuerwehr gerufen werden.

Kleinere Brände können durch den Einsatz geeigneter Handfeuerlöscher bekämpft werden.

1 Gib an, in welchen Brandfällen ein Feuerlöscher eingesetzt werden kann, der die Buchstaben A, B und C trägt.
2 Beschreibe für den Nass- und den Schaumlöscher, nach welchem Prinzip der Brand gelöscht wird.
3 Feuerlöscher dürfen nicht auf Menschen gerichtet werden. Begründe diese Vorschrift und gib an, wie brennenden Menschen geholfen werden kann.

Feuerlöscher im Vergleich

Ein **Nasslöscher** enthält Wasser als Löschmittel. Nach Abziehen des Sicherungsstiftes und Druck auf den Hebel öffnet sich im Innern des Löschers eine Patrone mit komprimiertem Kohlenstoffdioxid-Gas. Durch den Druck des frei werdenden Gases wird das Löschwasser durch eine Düse gespritzt. Nasslöscher eignen sich zum Löschen einfacher Brände. Vorsicht jedoch bei brennenden elektrischen Anlagen! Es besteht die Gefahr, dass man einen elektrischen Schlag erhält.

In dem Druckbehälter eines **Kohlenstoffdioxidschnee-Löschers** (auch Kohlensäureschnee-Löscher genannt) befindet sich flüssiges Kohlenstoffdioxid. Nach dem Öffnen der Schneebrause entweicht es, kühlt sich dabei schlagartig sehr stark ab und erstarrt. So entsteht Kohlenstoffdioxidschnee mit einer Temperatur von unter –78-°C, der die brennenden Gegenstände stark abkühlt. Außerdem bildet sich Kohlenstoffdioxid-Gas, das die Sauerstoffzufuhr unterbindet.

Trockenlöscher enthalten Natriumhydrogencarbonat (Natron) als Löschpulver. In der Hitze gibt diese Verbindung Kohlenstoffdioxid ab, das sich über den Brandherd legt und das Feuer erstickt. Da keine Flüssigkeit vorhanden ist, eignen sich diese Löscher besonders dann, wenn elektrische Anlagen oder Autos brennen.

Schaumlöscher setzt man bei Kraftstoff-, Öl- und Fettbränden ein. Durch eine chemische Reaktion zwischen Aluminiumhydrogensulfat und Natriumhydrogencarbonat (Natron) entstehen bei diesem Löscher-Typ Kohlenstoffdioxid-Bläschen, die das Löschmittel aufschäumen. Der zähe Schaum überzieht den Brandherd, kühlt ihn ab und hält den Sauerstoff fern. Bei einer Notlandung von Flugzeugen wird oft ein solcher Schaumteppich gelegt, um einem Brand vorzubeugen.

Brandbekämpfung

V1: Möglichkeiten der Brandbekämpfung

Materialien: Tondreieck, Metalltiegel mit Deckel, Dreifuß, Gasbrenner, Becherglas (weit), Tiegelzange;
Paraffin, Sand.

Durchführung:

1. Gib eine erbsengroße Menge Paraffin in den Metalltiegel und erhitze ihn ohne Deckel, bis das Paraffin zu brennen beginnt. Stelle den Brenner dann beiseite.
2. Nimm den Deckel mit der Tiegelzange und verschließe den Tiegel vorsichtig. Hebe den Deckel nach wenigen Sekunden wieder ab. Wiederhole diesen Vorgang mehrfach.
3. Fülle das Becherglas mit ein wenig kaltem Wasser. Bringe das Paraffin im offenen Tiegel erneut zum Brennen und stelle den Tiegel vorsichtig in das Becherglas, ohne dass Wasser in den Tiegel gelangen kann.
4. Erhitze das Paraffin, bis es sich erneut entzündet. Stelle den Brenner beiseite und gib vorsichtig etwas Sand in den Tiegel.

Aufgaben:

a) Notiere deine Beobachtungen.
b) Nenne die verschiedenen Löschmöglichkeiten, die in den Versuchen genutzt werden.

V2: Wie funktioniert ein Schaumlöscher?

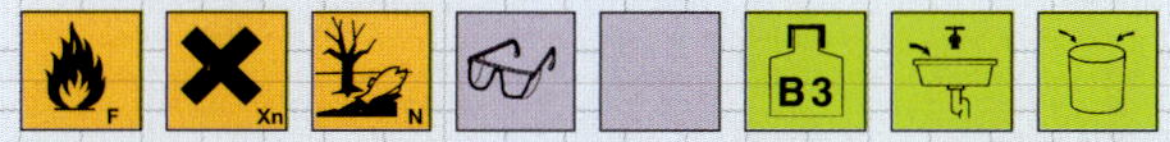

Materialien: Becherglas (200-ml), feuerfeste Unterlage, Porzellanschale, Tropfpipette;
Holzspan, Heptan (F, Xn, N; B3), Natriumhydrogencarbonat (Natron), Natriumhydrogensulfat, Spülmittel.

Durchführung:

1. Entzünde den Holzspan auf der feuerfesten Unterlage. Stelle das Becherglas neben den Span und gib schnell je einen Teelöffel Natriumhydrogencarbonat, Natriumhydrogensulfat und Spülmittel hinein.
2. Entzünde fünf Tropfen Heptan in der Porzellanschale. Wiederhole den Löschversuch.

Aufgaben:

a) Notiere deine Beobachtungen.
b) Erläutere die Wirkung des Schaumlöschers.
Erkläre, warum er auch für Benzinbrände geeignet ist.

V3: Wie funktioniert ein Trockenlöscher?

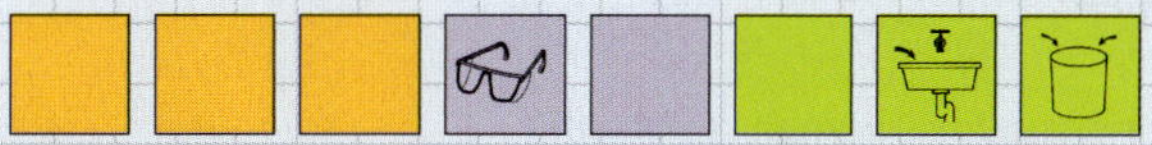

Materialien: durchbohrter Stopfen, Gasableitungsrohr, Becherglas, feuerfeste Unterlage, Gasbrenner, Holzspan;
Natriumhydrogencarbonat, Teelicht.

Durchführung:

1. Baue die Apparatur zusammen und erhitze etwas Natriumhydrogencarbonat im Reagenzglas.
2. Leite das entstehende Gas auf die brennende Kerze.
3. Entzünde den Holzspan und lege ihn auf die feuerfeste Unterlage.
Streue fein pulverisiertes Natriumhydrogencarbonat darüber.

Aufgaben:

a) Notiere deine Beobachtungen.
b) Erkläre die Wirkung des Löschpulvers.
c) Gib an, für welche Art von Bränden dieser Löscher einsetzbar ist.

Hinweise zum Verhalten bei Gasgeruch

Erdgas und Stadtgas bilden mit Luft explosive Gemische. Dank eines beigemischten Duftstoffes riecht das Gas aber so intensiv, dass selbst kleinste Mengen wahrgenommen werden. Schlägt also die Nase Alarm, so ist das noch kein Grund zu Panik! Stattdessen gilt:

Ruhe bewahren und folgende Punkte beachten:

1. Keine Flammen – keine Funken!
Kein Feuer, keine Zigaretten; Lichtschalter und Telefon nicht benutzen!
2. Fenster auf!
Erdgas und Stadtgas sind leichter als Luft und steigen nach oben.
3. Gashahn zu!
Gashähne und Haupthahn schließen!
4. Mitbewohner warnen!
Klopfen – nicht Klingeln!
5. Gaswerk anrufen!
Ein Telefon außerhalb des Hauses nutzen!

Chemie-Recherche

Location: http://www.schroedel.de/chemie_heute.html

Suche:

Hilfe – es brennt!

Ergebnisse:

→ **Rauchmelder warnen rechtzeitig**

Bei Wohnungsbränden sind es meist nicht die Flammen, die das Leben der Bewohner bedrohen, sondern die giftigen Rauchgase, die während der Schwelbrandphase entstehen.

Fast alle Brandopfer sind an den Folgen einer Rauchvergiftung durch die geruchlosen Gase Kohlenstoffmonooxid und Kohlenstoffdioxid gestorben – schon wenige Lungenfüllungen Kohlenstoffmonooxid sind tödlich. Die Menschen werden oft im Schlaf von Bränden überrascht. Innerhalb von Minuten kann Rauchgas Bewusstlosigkeit verursachen. Rauchmelder schlagen Alarm, bevor es lebensgefährlich wird.

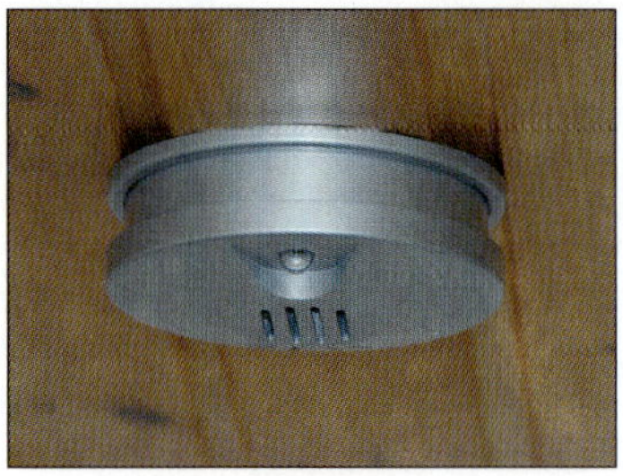

→ **Alamierung der Feuerwehr**

Notrufnummer **112** anrufen und folgende Angaben machen:

Wer meldet?	… (Namen, Adresse)
Wo brennt es?	… (Ort, Straße, Hausnummer)
Was brennt?	… (Feuer, Unfall)
Wie ist die Situation?	… (Verletzte Personen)
Warten auf Rückfragen!	… (Was sagt der Feuerwehrmann?)

→ **Löschdecke**

Brennt die Kleidung eines Menschen, müssen die Flammen schnellstens erstickt werden. Mit einer Löschdecke aus schwer entflammbaren Textilien oder einer normalen Decke kann die brennende Kleidung gelöscht werden. Wenn keine Löschdecke zur Verfügung steht, können die Flammen auch durch Wälzen auf dem Boden erstickt werden.

→ **Löschwasserschlauch – Feuerlöscher**

Der Schlauch ist schon angeschlossen und sofort einsatzbreit. Der Feuerlöscher ist das wichtigste Gerät zur sofortigen Bekämpfung von Bränden.

→ **Flucht- und Rettungsplan**

Flucht- und Rettungspläne in Gebäuden geben für den Gefahrfall Auskunft über das richtige Verhalten und die Flucht ins Freie. Gleichzeitig bekommt man eine Übersicht über vorhandene Hilfsmittel wie Feuerlöscher, Löschdecken oder Tragen. Flucht- und Rettungspläne sollen immer für alle gut sichtbar angebracht werden.

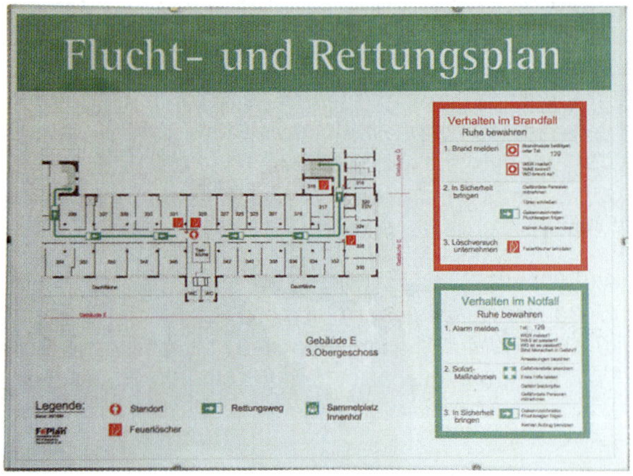

→ **Fluchtweg – Notausgang**

„Da geht's lang!" – Gibt im Notfall den kürzesten und sichersten Weg aus einem Gebäude an. Fluchtwege dürfen nicht verstellt oder von innen verschlossen werden.

Luft – Chemie der Verbrennung

1. Luft

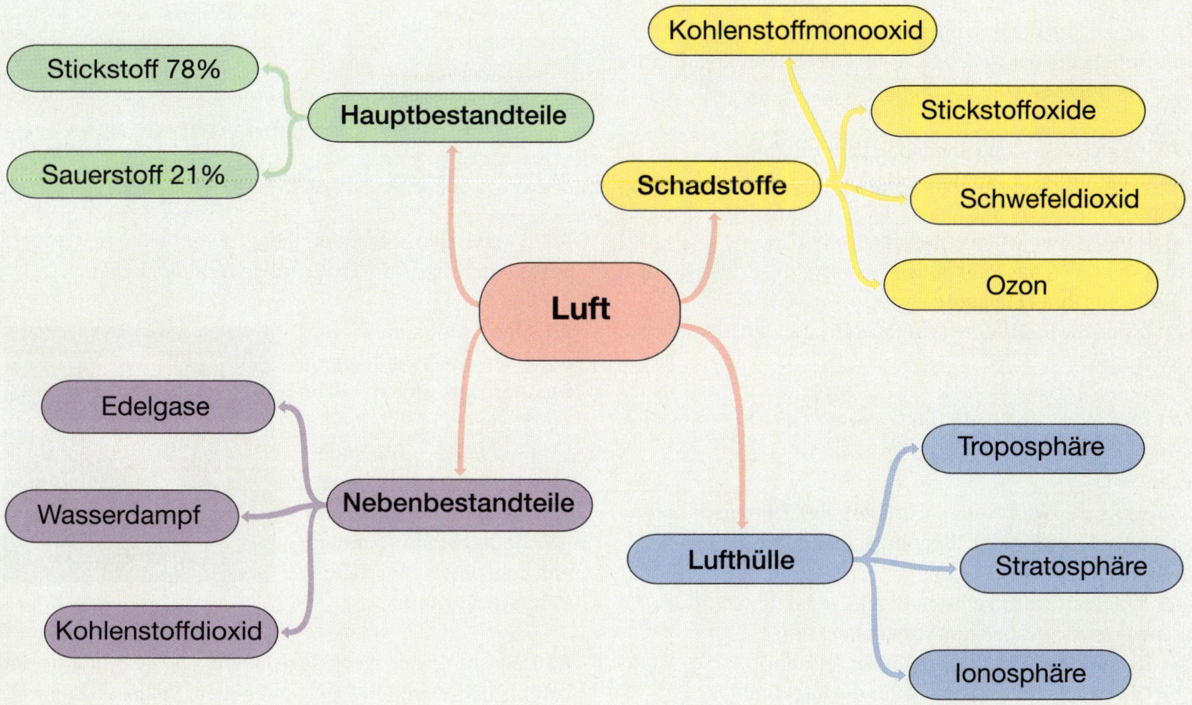

2. Reaktionen mit Luft

- in den allermeisten Fällen Reaktionen mit Sauerstoff (Oxidationen)
- Dabei bilden sich Oxide.

3. Nachweisreaktionen

Sauerstoff (O_2):
Ein glimmender Holzspan flammt in Sauerstoff auf (Glimmspanprobe).

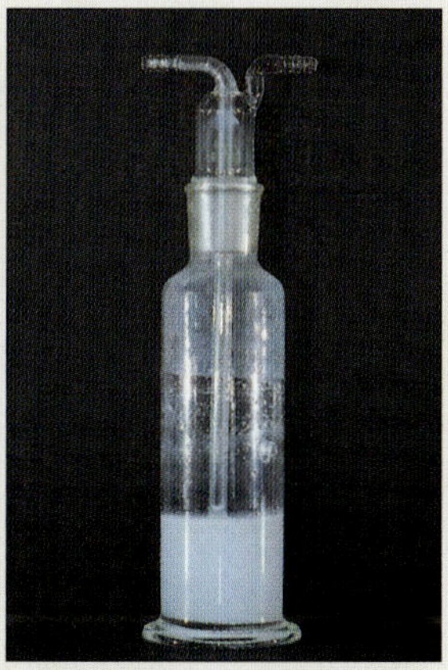

Kohlenstoffdioxid (CO_2):
Kohlenstoffdioxid bildet mit mit Kalkwasser eine weiße Trübung.

4. Voraussetzungen für einen Brand

- Brennbarer Stoff
- Genügend Sauerstoff
- Erreichen der Zündtemperatur

5. Löschen eines Brandes

- Entfernen der Brennstoffe
- Unterbinden der Sauerstoffzufuhr
- Abkühlen unter die Zündtemperatur

6. Löschmittel

- Wasser
- Sand
- Löschdecke
- Handfeuerlöscher

7. Fossile Brennstoffe

Bei der Verbrennung von fossilen Brennstoffen wie Kohle, Erdgas oder Heizöl wird die im Brennstoff enthaltene Energie in Wärme umgewandelt. Dabei entstehen überwiegend Kohlenstoffdioxid und Wasser. Als Nebenprodukte treten Schwefeldioxid und Stickstoffoxide auf.

Prüfe dein Wissen

Quiz

A1 a) Erkläre die Begriffe des Fensters.
b) Notiere auf der Vorderseite von Karteikarten den Begriff, auf der Rückseite die Erklärung.

A2 Gegeben sind die folgenden Verbindungen: Kohlenstoffdioxid, Kohlenstoffmonooxid, Schwefeldioxid, Kupferoxid, Eisenoxid
a) Nenne Gemeinsamkeiten der Stoffe.
b) Gib jeweils das Reaktionsschema für die Bildung dieser Stoffe aus ihren Elementen an.
c) Ordne die Stoffe den Metalloxiden bzw. den Nichtmetalloxiden zu.

A3 Definiere den Begriff „Indikatoren" und beschreibe ihre Funkionsweise.

A4 Luftsauerstoff kann nicht mit der Glimmspanprobe nachgewiesen werden. Begründe.

A5 Calcium wird verbrannt. Das Reaktionsprodukt ist schwerer als das Calcium vor der Reaktion.
a) Begründe die Richtigkeit dieser Aussage.
b) Gib das Reaktionsschema für die Reaktion an.
c) Gib den Reaktionstyp an.

Know-how

A6 Axel versucht mit einem Zündholz Holzkohle zu entzünden. Begründe, warum ihm das nicht gelingen kann. Nenne Möglichkeiten, die Holzkohle zu entzünden.

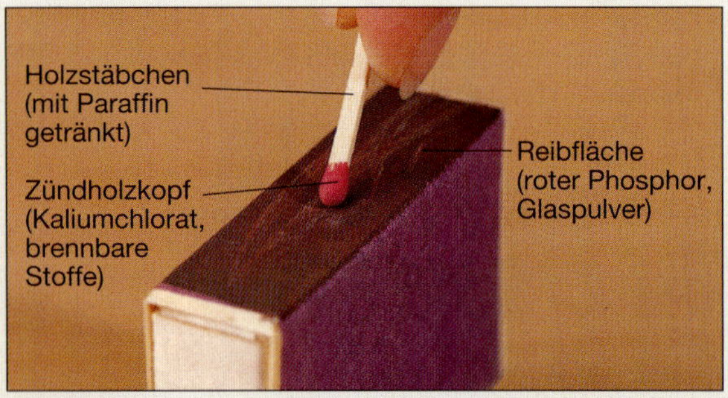

A7 Die Zündmasse eines Zündholzkopfes enthält unter anderem Kaliumchlorat als Sauerstoffspender.
a) Beschreibe die Vorgänge, die sich abspielen, wenn man mit dem Zündholzkopf über die Reibfläche streicht, bis das Streichholz entflammt.
b) Erläutere, warum das Holz mit Paraffin getränkt ist.

Die wichtigsten Begriffe

- Zusammensetzung der Luft
- Sauerstoff
- Stickstoff
- Oxide
- saure Lösung
- Indikator
- Luftschadstoffe
- Rauchgasreinigung
- Brandentstehung
- Brandbekämpfung

Natur – Mensch – Technik

A8 Erkläre den Zusammenhang zwischen dem Einsatz eines Katalysators im PKW und dem sauren Regen.

A9 Eine Glühlampe wird an einer Stelle mit einem Brenner stark erhitzt, bis an der Stelle ein Loch entsteht. Eine zweite Glühlampe bleibt unverändert. Danach werden beide Lampen eingeschaltet. Stelle Vermutungen über die zu erwartenden Beobachtungen an.

A10 Bei normaler Wetterlage nimmt die Temperatur der Luft bis in 400 m Höhe gleichmäßig ab. Bei Inversionswetterlage besteht die dargestellte Temperaturverteilung.

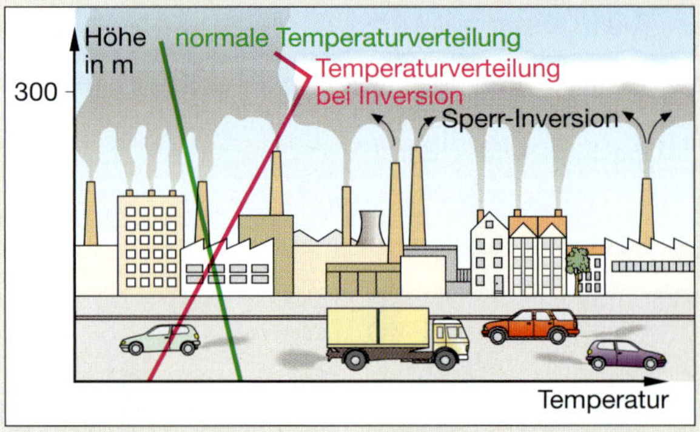

a) Erkläre, warum der Luftaustausch in Bodennähe behindert ist.
b) Nenne geeignete Maßnahmen, mit deren Hilfe die schädlichen Auswirkungen einer solchen Wetterlage minimiert werden können.

A11 Erläutere die folgenden Brandschutzmaßnahmen:
a) Brennbare Materialien dürfen nicht in der Nähe eines Ofens gelagert werden.
b) Eingeschaltete Bügeleisen müssen auf eine nicht brennbare Unterlage oder hochkant abgestellt werden.
c) An Tankstellen und in Farblagern ist das Rauchen und die Benutzung von offenem Feuer verboten.

A13 Pflanzen verbessern die Luft

Joseph PRIESTLEY (1733 – 1804) hatte neben Theologie und alten Sprachen auch Naturwissenschaften studiert. Danach arbeitete er als Prediger und gleichzeitig als Lehrer an einer Handelsschule. Er fand neben seiner Berufstätigkeit immer wieder die Zeit, sich mit naturwissenschaftlichen Fragestellungen zu beschäftigen. Seit den siebziger Jahren des 18. Jahrhunderts hatte er sich ausführlich mit den Eigenschaften der Luft beschäftigt. Zu seinen besonderen Verdiensten gehört die Isolierung des Sauerstoffs im Jahre 1774. Er erhielt das Gas beim Erhitzen von Quecksilberoxid. Er erkannte jedoch noch nicht, dass er damit ein Element entdeckt hatte.
Im Rahmen seiner Untersuchungen führte er aufwendige Versuchsreihen zur Zusammensetzung der Luft durch. Dabei experimentierte er auch mit Tieren und Pflanzen, um festzustellen, wie sich unter ihrem Einfluss die Zusammensetzung der Luft verändert.

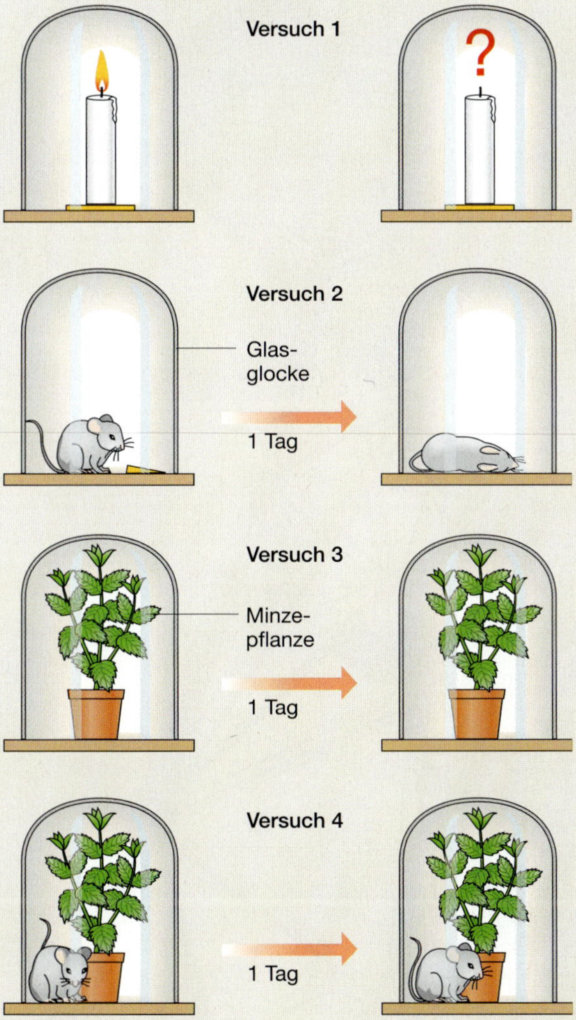

a) Begründe, warum die Kerze unter der Glasglocke nach einiger Zeit erlischt.
b) Beschreibe die dargestellte Versuchsreihe von PRIESTLEY mit Mäusen und Minzepflanzen und erkläre ihr Ergebnis.
c) Gib an, welcher der Versuche 2 bis 4 dem Kerzenversuch entspricht. Zeige jeweils Gemeinsamkeiten auf, erläutere die einzelnen Unterschiede. Begründe Gemeinsamkeiten und Unterschiede.
d) Mit einer Einwegspritze werden aus dem Gasraum zu Beginn und nach Abschluss eines jeden Versuchs Gasproben entnommen. Das Gas jeder Probe wird einzeln über ein Glasrohr in Kalkwasser geleitet.
Stelle für jeden Einzelfall Vermutungen über die zu erwartenden Beobachtungen an. Begründe deine Erwartungen.
e) Mit einem Gasspürgerät kann man die Konzentrationen von Gasen messen. Mit einem solchen Gerät werden die Konzentrationen von Stickstoff und von Sauerstoff im Gasraum aller Versuche bestimmt.
Welche Messwerte wird man jeweils zu Beginn und nach Abschluss eines jeden Versuchs erhalten? Mache deine Angaben in Prozent. Begründe deine Vermutungen.
f) Der Kerzenversuch und das ihm entsprechende PRIESTLEY-Experiment werden wie folgt geändert: Die Bodenplatte unter der Glasglocke schwimmt auf Quecksilber oder einer anderen Sperrflüssigkeit, in der sich keines der beteiligten Gase löst.
Gib an, welche Beobachtungen man bei den einzelnen Versuchen machen wird. Begründe deine Vermutungen.
g) Beschreibe den Einfluss auf den Ablauf der einzelnen Versuche, wenn man eine Versuchsanordnung ähnlich in f), aber mit Wasser als Sperrflüssigkeit verwenden würde?
Entwickle ein Experiment, das deine Vermutung bestätigen oder widerlegen kann.

6 Vom Oxid zum Element

Vor rund 6000 Jahren entwickelten erstmals Menschen Verfahren, Metalle zu bearbeiten und zu nutzen: Aus Gold und Silber wurde Schmuck hergestellt, Kupfer wurde für Werkzeuge verwendet. Bald verdrängte die Bronze, eine Legierung aus Kupfer und Zinn, das Kupfer, denn sie ist weitaus härter.
Vor etwa 2000 Jahren begann die Eisenzeit und sie ist noch längst nicht zu Ende. Eisen und der daraus gewonnene Stahl ermöglichten aufgrund ihrer Härte und Festigkeit bis dahin ungeahnte Konstruktionen, die zu Wahrzeichen vieler Städte wurden. Neben dem Eiffelturm in Paris und der Golden Gate Bridge in San Fransisco gehört dazu auch der 1926 errichtete Berliner Funkturm.

Ursprünglich war der 150 Meter hohe und 600 Tonnen schwere Funkturm ein reiner Sendemast. Am 22. März 1935 wurde von seiner Spitze aus das erste reguläre Fernsehprogramm der Welt abgestrahlt. Mit der später ergänzten Aussichtsplattform und dem Restaurant ist er heute eine wichtige Touristenattraktion.

Zentrale Fragen:
- Welche Eigenschaften bestimmen die Nutzung von Metallen und Legierungen?
- Auf welche Weise werden Metalle aus ihren Erzen gewonnen?
- Welche Reaktionen laufen im Hochofen ab?

6.1 Gewinnung von Metallen

Kupfer kommt in der Natur nur selten als Element vor. Meist ist es an Sauerstoff oder Schwefel gebunden. Solche natürlich vorkommenden Verbindungen bezeichnet man als **Mineralien.** Mineralien mit besonders hohem Metallgehalt nennt man Erze. Ein bekanntes Kupfererz ist Kupferkies, eine Verbindung aus Kupfer, Eisen und Schwefel.

Gewinnung von Kupfer. Um aus Kupfererzen das Metall zu gewinnen, muss es von seinen Bindungspartnern Sauerstoff beziehungsweise Schwefel getrennt werden. Oxidische Kupfererze werden bei hohen Temperaturen in Kupfer überführt. In einer exothermen Reaktion entstehen metallisches Kupfer und Kohlenstoffdioxid, das als Gas entweicht. Sulfidische Kupfererze müssen zuerst an der Luft erhitzt werden, man sagt, sie werden „geröstet“. Dabei bilden sich Schwefeldioxid und Kupferoxid, das dann zum Metall reduziert wird.

Die Umsetzung von Erzen mit Kohlenstoff war bereits im Altertum bekannt. Man füllte das Erz zusammen mit Holzkohle in Erdmulden. Um die erforderliche Reaktionstemperatur zu erreichen, wurde die Holzkohle entzündet. Dann blies man mithilfe von Blasebälgen Luft in das Gemisch.

Bronze. Kupfer ist ein verhältnismäßig weiches Metall; es nutzt sich als Werkstoff schnell ab. Deshalb verwendete man sehr bald einen wesentlich härteren Werkstoff für Waffen und Werkzeuge: die Bronze. Diese Legierung (lat. *ligare:* verbinden) besteht aus 90 % Kupfer und 10 % Zinn. Die Technik der Gewinnung und Verarbeitung von Metallen hatte vor vier Jahrtausenden im alten Ägypten einen hohen technologischen Stand erreicht. Das beweisen bis heute erhaltene Bronzegüsse aus Gräbern.

Eisen. Die frühesten Funde von eisernen Gebrauchsgegenständen stammen ebenfalls aus Ägypten. Sie gehen auf das 4. Jahrtausend vor unserer Zeitrechnung zurück, also in eine Zeit, die noch weit vor der Bronzezeit liegt. Diese Fundstücke bestehen aus *Meteoreisen,* einem Material, das im wahrsten Sinne vom Himmel fällt. Die Ägypter haben das Material wahrscheinlich einfach eingesammelt und daraus Eisenperlen für Schmuck hergestellt.

Erst als es gelang, in *Schachtöfen* sehr hohe Temperaturen zu erzeugen, konnte man Eisen aus Eisenerzen durch eine Reaktion mit Holzkohle gewinnen. Nachweislich wurden südlich des Kaukasus schon 1500 v. Chr. größere Mengen an Eisen hergestellt. Das neue Metall machte Karriere, denn es war dem Kupfer und der Bronze in vielen Eigenschaften überlegen. Auch in unserer Zeit wird Eisen in *Hochöfen* aus Eisenerzen durch Umsetzung mit Kohlenstoff gewonnen. Die *Eisenzeit* ist also noch längst nicht zu Ende.

Wichtige Gebrauchsmetalle werden aus Metalloxiden gewonnen. Sulfidische Erze werden zunächst in Oxide überführt und dann mit Kohlenstoff zum Metall reduziert.

1 Definiere den Begriff „Erz“.

2 **a)** Beschreibe die Gewinnung von Kupfer aus sulfidischen Kupfererzen.

b) Schlage im Atlas nach, an welchen Standorten in Europa Kupfererze abgebaut werden.

3 Aus Zinkoxid kann Zink hergestellt werden. Als Reaktionspartner verwendet man Kohlenstoff.

a) Stelle das Reaktionsschema auf.

b) Kennzeichne Oxidations- und Reduktionsmittel.

4 Beschreibe die Vorgänge in der Abbildung.

Metallverarbeitung: Bronzeguss im alten Ägypten (1450 v. Chr.)

6.2 Eigenschaften der Metalle

Metalle sind auch heute die wichtigsten Werkstoffe. Mit ihren typischen Eigenschaften sind sie aus unserem Leben nicht mehr wegzudenken.

Glatte Metall-Oberflächen reflektieren das Licht fast vollständig. Dadurch erscheinen polierte Flächen der meisten Metalle silbrig glänzend. Man spricht vom *metallischen Glanz.*

Beim Anlegen einer elektrischen Spannung leiten Metalle den Strom. Ein besonders guter *elektrischer Leiter* ist Kupfer; die meisten elektrischen Leitungen bestehen daher aus Kupfer-Drähten.

Metalle sind außerdem gute *Wärmeleiter,* sie werden daher zur Herstellung von Kochtöpfen und Heizkörpern verwendet.

Metalle unterscheiden sich in ihrer *Härte* und *Verformbarkeit.* Natrium kann mit dem Messer geschnitten werden, Kupfer ist erst durch Hammerschläge plastisch verformbar.

Abgesehen von Quecksilber, das bereits bei Raumtemperatur flüssig ist, schmelzen die meisten Metalle erst bei höheren Temperaturen. Die *Schmelztemperatur* des Eisens beträgt 1535 °C, Zink schmilzt bereits bei 420 °C.

Die *Siedetemperaturen* der Metalle liegen ebenfalls relativ hoch. So siedet Zink bei 907 °C, Eisen bei 2750 °C und Platin sogar erst bei 3825 °C.

Nach ihrer unterschiedlichen Dichte werden die Metalle in *Leichtmetalle* und *Schwermetalle* eingeteilt. Leichtmetalle haben eine Dichte unter $5\frac{g}{cm^3}$. Die bekanntesten Leichtmetalle sind Aluminium und Magnesium, sie spielen beispielsweise im Flugzeugbau eine wichtige Rolle. Zu den Schwermetallen gehören Eisen, Kupfer und Blei. Die Metalle mit der höchsten Dichte sind Iridium ($\varrho = 22{,}4\frac{g}{cm^3}$) und Osmium ($\varrho = 22{,}5\frac{g}{cm^3}$). Platin-Legierungen dieser beiden harten und korrosionsbeständigen Metalle werden in speziellen elektrischen Kontakten und in Zündkerzen für Flugzeugmotoren eingesetzt. Auch das Urkilogramm besteht aus einer Platin/Iridium-Legierung.

Die meisten Metalle sind Stoffe mit charakteristischem Glanz und relativ hohen Schmelztemperaturen und Siedetemperaturen. Sie sind plastisch verformbar, leiten den elektrischen Strom und die Wärme.

1 Nenne wichtige Eigenschaften der Metalle.
2 Stelle mithilfe von Nachschlagewerken in einer Tabelle die Schmelztemperaturen und Siedetemperaturen von Magnesium, Aluminium, Zinn, Kupfer, Silber, Gold und Quecksilber zusammen.
3 Nenne Beispiele für die Verwendung von Kupfer.
4 Nenne Unterschiede zwischen Aluminium und Blei.

Exkurs

Euromünzen

In den frühesten Kulturen wurde Ware gegen Ware getauscht. Als der Handel zunahm, einigte man sich auf bestimmte Wert- und Tauschverhältnisse. So dienten etwa Tiere, Waffen oder Schmuck als Tauschmittel. Gold, Silber und Kupfer gewannen im Laufe der Zeit immer mehr an Bedeutung. Etwa im 7. Jahrhundert vor unserer Zeitrechnung wurden in Kleinasien erste Edelmetallmünzen geprägt. Man achtete darauf, dass Metallwert und Münzwert übereinstimmten.

Heute sind Münzen nur noch staatlich anerkannte Wertmarken. Wichtig ist ihre Kreditwürdigkeit: Die Münze kann gegen entsprechend wertvolle Gegenstände oder Dienstleistungen eingetauscht werden. Der Materialwert heutiger Münzen liegt weit unter ihrem Handelswert.

Am häufigsten stellt man Münzen heute aus Kupfer, Zink, Nickel und Eisen her.

Die 50-Cent-Münze besteht aus einer Legierung von 89 % Kupfer, 5 % Aluminium, 5 % Zink und 1 % Zinn. Aus dem gleichen Legierungsmaterial werden die 10-Cent-Münzen sowie die 20-Cent-Münzen hergestellt. Die 1-, 2- und 5-Cent-Münzen bestehen aus Stahl mit einer dünnen Kupferauflage. Bei den Bicolor-Münzen (1 Euro und 2 Euro) wird nickelhaltiges Messing mit einer Kupfer/Nickel-Legierung kombiniert. Der Kern beider Münzen besteht aus reinem Nickel. Betrügereien werden dadurch erschwert: Ein Münzautomat nimmt nur solche Münzen, die aufgrund der eingeschlossenen Nickelschicht magnetisch sind.

Eigenschaften der Metalle

V1: Untersuchung der elektrischen Leitfähigkeit

Materialien: Spannungsquelle, Verbindungskabel, Krokodilklemmen, Strommessgerät;
Proben: Kupferdraht, Kunststoffstreifen, Eisendraht, Holzspan, Pappstreifen, Silberdraht, Glasstab, Porzellanlöffel, Graphitstab.

Durchführung:
1. Baue einen einfachen Stromkreis nach der Abbildung auf.
2. Schalte den Strom ein und untersuche, ob die Proben der genannten Stoffe den elektrischen Strom leiten.

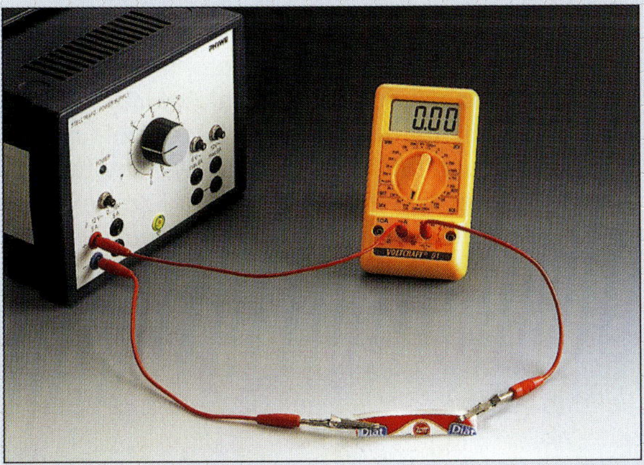

Aufgaben:
a) Notiere deine Beobachtungen.
b) Nenne die Stoffe, die den elektrischen Strom leiten.
c) Gib an, welche Proben zur Stoffgruppe der Metalle gehören.

V2: Bestimmung der Dichte von Kupfer und von Aluminium

Materialien: Waage, Messzylinder (100 ml);
Proben: Kupfer, Aluminium.

Durchführung:
1. Fülle den Messzylinder mit genau 50 ml Wasser.
2. Wiege die Kupfer-Probe.
3. Gib die Kupfer-Probe vorsichtig in den Messzylinder und lies den Wasserstand ab.
4. Wiederhole den Versuch mit der Aluminium-Probe.

Aufgaben:
a) Berechne die Dichte von Kupfer und von Aluminium.
b) Gib an, welches der Metalle ein Leichtmetall ist. Begründe deine Antwort.

V3: Untersuchung der Wärmeleitfähigkeit

Materialien: Gasbrenner;
Kupferstab, Porzellanstab, Eisennagel, Glasstab, feuerfeste Unterlage.

Durchführung:
1. Halte den Kupferstab in die Brennerflamme. Lege ihn auf die feuerfeste Unterlage, wenn er in der Hand zu heiß wird.
2. Wiederhole den Versuch mit den Stäben aus Glas und Porzellan sowie mit dem Eisennagel.

Aufgabe: Vergleiche die Wärmeleitfähigkeit der untersuchten Stoffe.

V4: Untersuchung von metallischem Glanz, Härte und Magnetismus

Materialien: feines Schmirgelpapier , Magnet;
Aluminiumblech, Zinkblech, Eisennagel.

Durchführung:
1. Schmirgele die Bleche von Aluminium und Zink blank.
2. Ritze die Bleche von Aluminium und Zink mit dem Eisennagel.
3. Überprüfe, welches der drei Metalle magnetische Eigenschaften besitzt.

Aufgabe: Beschreibe deine Beobachtungen

A1: Übertrage die Tabelle in dein Heft und ergänze sie für folgende Metalle: Blei, Eisen, Gold, Kupfer, Magnesium, Quecksilber, Silber, Zink, Zinn.

Name des Metalls	Farbe	Eigenschaften	Verwendung
Aluminium	silberweiß	geringe Dichte, elektrisch leitend	Flugzeugbau, Fahrzeugbau
Platin	grau	Edelmetall, chemisch beständig	hochwertige Laborgeräte

6.3 Reduktion – Redoxreaktion

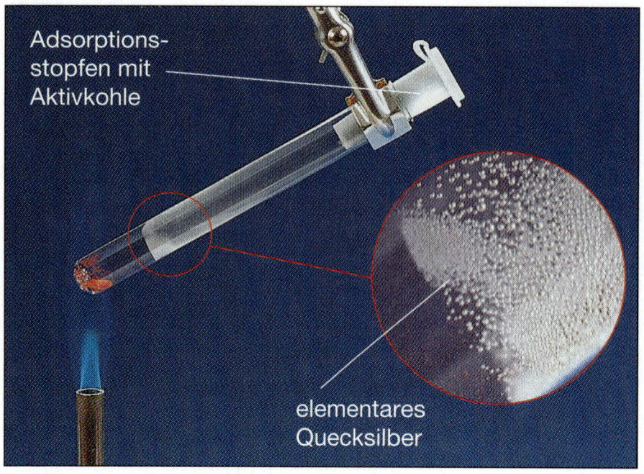

Spaltung von Quecksilberoxid

Reduktion von Kupferoxid mit Kohlenstoff

Viele Metalle reagieren mit Sauerstoff. Dabei entsteht das jeweilige Metalloxid. Ein Beispiel ist die *Oxidation* von Quecksilber zu rotem Quecksilberoxid unter Abgabe von Energie:

Quecksilber + Sauerstoff ⟶ Quecksilberoxid; exotherm

Reduktion. Erhitzt man eine Probe von Quecksilberoxid, so wird die Verbindung in metallisches Quecksilber und Sauerstoff gespalten. Eine solche chemische Reaktion, bei der aus einem Oxid Sauerstoff abgespalten wird, bezeichnet man als *Reduktion* (lat. *reducere:* zurückführen). Die Reduktion ist also die Umkehrung der Oxidation. Dabei wird Energie aufgenommen.

Quecksilberoxid ⟶ Quecksilber + Sauerstoff; endotherm

Redoxreaktion. Aus Kupferoxid lässt sich der Sauerstoff nicht durch Erhitzen abspalten. Man kann die Verbindung jedoch durch eine Reaktion mit Kohlenstoff zu Kupfer reduzieren. Der Kohlenstoff nimmt dabei den Sauerstoff auf; er wird zu Kohlenstoffdioxid oxidiert. Bei dieser Teilreaktion wird so viel Energie frei, dass die Gesamtreaktion exotherm verläuft. Zusammenfassend spricht man in der Chemie bei einer solchen Reaktion von einer *Redoxreaktion.* Die Silbe *Red* deutet auf den *Red*uktionsvorgang hin, die Silbe *Ox* auf den *Ox*idationsvorgang. In einer Redoxreaktion laufen Reduktion und Oxidation also gleichzeitig ab.

Oxidation (Kohlenstoff ⟶ Kohlenstoffdioxid)

Kupferoxid + Kohlenstoff ⟶ Kupfer + Kohlenstoffdioxid; exotherm

Reduktion (Kupferoxid ⟶ Kupfer)

Theorie

Die Redoxreaktion im Teilchenmodell

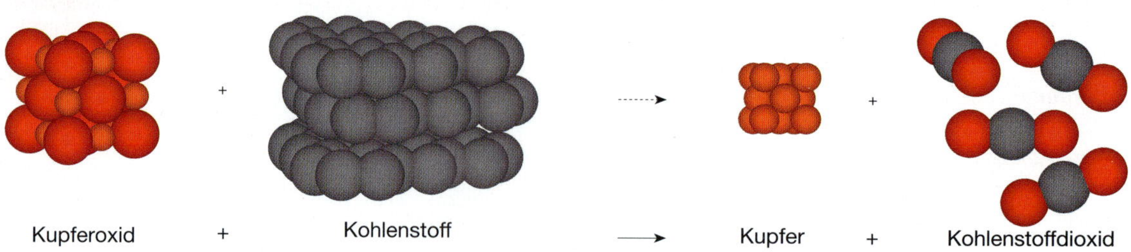

Kupferoxid besteht aus Kupfer-Atomen und Sauerstoff-Atomen. Kohlenstoff ist nur aus Kohlenstoff-Atomen aufgebaut. Bei der Reaktion zwischen Kupferoxid und Kohlenstoff werden Kupfer-Atome und Sauerstoff-Atome getrennt. Die Sauerstoff-Atome verbinden sich mit den Kohlenstoff#-Atomen zu Kohlenstoffdioxid-Molekülen.

Reduktion von Eisenoxid durch Aluminium: a) Laborversuch, b) Verschweißen von Eisenbahnschienen

Oxidationsmittel und Reduktionsmittel. Kupferoxid reagiert mit Eisen in einer Redoxreaktion zu Kupfer und Eisenoxid. Dabei gibt Kupferoxid Sauerstoff ab, es wird zu Kupfer reduziert. Eisen nimmt Sauerstoff auf, es wird zu Eisenoxid oxidiert.
Stoffe wie Kupferoxid, die Sauerstoff an andere Stoffe abgeben, werden allgemein als *Oxidationsmittel* bezeichnet. Stoffe wie Eisen, die anderen Stoffen den Sauerstoff entreißen, bezeichnet man als *Reduktionsmittel.*

Kupferoxid + Eisen ⟶
Kupfer + Eisenoxid; exotherm

Oxidations-mittel **Reduktions-mittel**

Bei einer Redoxreaktion wird der Sauerstoff von einem Oxidationsmittel auf ein Reduktionsmittel übertragen. Das Oxidationsmittel wird dabei reduziert, das Reduktionsmittel wird oxidiert.

Wer reduziert wen? Eisen reduziert Kupferoxid. Umgekehrt kann Kupfer jedoch Eisenoxid nicht reduzieren. Man sagt, Eisen ist ein stärkeres Reduktionsmittel als Kupfer. Die Reduktion von Eisenoxid gelingt dagegen mit Aluminium. Aluminium ist also ein stärkeres Reduktionsmittel als Eisen. Ein Vergleich zwischen verschiedenen Metallen ergibt eine Rangfolge der Reduktionswirkung.
Man spricht dabei allgemein von der **Redoxreihe der Metalle:**

Magnesium	Aluminium	Zink	Eisen	Blei	Kupfer	Silber	Quecksilber	Gold
unedle Metalle								edle Metalle

stark — Reduktionswirkung — schwach

In der Redoxreihe stehen links starke Reduktionsmittel. Dazu gehören Magnesium, Aluminium und Eisen. Diese Metalle liefern bei der Umsetzung mit Sauerstoff viel Energie, sie werden leicht oxidiert. Solche Metalle bezeichnet man als **unedle Metalle.** Im Gegensatz dazu haben Silber, Gold und Platin praktisch keine Reduktionswirkung. Diese Metalle, die rechts in der Redoxreihe stehen, sind als **Edelmetalle** bekannt. Sie werden an der Luft nicht oxidiert.

Thermit-Verfahren. In der Technik nutzt man die Redoxreaktion von Aluminium mit Eisenoxid zum Verschweißen von Schienen. Hierzu füllt man das *Thermit-Gemisch,* eine Mischung aus Aluminiumgrieß und Eisenoxid, in ein feuerfestes Gefäß und zündet es mithilfe eines Zündstabes. In einer stark exothermen Reaktion bilden sich flüssiges Eisen und Aluminiumoxid. Aufgrund der höheren Dichte sinkt das Eisen in der Schmelze nach unten. Es fließt aus einem Loch im Boden in den Spalt zwischen den Schienen und verschweißt sie.

Eine chemische Reaktion, bei der einem Oxid Sauerstoff entzogen wird, nennt man Reduktion. In Redoxreaktionen laufen Oxidation und Reduktion gleichzeitig ab. Nach der Stärke ihres Reduktionsvermögens ordnet man die Metalle in der Redoxreihe.

1 Nenne einige unedle und einige edle Metalle.
2 Zink reagiert mit Silberoxid.
a) Stelle das Reaktionsschema auf.
b) Ordne die Begriffe Oxidation, Reduktion, Oxidationsmittel und Reduktionsmittel zu.
3 Um Zinkoxid zu Zink zu reduzieren, stehen die Metalle Magnesium und Eisen zur Verfügung. Nenne das Metall, das geeignet ist. Begründe deine Antwort.

6.4 Vom Eisenerz zum Roheisen

Die wichtigsten Eisenerze sind **Magneteisenstein** (Magnetit) und **Roteisenstein** (Hämatit). Sie enthalten bis zu 70 % Eisen. Weitere Bestandteile sind Verbindungen von Mangan, Schwefel und Phosphor. Außerdem enthalten Erze mehr oder weniger „taubes“ Gestein, die *Gangart*.

Eisenerze werden im **Hochofen** zu Roheisen verarbeitet. Als Reduktionsmittel benutzt man *Koks,* dabei handelt es sich um Kohlenstoff.
Zusätzlich werden *Kalkstein* und andere Zuschläge eingesetzt. Aus den Zuschlägen und der Gangart bildet sich eine leicht abtrennbare Schlacke. Daraus werden Mauersteine für die Bauindustrie und Hochofenzement hergestellt.

Aufbau eines Hochofens. Moderne Hochöfen sind bis zu 40 Meter hoch und haben einen Durchmesser von etwa 10 Metern. Die Wände bestehen aus dickem, hitzebeständigem Mauerwerk, das von einem Stahlmantel umgeben ist. Im Hochofen herrschen Temperaturen von bis 2000 °C. Ständig fließen große Kühlwassermengen durch die äußeren Wandungen, um Wärme abzuführen. Ein Hochofen benötigt rund 100 000 m^3 Kühlwasser täglich, das entspricht dem Wasserbedarf einer Großstadt mit etwa 350 000 Einwohnern.

Arbeitsweise des Hochofens. Der Hochofen wird von oben mit einem Gemisch aus Eisenerz, Zuschlägen und Koks gefüllt („beschickt“). Im unteren Teil wird Heißluft mit hohem Druck eingeblasen. Dort verbrennt der Koks mit dem Luftsauerstoff. Die Temperatur nimmt von unten nach oben ab, denn die Verbrennungsgase geben einen Teil ihrer Energie an die Feststoffe ab. In mittlerer Höhe des Hochofens wird das Eisenoxid zu Roheisen reduziert. Die Gase verlassen den Hochofen am oberen Abschluss, der **Gicht.** Dieses Gichtgas besitzt noch eine Temperatur von rund 200 °C.
Im unteren Teil des Hochofens sammeln sich Schlacke und Roheisen getrennt an. Da die Dichte der Schlacke geringer ist als die des Roheisens, schwimmt die Schlacke auf dem Roheisen. Dadurch können beide Stoffe einzeln entnommen werden.

Winderhitzer. Das Gichtgas strömt in einen Winderhitzer. Dort werden die im Gichtgas enthaltenen brennbaren Bestandteile verbrannt. Die frei werdende Energie wird von feuerfesten Steinen aufgenommen und gespeichert. Anschließend wird frische Kaltluft („Wind“) eingeblasen und durch die glühenden Steine auf 1000–1300 °C erwärmt. Die Heißluft wird durch mehrere Düsen in den unteren Teil des Hochofens geleitet.

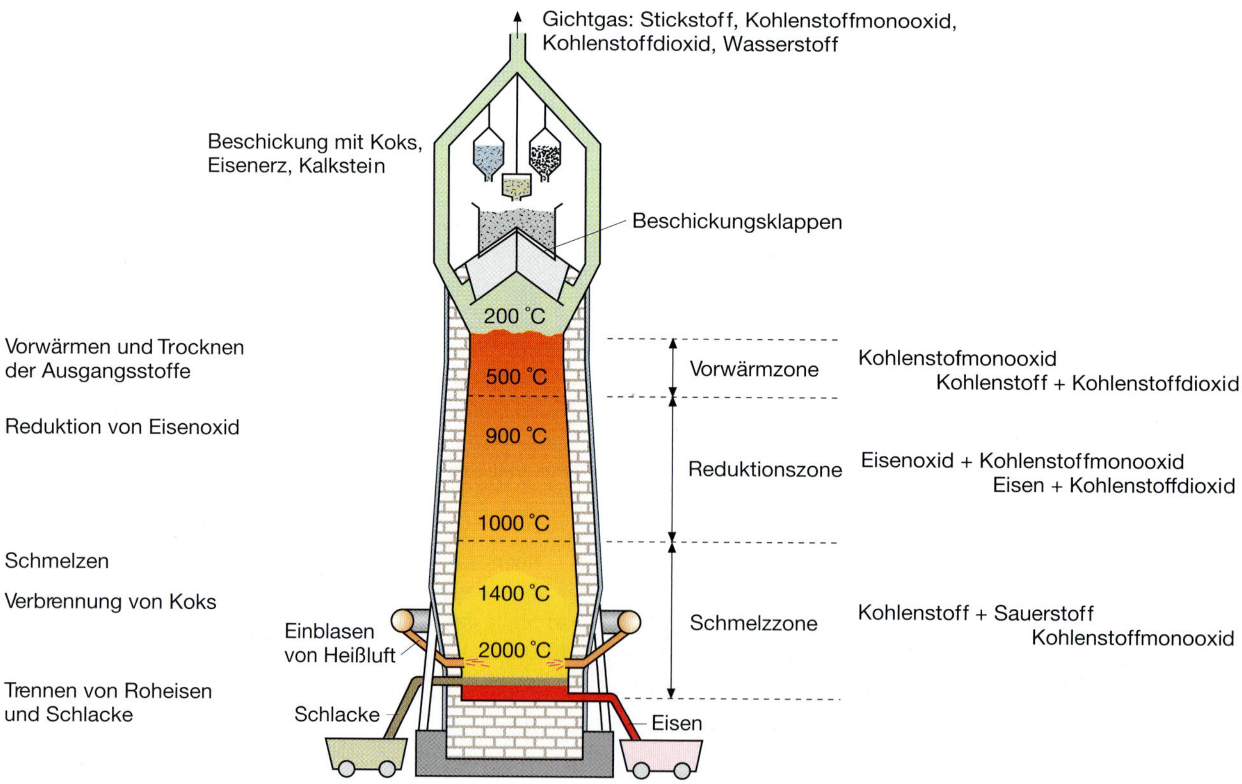

Redoxreaktionen im Hochofen. Durch die aus dem unteren Bereich des Hochofens aufsteigenden heißen Gase werden die Ausgangsstoffe vorgewärmt. In der **Reduktionszone** in der Mitte des Hochofens laufen die wesentlichen chemischen Reaktionen ab: Bei etwa 900 °C entsteht aus Eisenoxid Eisen. Das eigentliche Reduktionsmittel ist dabei Kohlenstoffmonooxid. Es bildet sich bei der Verbrennung von Koks:

Kohlenstoff + Sauerstoff ⟶ Kohlenstoffmonooxid; exotherm

Eisenoxid + Kohlenstoffmonooxid ⟶ Eisen + Kohlenstoffdioxid; exotherm

Bei Temperaturen über 1000 °C bildet sich an den glühenden Koksstücken aus Kohlenstoffdioxid wieder Kohlenstoffmonooxid. Im oberen Teil des Hochofens, wo niedrigere Temperaturen herrschen, läuft die umgekehrte Reaktion ab:

Kohlenstoffmonooxid ⟶ Kohlenstoff + Kohlenstoffdioxid; exotherm

Im unteren Teil des Hochofens löst sich in dem Eisen ein Teil des Kohlenstoffs und eine geringe Menge anderer Elemente. Das entstehende Gemisch wird als *Roheisen* bezeichnet. Während reines Eisen erst bei 1535 °C schmilzt, wird Roheisen bereits bei Temperaturen ab 1200 °C flüssig. In der Schmelzzone tropft es durch die glühenden Koksstücke und sammelt sich unter der flüssigen Schlacke. Diese schützt das Eisen vor erneuter Oxidation.

Etwa alle vier Stunden wird das flüssige Roheisen abgestochen. Die Schlacke fließt dagegen dauernd ab. Ein Hochofen bleibt etwa zehn Jahre ununterbrochen in Betrieb. Er erzeugt bis zu 10 000 t Roheisen täglich. Dazu werden 20 000 t Eisenerz, 5000 t Koks, 3000 t Kalkstein und 15 000 t Heißwind benötigt. Dabei fallen 3000 t Schlacke und 30 000 t Gichtgas und Staub an. Um das fertige Roheisen und die Schlacke abzutransportieren, werden täglich mehr als 2000 Eisenbahnwagen benötigt.

Weltweit werden jährlich etwa 560 Millionen Tonnen Roheisen erzeugt. Dafür sind mehr als 200 Hochöfen ständig in Betrieb.

Roheisen wird durch Reduktion von oxidischen Eisenerzen in Hochöfen gewonnen. Als Reduktionsmittel wirkt dabei Kohlenstoffmonooxid, das bei der Verbrennung von Koks entsteht.

1 Erläutere den Aufbau des Hochofens. Gib Ausgangsstoffe und Reaktionsprodukte an.

2 Nenne das eigentliche Reduktionsmittel im Hochofen und gib an, wie es entsteht.

3 Erkläre den Begriff Redoxreaktion am Beispiel der Umsetzung von Eisenerz zu Roheisen.

4 Schlacke, die auf dem Roheisen schwimmt, schützt das Eisen vor erneuter Oxidation. Erläutere diesen Zusammenhang.

5 Erläutere, warum Kohlenstoffdioxid nicht als Reduktionsmittel reagieren kann.

6 Im Hochofen laufen physikalische Vorgänge und chemische Reaktionen nebeneinander ab. Nenne je drei Beispiele.

7 Obwohl ständig von unten Heißluft in den Hochofen eingeblasen wird, bleibt das Temperaturgefälle von unten nach oben konstant. Begründe.

8 In Bezug auf die Bewegung der Stoffe im Hochofen spricht man vom Gegenstromprinzip. Erkläre, welche Vorteile mit der Anwendung dieses Prinzips verbunden sind.

9 Schlage im Atlas nach, an welchen Standorten in Deutschland Eisenhütten entstanden sind. Ermittle, welche Standortfaktoren heute ausschlaggebend sind.

Entnahme einer Roheisenprobe

Hochofenanlage in einem Hüttenwerk

Exkurs

Vom Roheisen zum Stahl

Roheisen besteht nur zu etwa 90 % aus Eisen. Ein Anteil von bis zu 5 % Kohlenstoff und weitere Begleitstoffe wie Mangan, Silicium, Phosphor und Schwefel machen das Roheisen hart und brüchig. Versucht man es mit dem Hammer zu bearbeiten, so zerspringt es. Roheisen lässt sich weder schmieden noch schweißen, darum eignet es sich nur begrenzt als Werkstoff. Man stellt daraus beispielsweise Abwasserrohre und Heizungsradiatoren her. Etwa 90 % des erzeugten Roheisens werden jedoch zu Stahl verarbeitet.

Stahl. Unter Stahl versteht man eine Eisen-Legierung, die weniger als 2,1 % Kohlenstoff und nur noch sehr geringe Anteile an Mangan, Silicium, Phosphor und Schwefel enthält. Bei der Stahlerzeugung werden die im Roheisen enthaltenen unerwünschten Stoffe durch Sauerstoff oxidiert. Man bezeichnet diesen Vorgang als *Frischen.* Dieser Prozess wird in einem schwenkbaren, feuerfesten, birnenförmigen Tiegel, dem *Konverter,* durchgeführt (lat. *convertere:* umwandeln).

Bei dem heute üblichen **Sauerstoffaufblas-Verfahren** wird reiner Sauerstoff unter hohem Druck durch ein wassergekühltes Rohr auf eine Schmelze aus Roheisen und bis zu 30 % Eisen-Schrott geblasen. Sobald der Sauerstoff auf das Roheisen trifft, kocht und brodelt die sich erhitzende Schmelze. Unter ohrenbetäubendem Lärm sprüht ein Funkenregen aus der Tiegelöffnung. Es handelt sich hauptsächlich um Schlacke, in der ein Teil der Verbrennungsprodukte durch Kalksteinzusätze gebunden ist. Der Rest der Verbrennungsprodukte entweicht als gasförmiges Oxid. Nach etwa 20 Minuten ist der Frischvorgang beendet. Der Konverter wird geschwenkt und der fertige Stahl fließt in eine *Gießpfanne.* Von dort wird er zur Weiterverarbeitung in ein Walzwerk transportiert.

Stahlsorten. In der Technik unterscheidet man mehr als tausend verschiedene Stahlsorten, die sich in zwei große Gruppen einteilen lassen, die *unlegierten Stähle (Werkzeugstahl)* und die *Edelstähle.* In beiden Fällen handelt es sich um Eisen mit einem sehr geringen Kohlenstoffgehalt. Edelstähle enthalten zusätzlich Anteile anderer Metalle.

Werkzeugstahl. Nicht legierte Stahlsorten unterschiedlichen Kohlenstoffgehalts machen etwa 75 % des weltweit erzeugten Stahls aus.
Stahl mit weniger als 0,25 % Kohlenstoff ist leicht verformbar. Er lässt sich zu Drähten ausziehen oder zu dünnen Blechen walzen. Aus diesem Stahl fertigt man beispielsweise Spezialdrähte, Nägel, Konservendosen und Autokarosserien.
Stahl mit einem Kohlenstoffgehalt zwischen 0,25 % und 0,7 % ist weniger verformbar, dafür aber fester. Daraus stellt man Maschinenachsen, Eisenbahnschienen, Feilen, Zangen und Schraubendreher her. Noch härter ist Stahl mit einem Kohlenstoffgehalt von 0,7 % bis 1,5 %. Er wird für die Herstellung von Stahlfedern, Rasierklingen, Handsägen und Messern verwendet.

Edelstahl. Um die physikalischen und chemischen Eigenschaften von Stahl gezielt zu verbessern, werden der Stahlschmelze *Legierungsmetalle* wie Chrom, Nickel, Cobalt, Wolfram, Molybdän, Mangan, Vanadium oder Titan zugesetzt. Man spricht auch von *Stahlveredlern.*

Vanadium erhöht die Elastizität und Mangan vermindert die Abnutzung von Stahlwerkzeugen. Stähle mit Molybdän und Wolfram sind sehr hitzebeständig. Chrom verbessert die Korrosionsbeständigkeit und die Härte. Zusammen mit Nickel verhindert es das Rosten (Nirosta). Dieser Stahl wird vor allem zur Herstellung von Spültischen und Küchengeräten verwendet.

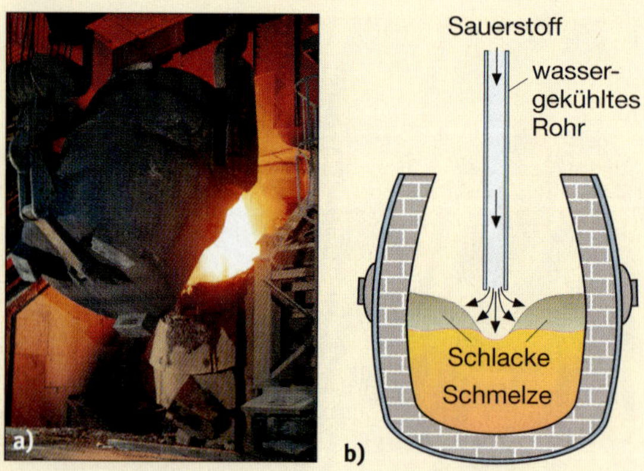

Konverter. a) Befüllung mit Roheisen, b) Schema

Walzwerk

Technisch wichtige Metalloxide

Übersicht

Erze sind Mineralien mit besonders hohem Metallgehalt, die Metalle liegen dabei häufig als Oxide vor. Metalloxide werden direkt oder als Zwischenprodukte bei technischen Prozessen eingesetzt.

Aus Eisenoxiden und anderen Eisenerzen werden beispielsweise Roheisen und Stahl gewonnen. Calciumoxid wird aus Kalkstein gebrannt und mit Sand zu Mörtel angerührt. Es ist außerdem in Zement enthalten.

Bleioxid dient zur Herstellung von Bleiakkumulatoren und wird als Mennige Korrosionsschutzanstrichen für Eisen und Stahl zugesetzt. Braunstein (Manganoxid) ist ein wichtiger Katalysator.

rotes Kupferoxid

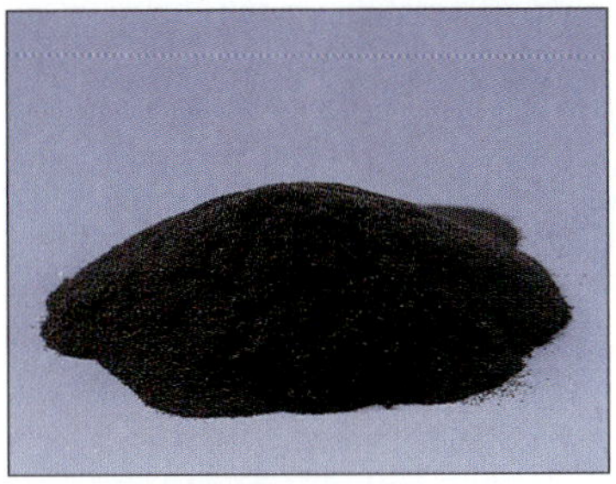

schwarzes Kupferoxid

Calciumoxid

Bleioxid (Massicot)

Bleioxid

Bleioxid (Mennige)

Quecksilberoxid

Manganoxid (Braunstein)

Titanoxid

Eisenoxid (Hämatit)

Eisenoxid (Magneteisenstein)

Chromoxid

6.5 Wasser = Wasserstoffoxid

Wasserdampf reagiert mit Magnesium.

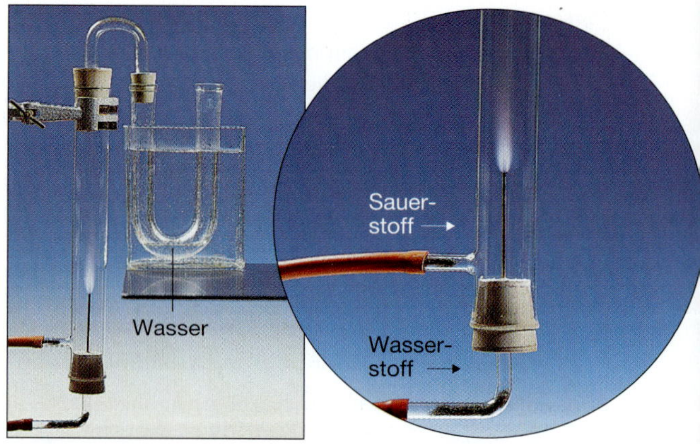

Synthese von Wasser

Im Altertum lehrten die griechischen Philosophen, dass sich alle Stoffe aus den vier Elementen Feuer, Erde, Wasser und Luft zusammensetzen. Noch heute sprechen wir vom Wasser als dem „nassen Element“. Ob Wasser aber auch im heutigen, chemischen Sinne ein Element ist, kann durch ein einfaches Experiment geklärt werden.

Analyse von Wasser. Leitet man Wasserdampf über erhitzte Magnesiumspäne, so glüht das Metall auf und reagiert zu weißem Magnesiumoxid. Gleichzeitig bildet sich ein farbloses, brennbares Gas. Es handelt sich dabei um das Element **Wasserstoff.** Das Reaktionsschema lautet also:

Wasser + Magnesium ⟶
Wasserstoff + Magnesiumoxid; exotherm

Wasser ist demnach in andere Stoffe zerlegbar. Es ist also im chemischen Sinne kein Element, sondern eine Verbindung, die sich aus den Elementen Wasserstoff und Sauerstoff gebildet hat: Es ist *Wasserstoffoxid.* Diese chemisch korrekte Bezeichnung ist jedoch im allgemeinen Sprachgebrauch nicht üblich.

Synthese von Wasser. Weil Wasser das Oxid des Wasserstoffs ist, muss es sich bei der Verbrennung von Wasserstoff bilden: Lässt man eine Wasserstoff-Flamme in reinem Sauerstoff brennen, so schlägt sich an den Gefäßwänden eine farblose Flüssigkeit nieder. Mit weißem Kupfersulfat bildet sie blaues Kupfersulfat-Hydrat, es handelt sich also um Wasser. Darauf stützt sich auch der wissenschaftliche Name für Wasserstoff: Hydrogenium = Wasserbildner.

Wasserstoff + Sauerstoff ⟶ Wasser; exotherm

Die Synthese von Wasser aus den Elementen Wasserstoff und Sauerstoff bestätigt also das Ergebnis der Analyse von Wasser.

Wasser ist eine Verbindung aus den Elementen Wasserstoff und Sauerstoff, es ist Wasserstoffoxid.

1 Wasser ist kein chemisches Element. Erkläre.

2 An Stelle von Magnesium kann auch Eisen zur Reduktion von Wasser benutzt werden. Formuliere das Reaktionsschema.

3 Beschreibe die Vorgehensweise der Chemiker, wenn sie die Zusammensetzung einer Verbindung ermitteln.

Theorie

Die Wasser-Synthese im Teilchenmodell

Die Vorgänge bei der Wasser-Synthese lassen sich durch ein Modell veranschaulichen: Wasserstoff-Teilchen werden in Wasserstoff-Atome und Sauerstoff-Teilchen in Sauerstoff-Atome zerlegt, jeweils zwei Wasserstoff-Atome und ein Sauerstoff-Atom bilden dann ein Wasser-Teilchen.

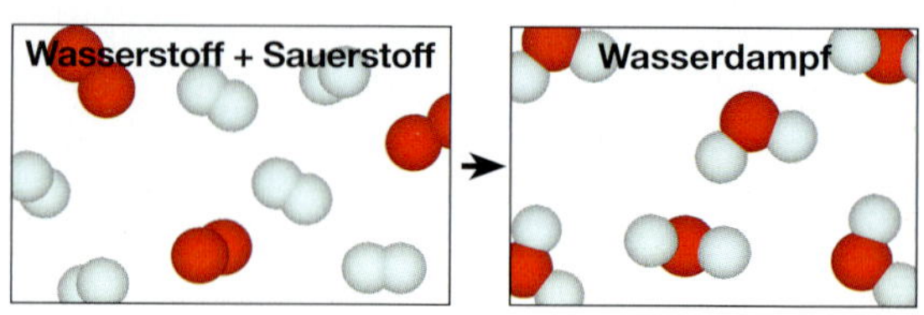

6.6 Wasserstoff in Labor und Technik

Leitet man ein Wasserstoff/Sauerstoff-Gemisch in eine Seifenlösung, so kann man die Seifenblasen mit einem brennenden Holzspan entzünden. Sie explodieren mit lautem Knall. Ein Wasserstoff/Sauerstoff-Gemisch wird daher als **Knallgas** bezeichnet. Reiner Wasserstoff brennt dagegen ruhig ab: Hält man eine brennende Kerze an die Öffnung eines mit Wasserstoff gefüllten Glaszylinders, entzündet sich das Gas und verbrennt mit kaum sichtbarer Flamme. Führt man die Kerze weiter in den Zylinder ein, so erlischt sie. Zieht man die Kerze langsam heraus, entzündet sie sich erneut an der Flammenfront. Wasserstoff ist also brennbar, unterhält die Verbrennung aber nicht.

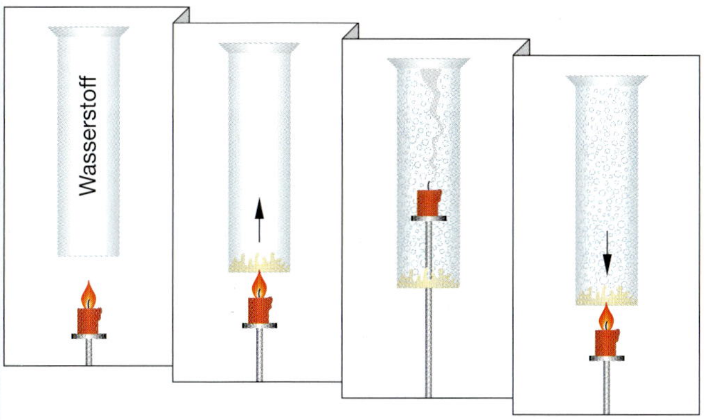

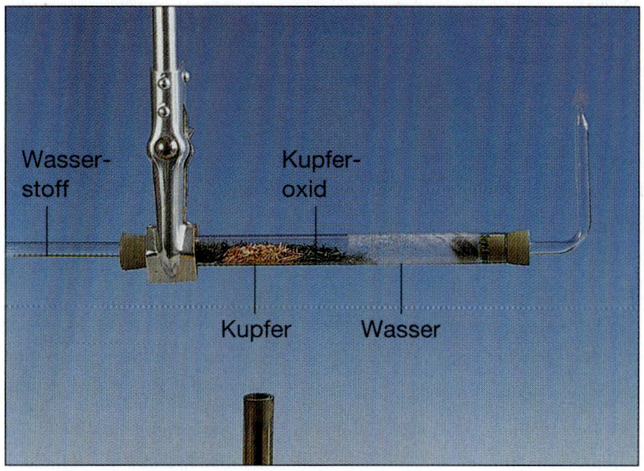

Reaktion von Wasserstoff mit Kupferoxid

Knallgasprobe. Bei Reaktionen mit Wasserstoff muss man unbedingt prüfen, ob die Apparatur frei von Sauerstoff ist. Dazu führt man die *Knallgasprobe* durch: Man fängt eine Gasprobe in einem Reagenzglas auf und entzündet sie. Enthält die Gasprobe noch Sauerstoff, verbrennt sie mit einem pfeifenden Geräusch. Erst wenn die Probe ruhig abbrennt, die Knallgasprobe also negativ verläuft, kann man gefahrlos erhitzen.

Herstellung von Wasserstoff im Labor. Die Reaktion von Salzsäure mit einem unedlen Metall wie Zink oder Eisen ist die gebräuchlichste Methode, um Wasserstoff in kleinen Mengen herzustellen. Man tropft beispielsweise Salzsäure auf Zinkgranalien und fängt das entstehende Wasserstoff-Gas in einer pneumatischen Wanne auf. Will man einen gleichmäßigen Wasserstoff-Strom erzeugen, benutzt man einen *KIPPschen Apparat*. Falls Wasserstoff in größeren Mengen benötigt wird, verwendet man eine Druckgasflasche. Der auffällig rote Anstrich weist darauf hin, dass sie ein brennbares Gas enthält.

Wasserstoff – ein Reduktionsmittel. Leitet man Wasserstoff über erhitztes Kupferoxid, so glüht das Kupferoxid auf und es bilden sich Kupfer und Wasser.

Kupferoxid + Wasserstoff ⟶
Kupfer + Wasser; exotherm

Ganz ähnlich reagiert Wasserstoff mit Oxiden anderer Metalle. Wasserstoff entzieht Oxiden Sauerstoff, es wirkt als *Reduktionsmittel*. Technisch bedeutsam ist die Reaktion von Wasserstoff mit Wolframoxid. Das so gewonnene Wolframpulver wird zu Drahtwendeln für Glühlampen verarbeitet.

Sehr unedle Metalle wie Magnesium und Zink können dagegen Wasser reduzieren. Bei hoher Temperatur bilden sich die entsprechenden Metalloxide und Wasserstoff-Gas.

Zink + Wasser ⟶
Zinkoxid + Wasserstoff; exotherm

Wasserstoff bildet mit Sauerstoff ein explosives Gemisch (Knallgas). Reiner Wasserstoff brennt ruhig ab. Wasserstoff reduziert Metalloxide, dagegen reduzieren unedle Metalle Wasser unter Bildung von Wasserstoff. Im Labor kann Wasserstoff durch die Reaktion von Salzsäure mit unedlen Metallen hergestellt werden.

1 Erläutere, warum eine Kerze in Wasserstoff-Gas erlischt.

2 Gib das Reaktionsschema für die Reaktion von Wasser mit Aluminium an.

3 Erkläre anhand des ersten Reaktionsschemas im Text die Begriffe Oxidation, Reduktion und Reduktionsmittel.

4 Durch welche Versuche könnte man herausfinden, an welcher Stelle Wasserstoff in der Redoxreihe der Metalle steht (siehe auch S. 107)?

Chemie-Recherche

Location: http://www.schroedel.de/chemie_heute.html

Suche:

Wasserstoff – früher und heute

Ergebnisse:

Knallgas

Ein Wasserstoff/Luft-Gemisch ist explosiv, wenn es zwischen 4 % und 75 % Wasserstoff enthält.

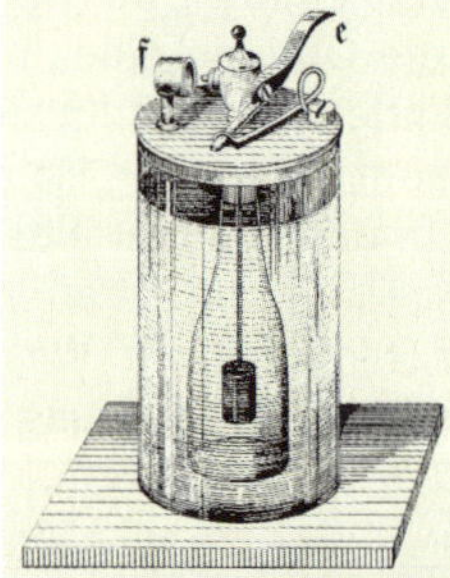

Ein Kloben Zink taucht in verdünnte Salzſäure. Eſ entſteht Waſſerſtoff. Öffnet man den Hahn (e), ſo ſtrömt daſ Gaſ durch den Druck der Flüſſigkeit nach außen auf den Platinſchwamm (f). Dieſer glüht auf, der Waſſerſtoff entzündet ſich.

DÖBEREINERS Feuerzeug

In dieser um 1820 gebauten Zündmaschine entzündet sich Wasserstoff-Gas „von allein“. Ursache ist die Verwendung von Platinwolle: Normalerweise lässt sich Wasserstoff an der Luft erst bei 585 °C entzünden. An der Platinoberfläche setzt die exotherme Reaktion jedoch schon bei Raumtemperatur ein. Das Platin erwärmt sich und die Zündtemperatur ist bald erreicht. Platin wirkt also bei dieser Reaktion als **Katalysator.** Ein Katalysator beschleunigt eine chemische Reaktion. Er wird dabei jedoch nicht verbraucht und kann erneut verwendet werden.

Der „Zeppelin“ – ein Luftschiff

Ferdinand Graf ZEPPELIN entwickelte ab 1900 Luftschiffe mit einer Gondel für Lasten und Passagiere an der Unterseite. Die Luftschiffe waren mit Wasserstoff-Gas gefüllt. Da Wasserstoff sehr viel leichter ist als Luft, ist es als Ballongas gut geeignet. Seit dem Unglück mit der „Hindenburg“ füllt man Luftschiffe mit nicht brennbarem Helium.

Die „Hindenburg“ war das größte jemals gebaute Luftschiff; sie fasste 200 000 m^3 Wasserstoff-Gas. Am 6. Mai 1937 fing das Luftschiff nach einem Flug von Frankfurt nach New York beim Landen Feuer und brannte vollständig aus. Mit dieser Katastrophe, bei der 35 Menschen ums Leben kamen, war das Kapitel Wasserstoff in der Luftfahrt praktisch beendet.

Der Raketentreibstoff

Spaceshuttle und Ariane 5 sind die leistungsstärksten Transporter der amerikanischen und europäischen Raumfahrt. Ihre Schubkraft beziehen sie aus der Verbrennung von Wasserstoff. Der Treibstofftank des Spaceshuttle fasst 1,5 Millionen Liter flüssigen Wasserstoff. Ein weiterer Tank enthält den zur Verbrennung benötigten Sauerstoff ebenfalls in flüssiger Form. Die beiden Gase werden unter hohem Druck in die Brennkammer geleitet. Dort reagieren sie zu Wasserdampf, der mit bis zu 12 000 $\frac{km}{h}$ aus der Düse schießt und so den benötigten Schub liefert. Der gesamte Treibstoff ist in weniger als neun Minuten verbrannt.

Aufgaben

1 Erkläre die Funktionsweise des Feuerzeugs von DÖBEREINER.

2 Erkläre, warum der Wasserstoff der „Hindenburg“ verbrannt, aber nicht explodiert ist.

3 Nenne das Gas, welches heutzutage statt Wasserstoff als Ballongas verwendet wird.

4 **a)** Berechne die Masse der 1,5 Millionen Liter flüssigen Wasserstoffs ($\varrho = 71 \frac{g}{l}$) mit der das Spaceshuttle betankt wird.

b) Wie viel würde das gleiche Volumen Flugzeugbenzin wiegen ($\varrho = 780 \frac{g}{l}$)?

Wasserstoff-Technologie

Gewinnung. Wasserstoff kommt auf der Erde nicht als Element vor. Er muss erst unter hohem Energieaufwand aus Wasserstoff-Verbindungen wie Erdgas oder Benzin oder durch die Zerlegung von Wasser hergestellt werden.
Die elektrische Energie für diese Reaktionen könnte man aus Sonnen-, Wind- und Wasserenergie gewinnen. Die Verwendung von Wasserstoff in großem Maßstab scheiterte bisher jedoch an den hohen Kosten für die Herstellung.

Speicherung und Transport. Wasserstoff kann als Gas in Druckbehältern oder in verflüssigter Form in Stahlbehältern aufbewahrt werden. Um Wasserstoff-Gas zu verflüssigen, muss es unter Druck auf −240 °C abgekühlt werden. Wasserstoff wird in Drucktanks per Bahn, Lkw oder Schiff oder über ein Pipeline-Netz transportiert.

Anwendung. Wasserstoff ist ein umweltfreundlicher Treibstoff für alle Fahrzeuge. Statt schädlicher Abgase bildet sich lediglich Wasserdampf. Wasserstoff kann auf verschiedene Weise als Treibstoff verwendet werden:
Auf den Straßen fahren bereits Versuchsautos mit *Wasserstoff-Motoren,* in denen Wasserstoff an Stelle von Benzin verbrannt wird. Die ersten Wasserstoff-Tankstellen sind auch schon eröffnet. Probleme bereitet jedoch noch die Größe der Tanks.
Eine zweite Art von Fahrzeugen hat einen Elektromotor als Antrieb. Der Strom wird in *Brennstoffzellen* erzeugt. Sie wandeln die Energie, die bei der Reaktion von Wasserstoff mit Sauerstoff frei gesetzt wird, direkt in elektrische Energie um. Getankt wird meist ein flüssiger Kraftstoff. Eine kleine chemische Fabrik an Bord des Fahrzeugs spaltet daraus den Wasserstoff ab.

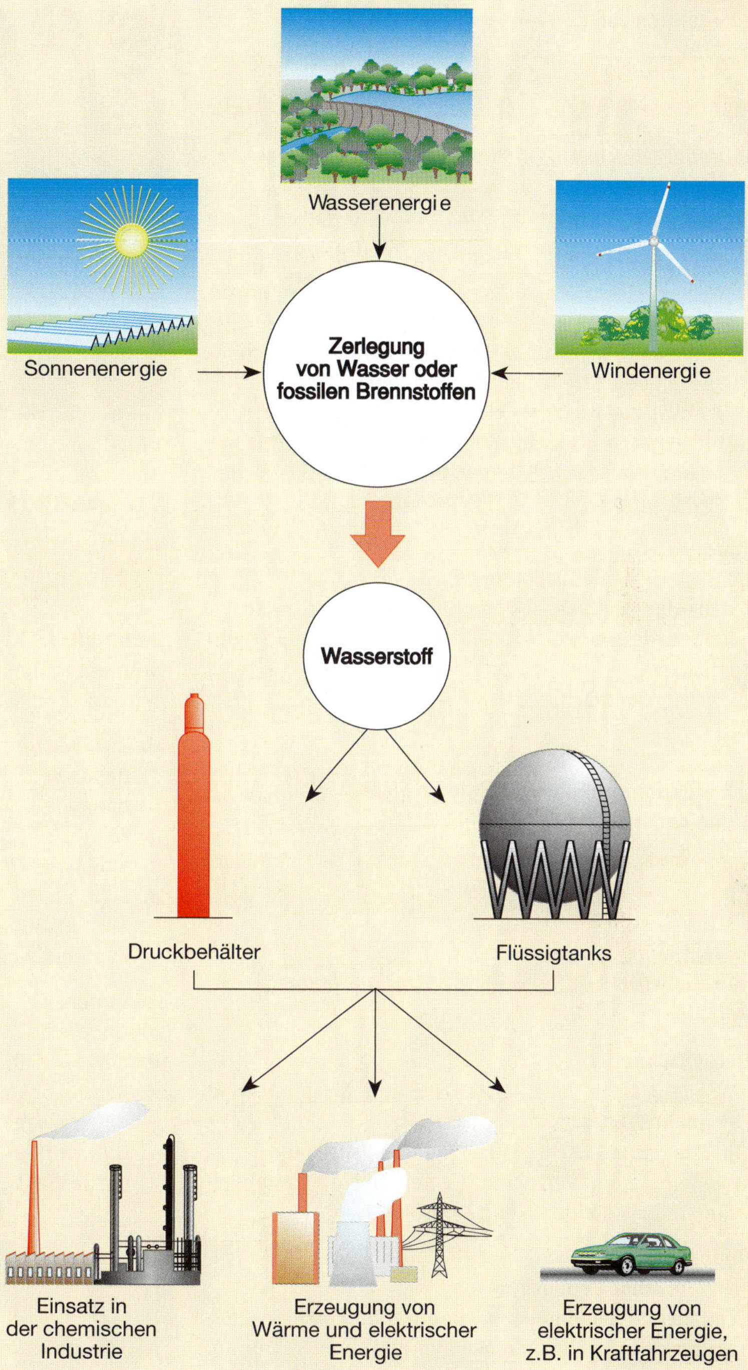

1 Gib Möglichkeiten für die Gewinnung, Nutzung und Speicherung von Wasserstoff an.

2 Nenne Vorteile und Nachteile für die Verwendung von Wasserstoff als Flugzeugtreibstoff?

Praktikum

Redoxreaktionen

V1: Reduktion von Kupferoxid mit Holzkohle

Materialien: durchbohrter Stopfen mit Gasableitungsrohr, Gasbrenner, Waage;
schwarzes Kupferoxid, Holzkohlepulver, Kalkwasser.

Durchführung:

1. Mische in einem Reagenzglas 2 g schwarzes Kupferoxid mit 0,2 g Holzkohle.
2. Spanne das Reagenzglas in ein Stativ ein und verschließe es mit dem Stopfen mit Gasableitungsrohr.
3. Gib etwas Kalkwasser in ein zweites Reagenzglas.
4. Erhitze das Gemisch aus Kupferoxid und Holzkohle mit starker Flamme und leite das entstehende Gas in das Kalkwasser ein.

Aufgaben:

a) Notiere deine Beobachtungen.
b) Stelle das Reaktionsschema für die Reaktion zwischen Kupferoxid und Holzkohle auf und gib den Energieumsatz an.
c) Erläutere den Nachweis des entstandenen Gases.

V2: Reduktion von Kupferoxid durch Eisen und durch Zink

Materialien: Gasbrenner;
schwarzes Kupferoxid, Eisenpulver (Ferrum reductum; F), Zinkstaub (F).

Durchführung:

1. Mische gleiche Teile Kupferoxid und Eisenpulver in einem Reagenzglas.
2. Erhitze das Gemisch kräftig mit dem Gasbrenner.
3. Wiederhole den Versuch mit einer Mischung aus gleichen Teilen Kupferoxid und Zinkstaub.

Aufgaben:

a) Notiere deine Beobachtungen.
b) Erkläre und begründe deine Beobachtungen für die Reaktion des Kupferoxids mit dem Eisenpulver. Gib an, welcher Stoff als Oxidationsmittel und welcher Stoff als Reduktionsmittel reagiert.
c) Stelle das Reaktionsschema für diese Reaktion auf.
d) Stelle das Reaktionsschema für die Reaktion zwischen Kupferoxid und Zink auf. Kennzeichne Oxidation und Reduktion.
e) Können auch Zinkoxid und Kupfer miteinander reagieren? Begründe deine Antwort.

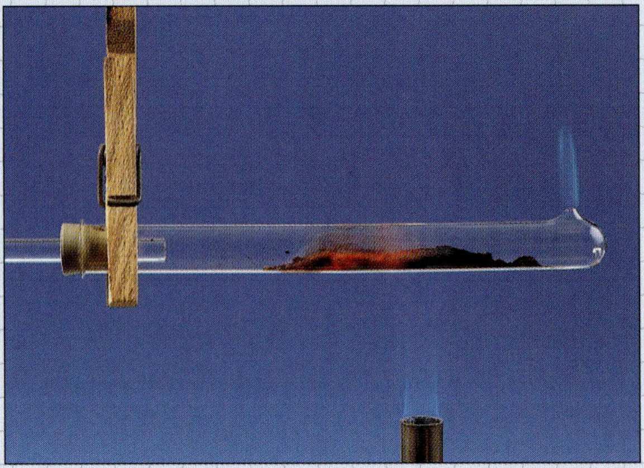

V3: Reduktion von Kupferoxid durch Erdgas

Materialien: Reagenzglas mit seitlichem Loch, durchbohrter Stopfen mit Glasrohr, Gasbrenner, Schlauch;
schwarzes Kupferoxid, Erdgas (F+).

Durchführung:

1. Baue die Versuchsapparatur entsprechend der Abbildung auf.
2. Fülle zwei Spatel Kupferoxid in das Reaktionsrohr und leite langsam Erdgas darüber.
3. Zünde nach einer Weile das ausströmende Gas an der Austrittsöffnung des Reaktionsrohres an. Erhitze das Kupferoxid mit der nicht leuchtenden Brennerflamme.

Aufgaben:

a) Notiere deine Beobachtungen.
b) Erdgas enthält Methan. Diese Verbindung wirkt als Reduktionsmittel. Formuliere das Reaktionsschema für die Redoxreaktion von Kupferoxid mit Methan.
Hinweis: Bei der Reaktion entsteht neben Kohlenstoffdioxid-Gas auch Wasserdampf.

A1: Magnesiumband, das an der Luft angezündet wird, brennt in Kohlenstoffdioxid-Gas weiter.
a) Formuliere das Reaktionsschema für die Reaktion von Magnesium mit Kohlenstoffdioxid.
b) Nenne die Eigenschaften der Reaktionsprodukte.
c) Angezündetes Magnesium brennt auch unter Wasser weiter. Man setzt es deshalb für Unterwasserfackeln ein. Formuliere das Reaktionsschema für die dabei ablaufende Reaktion. Gib Oxidationsmittel und Reduktionsmittel an.

Vom Oxid zum Element

1. Aufnahme und Abgabe von Sauerstoff

a) Bei der Reaktion eines Stoffes mit Sauerstoff entsteht ein Oxid. Man spricht von *Oxidation*.

Kupfer + Sauerstoff ⟶ Kupferoxid; exotherm

b) Entzieht man einem Oxid Sauerstoff, so erhält man das jeweilige Element. Man spricht von *Reduktion*.

Silberoxid ⟶ Silber + Sauerstoff;-endotherm

c) Bei einer **Redoxreaktion** laufen Oxidation und Reduktion gleichzeitig ab. **Oxidationsmittel** übertragen Sauerstoff auf andere Stoffe. Sie werden dabei reduziert. **Reduktionsmittel** entziehen einem Oxid den Sauerstoff. Sie werden oxidiert.

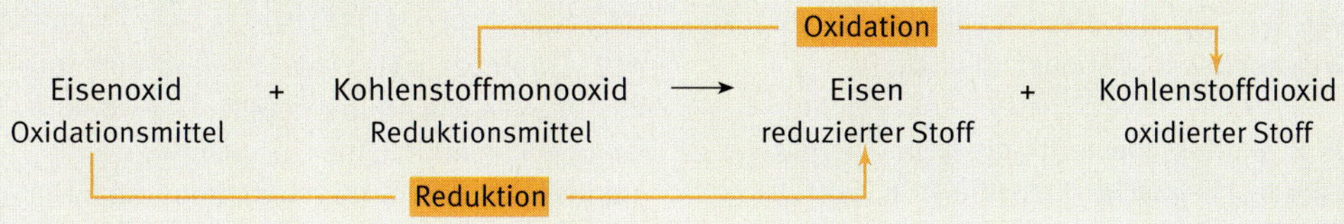

2. Redoxreihe der Metalle

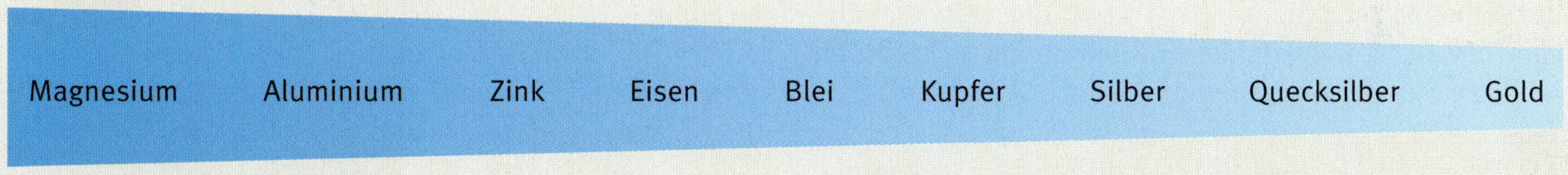

Je weiter links die Metalle in der Redoxreihe stehen, desto unedler sind sie und desto größer ist ihre Reduktionswirkung.

Je weiter rechts die Metalle in der Redoxreihe stehen, desto edler sind sie. Ihre Oxide sind gute Oxidationsmittel, denn sie geben leicht Sauerstoff ab.

3. Eisenerz – Roheisen – Stahl

Eisenerze sind Mineralien mit einem hohen Anteil oxidischer oder sulfidischer Eisen-Verbindungen.

Im Hochofen gewinnt man aus Eisenerz **Roheisen.** Als Reduktionsmittel dient dabei Kohlenstoffmonooxid, das bei der Verbrennung von Koks entsteht. Roheisen enthält bis zu 5 % Kohlenstoff und weitere Bestandteile.

Bei der Herstellung von **Stahl** werden Kohlenstoff und weitere Begleitstoffe durch Aufblasen von Sauerstoff auf die Roheisenschmelze zum großen Teil oxidiert und damit entfernt.

4. Wasser – Wasserstoffoxid

Ein Gemisch aus Wasserstoff und Sauerstoff wird als Knallgas bezeichnet. Wenn man das Gemisch mit einem Funken zündet, reagiert es explosionsartig zu Wasser:

Wasserstoff + Sauerstoff $\underset{\text{Analyse}}{\overset{\text{Synthese}}{\rightleftharpoons}}$ Wasser; exotherm
(Elemente) (Verbindung)

Sowohl Wasserstoff als auch Wasser können sich an Redoxreaktionen beteiligen: Wasserstoff reduziert Metalloxide, dagegen reduzieren unedle Metalle Wasser unter Bildung von Wasserstoff.

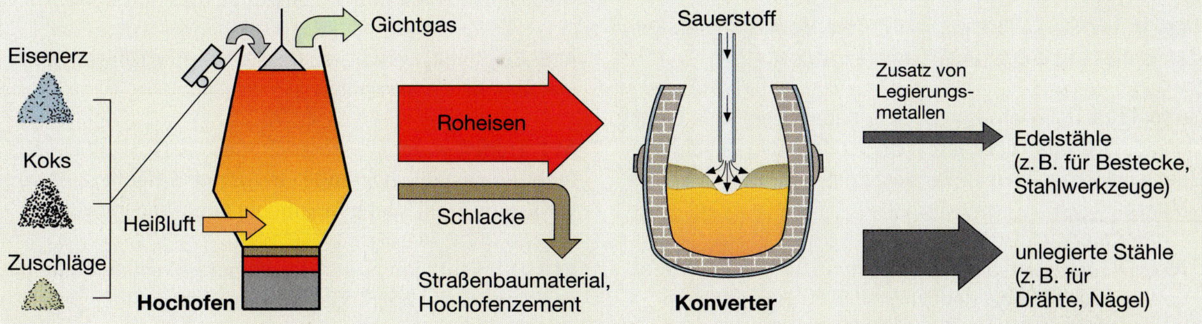

Prüfe dein Wissen

Quiz

A1 **a)** Erkläre die Begriffe des Fensters.
b) Notiere auf der Vorderseite von Karteikarten den Begriff, auf der Rückseite die Erklärung.

A2 Erhitzt man Bleioxid auf Holzkohle, so bildet sich Blei.
a) Stelle das Reaktionsschema auf.
b) Erläutere an diesem Beispiel die Begriffe Oxidation, Reduktion und Redoxreaktion.
c) Gib an, welcher Stoff bei dieser Reaktion das Reduktionsmittel, welcher das Oxidationsmittel ist.

A3 Stelle das Reaktionsschema für die beim Thermit-Verfahren ablaufende chemische Reaktion auf. Gib Oxidationsmittel und Reduktionsmittel an.

A4 Quarzsand besteht aus Siliciumdioxid. Aluminium ist ein stärkeres Reduktionsmittel als Silicium. Leite aus diesen Hinweisen ein Verfahren zur Gewinnung von Silicium ab und stelle das Reaktionsschema auf.

A5 Gib an, auf welche Weise man Wasserstoff als Energieträger verwenden kann.

A6 Um Roheisen in Stahl umzuwandeln, bläst man Sauerstoff auf die Schmelze.
a) Nenne die Bestandteile des Roheisens, die dadurch entfernt werden, und stelle für die ablaufenden Oxidationen jeweils das Reaktionsschema auf.
b) Erkläre, warum sich die Schmelze erhitzt, obwohl keine Wärme zugeführt wird.

A7 Wie kannst du Gold von Messing unterscheiden?

Know-how

A8 In einer Lagerhalle stehen mehrere Stapel von Paletten mit Bleistiftspitzern aus Magnesium. Nenne Besonderheit en, die man im Brandfall beachten muss.

A9 Entwickle einen Plan, wie du die Metalle Aluminium, Zink, Blei und Kupfer unterscheiden kannst.

A10 Prüfe Münzen von 2 Cent und 5 Cent mit einem Magneten. Was beobachtest du? Erkläre den Zusammenhang zwischen deiner Beobachtung und der Farbe der Münze.

A11 Erläutere, weshalb man bei industriellen Redoxreaktionen meist Koks als Reduktionsmittel verwendet.

Die wichtigsten Begriffe

- Oxidation, Reduktion
- Oxidationsmittel, Reduktionsmittel
- Redoxreaktion
- unedles Metall, edles Metall
- Redoxreihe der Metalle
- Hochofen
- Roheisen
- Stahl
- Wasserstoff
- Knallgasprobe

A12 Ein Reagenzglas wird zu etwa einem Viertel mit Kaliumnitrat gefüllt. Es wird so lange kräftig erhitzt, bis eine Schmelze entstanden ist, aus der Gasbläschen aufsteigen. Dann wirft man Aktivkohle in die Schmelze. Die Aktivkohle verbrennt unter intensivem Aufglühen. Erkläre diese Beobachtung.

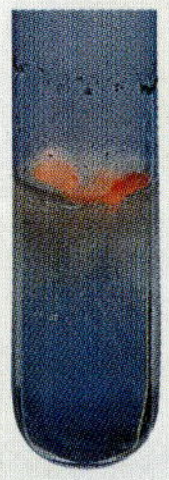

A13 Silberoxid wird durch Wärmezufuhr in Silber und Sauerstoff zerlegt.
a) Stelle das Reaktionsschema auf.
b) Silberoxid lässt sich leichter zerlegen als die Oxide unedler Metalle. Erkläre diesen Sachverhalt.

Natur – Mensch – Technik

A14 Begründe, warum man zur Herstellung von Heizkörpern, Bügeleisen und Kochplatten metallische Werkstoffe verwendet.

A15 Edelmetalle wie Gold, Silber und Kupfer wurden wesentlich früher vom Menschen genutzt als unedle Metalle wie Eisen oder Aluminium. Begründe diese Tatsache.

A16 Begründe, warum man Ohrstecker möglichst aus Edelmetallen herstellen sollte.

A17 Früher wurden Fahrradrahmen ausschließlich aus Stahl hergestellt. Begründe, warum man heute statt des Werkstoffs Stahl häufig Aluminium oder Titan verwendet.

A18 Oft klebt man hinter Heizkörpern Aluminiumfolie an das Mauerwerk. Begründe den Sinn dieser Maßnahme.

A19 Eine bedeutende Entdeckung in der Steinzeit

5000 Jahre alte Gegenstände aus Kupfer

Vor 5 000 Jahren irgendwo in Vorderasien: Eine Gruppe von Menschen sitzt müde um ein Holzfeuer. Die Sonne ist schon lange untergegangen und langsam verglühen die letzten Holzkohlenstücke. Man legt sich zur Ruhe. Am Morgen sucht ein Mitglied der Gruppe vergeblich nach Glutresten in der Asche, um ein neues Feuer zu entzünden Statt dessen findet er zu seinem Erstaunen kleine, rötlich glänzende Kügelchen. Neugierig durchsucht er die Asche in der Hoffnung weitere Kügelchen zu entdecken. Aber außer einem schwarzen Belag ist auf dem sonst grünlichgrauen Felsgestein, auf dem die Feuerstelle liegt, nichts zu sehen. Enttäuscht kratzt er etwas von dem schwarzen Belag ab. Lange noch starrt er auf darauf. Sollten daraus die rötlich glänzenden Kügelchen entstanden sein? Denn nur dort, wo das Holzkohlenfeuer brannte, fanden sich auch die glänzenden Kugeln.
So oder so ähnlich könnte in der Jungsteinzeit die Bildung von Kupfer durch eine chemische Reaktion entdeckt worden sein.

a) Gib die Ausgangsstoffe der chemischen Reaktion an, die zu der beschriebenen Bildung von Kupfer geführt haben. Denke dabei an natürliche Vorkommen von Metallverbindungen.
b) Erstelle ein Reaktionsschema für die Bildung von Kupfer am Lagerfeuer.
c) Entwirf eine Versuchsanleitung für einen Laborversuch, der dem Vorgang im Lagerfeuer entspricht. Zeige dabei auch auf, wie die Reaktionsprodukte nachgewiesen werden können.
d) Erkläre, ob die Herstellung von Eisen aus Eisenerz auf eine ähnliche Art erfolgen kann. Nenne mögliche Gemeinsamkeiten und Unterschiede. Benutze dabei dein Wissen über den Hochofenprozess.
e) Formuliere das Reaktionsschema für die Herstellung von Eisen. Deute die Reaktion als Redoxreaktion und verwende dabei die Begriffe Oxidationsmittel und Reduktionsmittel.

A20 Riesige Feuersäule über dem Frankfurter Ostend

Löscharbeiten bei einem Großbrand

Frankfurt (SV). Eine riesige Feuersäule stand am Montagnachmittag über dem Frankfurter Ostend. Aus noch ungeklärter Ursache waren in einer Lagerhalle Magnesiumspäne in Brand geraten. Das Feuer stellte die Feuerwehr vor erhebliche Probleme. Unmittelbar am Brandherd stiegen die Temperaturen auf annähernd 3 000 °C. Die Einsatzkräfte konnten nur mit Schutzanzügen und Schutzbrillen arbeiten. Über einhundert Tonnen Zement wurden auf die Brandstätte gekippt. Erst nach mehr als acht Stunden gelang es, den Brand einzudämmen und ein Übergreifen der Flammen auf benachbarte Grundstücke zu verhindern.

a) Beschreibe die Schwierigkeiten beim Löschen des Metallbrandes. Begründe diese Schwierigkeiten.
b) Begründe, warum das am häufigsten verwendete Löschmittel Wasser hier nicht eingesetzt wurde. Gib dazu auch ein Reaktionsschema an.
c) Deute die Reaktion von Magnesium mit Wasser als Redoxreaktion. Verwende dabei die Begriffe Oxidationsmittel und Reduktionsmittel.
d) Beschreibe die Einteilung brennbarer Stoffe in verschiedene Brandklassen. Begründe, warum diese Einteilung aus chemischer Sicht sinnvoll ist.
e) Bei Bränden in Gebäuden nutzt man manchmal auch gasförmige Löschmittel. Begründe ausführlich, welche besonderen Eigenschaften ein solches Gas besitzen muss und welche Eigenschaften es nicht haben darf.

Gefahrenhinweise und Sicherheitsratschläge für gefährliche Stoffe

Gefahrenhinweise (R-Sätze)

Diese Hinweise geben in einer ausführlicheren Weise als die Gefahrensymbole Auskunft über die Art der Gefahr.

R 1 In trockenem Zustand explosionsgefährlich
R 2 Durch Schlag, Reibung, Feuer oder andere Zündquellen explosionsgefährlich
R 3 Durch Schlag, Reibung, Feuer oder andere Zündquellen besonders explosionsgefährlich
R 4 Bildet hochempfindliche explosionsgefährliche Metallverbindungen
R 5 Beim Erwärmen explosionsfähig
R 6 Mit und ohne Luft explosionsfähig
R 7 Kann Brand verursachen
R 8 Feuergefahr bei Berührung mit brennbaren Stoffen
R 9 Explosionsgefahr bei Mischung mit brennbaren Stoffen
R 10 Entzündlich
R 11 Leichtentzündlich
R 12 Hochentzündlich
R 14 Reagiert heftig mit Wasser
R 15 Reagiert mit Wasser unter Bildung hochentzündlicher Gase
R 16 Explosionsgefährlich in Mischung mit brandfördernden Stoffen
R 17 Selbstentzündlich an der Luft
R 18 Bei Gebrauch Bildung explosionsfähiger / leichtentzündlicher Dampf-Luftgemische möglich
R 19 Kann explosionsfähige Peroxide bilden
R 20 Gesundheitsschädlich beim Einatmen
R 21 Gesundheitsschädlich bei Berührung mit der Haut
R 22 Gesundheitsschädlich beim Verschlucken
R 23 Giftig beim Einatmen
R 24 Giftig bei Berührung mit der Haut
R 25 Giftig beim Verschlucken
R 26 Sehr giftig beim Einatmen
R 27 Sehr giftig bei Berührung mit der Haut
R 28 Sehr giftig beim Verschlucken
R 29 Entwickelt bei Berührung mit Wasser giftige Gase
R 30 Kann bei Gebrauch leicht entzündlich werden
R 31 Entwickelt bei Berührung mit Säure giftige Gase
R 32 Entwickelt bei Berührung mit Säure sehr giftige Gase
R 33 Gefahr kumulativer Wirkung
R 34 Verursacht Verätzungen
R 35 Verursacht schwere Verätzungen
R 36 Reizt die Augen
R 37 Reizt die Atmungsorgane
R 38 Reizt die Haut
R 39 Ernste Gefahr irreversiblen Schadens
R 40 Irreversibler Schaden möglich
R 41 Gefahr ernster Augenschäden
R 42 Sensibilisierung durch Einatmen möglich
R 43 Sensibilisierung durch Hautkontakt möglich
R 44 Explosionsgefahr bei Erhitzen unter Einschluss
R 45 Kann Krebs erzeugen
R 46 Kann vererbbare Schäden verursachen
R 48 Gefahr ernster Gesundheitsschäden bei längerer Exposition
R 49 Kann Krebs erzeugen beim Einatmen
R 50 Sehr giftig für Wasserorganismen
R 51 Giftig für Wasserorganismen
R 52 Schädlich für Wasserorganismen
R 53 Kann in Gewässern längerfristig schädliche Wirkungen haben
R 54 Giftig für Pflanzen
R 55 Giftig für Tiere
R 56 Giftig für Bodenorganismen
R 57 Giftig für Bienen
R 58 Kann längerfristig schädliche Wirkungen auf die Umwelt haben
R 59 Gefährlich für die Ozonschicht
R 60 Kann die Fortpflanzungsfähigkeit beeinträchtigen
R 61 Kann das Kind im Mutterleib schädigen
R 62 Kann möglicherweise die Fortpflanzungsfähigkeit beeinträchtigen
R 63 Kann das Kind im Mutterleib möglicherweise schädigen
R 64 Kann Säuglinge über die Muttermilch schädigen
R 65 Gesundheitsschädlich: Kann beim Verschlucken Lungenschäden verursachen
R 66 Wiederholter Kontakt kann zu spröder oder rissiger Haut führen
R 67 Dämpfe können Schläfrigkeit oder Benommenheit verursachen

Sicherheitsratschläge (S-Sätze)

Hier werden Empfehlungen gegeben, wie Gesundheitsgefahren beim Umgang mit gefährlichen Stoffen abgewehrt werden können.

S 1 Unter Verschluss aufbewahren
S 2 Darf nicht in die Hände von Kindern gelangen
S 3 Kühl aufbewahren
S 4 Von Wohnplätzen fernhalten
S 5 Unter ... aufbewahren (geeignete Flüssigkeit vom Hersteller anzugeben)
S 6 Unter ... aufbewahren (inertes Gas vom Hersteller anzugeben)
S 7 Behälter dicht geschlossen halten
S 8 Behälter trocken halten
S 9 Behälter an einem gut gelüfteten Ort aufbewahren
S 12 Behälter nicht gasdicht verschließen
S 13 Von Nahrungsmitteln, Getränken und Futtermitteln fernhalten
S 14 Von ... fernhalten (inkompatible Substanzen sind vom Hersteller anzugeben)
S 15 Vor Hitze schützen
S 16 Von Zündquellen fernhalten – Nicht rauchen
S 17 Von brennbaren Stoffen fernhalten
S 18 Behälter mit Vorsicht öffnen und handhaben
S 20 Bei der Arbeit nicht essen und trinken
S 21 Bei der Arbeit nicht rauchen
S 22 Staub nicht einatmen
S 23 Gas/Rauch/Dampf/Aerosol nicht einatmen (geeignete Bezeichnung(en) vom Hersteller anzugeben)
S 24 Berührung mit der Haut vermeiden
S 25 Berührung mit den Augen vermeiden
S 26 Bei Berührung mit den Augen sofort gründlich mit Wasser abspülen und Arzt konsultieren
S 27 Beschmutzte, getränkte Kleidung sofort ausziehen
S 28 Bei Berührung mit der Haut sofort abwaschen mit viel ... (vom Hersteller anzugeben)
S 29 Nicht in die Kanalisation gelangen lassen
S 30 Niemals Wasser hinzugießen
S 33 Maßnahmen gegen elektrostatische Aufladung treffen
S 35 Abfälle und Behälter müssen in gesicherter Weise beseitigt werden
S 36 Bei der Arbeit geeignete Schutzkleidung tragen
S 37 Geeignete Schutzhandschuhe tragen
S 38 Bei unzureichender Belüftung Atemschutzgerät anlegen
S 39 Schutzbrille/Gesichtsschutz tragen
S 40 Fußboden und verunreinigte Gegenstände mit ... reinigen (Material vom Hersteller anzugeben)
S 41 Explosions- und Brandgase nicht einatmen
S 42 Bei Räuchern/Versprühen geeignetes Atemschutzgerät anlegen (geeignete Bezeichnung(en) vom Hersteller anzugeben)
S 43 Zum Löschen ... (vom Hersteller anzugeben) verwenden (wenn Wasser die Gefahr erhöht, anfügen: „Kein Wasser verwenden")
S 45 Bei Unfall oder Unwohlsein sofort Arzt hinzuziehen (wenn möglich dieses Etikett vorzeigen)
S 46 Bei Verschlucken sofort ärztlichen Rat einholen und Verpackung oder Etikett vorzeigen
S 47 Nicht bei Temperaturen über ... °C aufbewahren (vom Hersteller anzugeben)
S 48 Feucht halten mit ... (geeignetes Mittel vom Hersteller anzugeben)
S 49 Nur im Originalbehälter aufbewahren
S 50 Nicht mischen mit ... (vom Hersteller anzugeben)
S 51 Nur in gut gelüfteten Bereichen verwenden
S 52 Nicht großflächig für Wohn- und Aufenthaltsräume verwenden
S 53 Exposition vermeiden – vor Gebrauch besondere Anweisungen einholen
S 56 Diesen Stoff und seinen Behälter der Problemabfallentsorgung zuführen
S 57 Zur Vermeidung einer Kontamination der Umwelt geeigneten Behälter verwenden
S 59 Information zur Wiederverwendung beim Hersteller/Lieferanten erfragen
S 60 Dieser Stoff und sein Behälter sind als gefährlicher Abfall zu entsorgen
S 61 Freisetzung in die Umwelt vermeiden. Besondere Anweisungen einholen / Sicherheitsdatenblatt zu Rate ziehen
S 62 Bei Verschlucken kein Erbrechen herbeiführen. Sofort ärztlichen Rat einholen und Verpackung oder dieses Etikett vorzeigen
S 63 Bei Unfall durch Einatmen: Verunfallten an die frische Luft bringen und ruhig stellen
S 64 Bei Verschlucken Mund mit Wasser ausspülen (nur wenn Verunfallter bei Bewusstsein ist)

Stoffliste

Stoff	Gefahrensymbole, Sicherheitssymbole, Entsorgungssymbole	Ratschläge R/S-Sätze
Aktivkohle		R: S:
Eisenpulver, -wolle (Stahlwolle)		R: S:
Ethanol	F B3	R: 11 S: 7–16
Heptan	F Xn N B3	R: 11–38–50/53–65–67 S: 9–16–29–33–60–61–62
Iod	Xn N B1	R: 20/21–50 S: 23–25–61
Kaliumaluminiumsulfat (Alaun)		R: S:
Kaliumnitrat	O	R: 8 S: 16–41
Kalkwasser		R: S:
Kohlenstoffdioxid		R: S: 3–7
Kohlenstoffmonooxid	F+ T	R: 12–23–48/23–61 S: 45–53
Kupferblech, -pulver		R: S:
Kupferiodid	N	R: 22–37–41–50/53 S: 22–26–36/37/39–57–60–61
Kupferoxid	B2	R: S:
Kupfersulfat	Xn N B2	R: 22–36/38–50/53 S: 222–60–61
Mangandioxid (Braunstein)	Xn B2	R: 20/22 S: 25
Methan	F+	R: 12 S: 9–16–33
Natriumcarbonat (Soda)	Xi	R: 36 S: 22–26
Natriumchlorid		R: S:
Natriumhydrogencarbonat (Natron)		R: S:
Natriumhydrogensulfat	Xi	R: 41 S: 24–26
Natriumhydrogensulfit-Lösung (w = 39 %)	Xn	R: 22–31 S: 25–46
Natriumhydroxid	C B1	R: 35 S: 26–37/39–45
Paraffin	B3	R: S:
Schwefel		R: S:
Schwefeldioxid	T	R: 23–34 S: 9–26–36/37/39–45
Seifenlösung (alkohol.)	F B3	R: S:
Stearinsäure		R: S:
Wasserstoffperoxid (w = 3 %)		R: S:
Zinkpulver	F	R: 15–17 S: 7/8–43

Ausgewählte Laborgeräte

Die chemischen Elemente

Elemente Name	Symbol	OZ	Atommasse in u	Dichte[1)] in $\frac{g}{cm^3}$ (Gase: $\frac{g}{l}$)	Schmelztemperatur in °C	Siedetemperatur in °C
Actinium	Ac	**89**	(227)	10,1	1050	–
Aluminium	Al	**13**	26,9815	2,70	660	≈ 2300
Americium	Am	**95**	(243)	11,7	827	2610
Antimon (Stibium)	Sb	**51**	121,75	6,68	630	1640
Argon	Ar	**18**	39,948	*1,784*	–189	–186
Arsen	As	**33**	74,9216	5,73	817p	633s
Barium	Ba	**56**	137,34	3,7	717	1640
Beryllium	Be	**4**	9,0122	1,86	1278	2970
Bismut (Bismutum)	Bi	**83**	208,980	9,80	271	1560
Blei (Plumbum)	Pb	**82**	207,2	11,4	327	1750
Bor	B	**5**	10,81	2,34	≈ 2000	≈ 2500
Brom	Br	**35**	79,904	3,14	–7	58
Cadmium	Cd	**48**	112,40	8,64	321	767
Caesium	Cs	**55**	132,905	1,90	29	690
Calcium	Ca	**20**	40,08	1,55	845	1440
Cer	Ce	**58**	140,12	6,8	800	3600
Chlor	Cl	**17**	35,453	*3,214*	–102	–34
Chrom	Cr	**24**	51,996	7,19	≈ 1900	≈ 2500
Cobalt	Co	**27**	58,9332	8,83	1490	3100
Dysprosium	Dy	**66**	162,50	8,54	1407	≈ 2600
Eisen (Ferrum)	Fe	**26**	55,847	7,86	1535	2750
Erbium	Er	**68**	167,26	9,05	1497	2900
Europium	Eu	**63**	151,96	5,26	826	1439
Fluor	F	**9**	18,9984	*1,70*	–220	–188
Gadolinium	Gd	**64**	157,25	7,90	1312	≈ 3000
Gallium	Ga	**31**	69,72	6,0	30	2340
Germanium	Ge	**32**	72,59	5,36	960	≈ 2700
Gold (Aurum)	Au	**79**	196,967	19,3	1063	2700
Hafnium	Hf	**72**	178,49	13,3	2220	> 3000
Helium	He	**2**	4,0026	*0,178*	–272p	–269
Holmium	Ho	**67**	164,930	8,80	1461	≈ 2600
Indium	In	**49**	114,82	7,31	156	2072
Iod	I	**53**	126,9044	4,94	114	184
Iridium	Ir	**77**	192,2	22,6	2466	4428
Kalium	K	**19**	39,102	0,86	64	760
Kohlenstoff (Carboneum)	C	**6**	12,0115	2)	≈ 3700s	
Krypton	Kr	**36**	83,80	*3,708*	–157	–153
Kupfer (Cuprum)	Cu	**29**	63,546	8,93	1083	2350
Lanthan	La	**57**	138,91	6,1	920	4515
Lithium	Li	**3**	6,941	0,53	180	1335
Lutetium	Lu	**71**	174,97	9,84	1652	3327
Magnesium	Mg	**12**	24,305	1,74	650	1105
Mangan	Mn	**25**	54,9380	7,3	1220	2150
Molybdän	Mo	**42**	95,94	10,2	2620	≈ 5000
Natrium	Na	**11**	22,9898	0,97	98	883
Neodym	Nd	**60**	144,24	7,0	1024	3300
Neon	Ne	**10**	20,179	*0,90*	–249	–246
Neptunium	Np	**93**	(237)	19,5	–	–
Nickel	Ni	**28**	58,70	8,90	1453	≈ 2800
Niob	Nb	**41**	92,906	8,5	2468	≈ 3700
Osmium	Os	**76**	190,2	22,5	≈ 2600	≈ 5500
Palladium	Pd	**46**	106,4	12,0	1555	3380
Phosphor	P	**15**	30,9738	3)	44 4)	285 4)
Platin	Pt	**78**	195,09	21,45	1770	3300
Plutonium	Pu	**94**	(244)	19,7	640	3200
Polonium	Po	**84**	(209)	9,32	254	962
Praseodym	Pr	**59**	140,907	6,7	935	≈ 3300
Quecksilber (Hydrargyrum)	Hg	**80**	200,59	13,55	–39	357
Radium	Ra	**88**	226,05	≈ 6	≈ 700	1140
Radon	Rn	**86**	(222)	*9,96*	–71	–62
Rhenium	Re	**75**	186,2	20,9	3170	≈ 5900
Rhodium	Rh	**45**	102,905	12,4	1966	4500
Rubidium	Rb	**37**	85,47	1,53	39	690
Ruthenium	Ru	**44**	101,07	12,4	2400	≈ 4500
Samarium	Sm	**62**	150,35	7,5	1072	≈ 1900
Sauerstoff (Oxygenium)	O	**8**	15,9994	*1,429*	–219	–183
Scandium	Sc	**21**	44,956	3,0	1540	- 2730
Schwefel (Sulfur)	S	**16**	32,06	2,0	119	444
Selen	Se	**34**	78,96	4,8	220	688
Silber (Argentum)	Ag	**47**	107,870	10,5	960	2150
Silicium	Si	**14**	28,086	2,4	1410	2630
Stickstoff (Nitrogenium)	N	**7**	14,0067	*1,251*	–210	–196
Strontium	Sr	**38**	87,62	2,6	757	1365
Tantal	Ta	**73**	180,948	16,7	2990	> 5000
Technetium*	Tc	**43**	(97)	11,5	2140	–
Tellur	Te	**52**	127,60	6,2	450	990
Terbium	Tb	**65**	158,924	8,3	1350	≈ 2800
Thallium	Tl	**81**	204,37	11,85	303	1457
Thorium	Th	**90**	232,038	11,7	≈ 1800	≈ 3600
Thulium	Tm	**69**	168,934	9,33	1545	1727
Titan	Ti	**22**	47,90	4,51	≈ 1700	3260
Uran	U	**92**	238,029	19,1	1133	≈ 3600
Vanadium	V	**23**	50,9414	6,1	≈ 1800	> 3000
Wasserstoff (Hydrogenium)	H	**1**	1,00797	*0,0899*	–259	–253
Wolfram	W	**74**	183,85	19,30	3410	5400
Xenon	Xe	**54**	131,30	*5,89*	–112	–108
Ytterbium	Yb	**70**	173,04	6,5	8,25	1427
Yttrium	Y	**39**	88,905	4,5	1490	2927
Zink	Zn	**30**	65,38	7,2	420	910
Zinn (Stannum)	Sn	**50**	118,69	7,3	232	≈ 2400
Zirconium	Zr	**40**	91,22	6,5	1860	≈ 3600

* künstlich gewonnenes Element, OZ Ordnungszahl, (243) Eine eingeklammerte Zahl gibt die Nukleonenzahl des langlebigsten Isotops des Elements an.
– Werte sind nicht bekannt, ≈ Wert sehr ungenau, p unter Druck, s sublimiert, 1) Bei gasförmigen Elementen wird die Dichte *kursiv* gedruckt angegeben. Sie gilt für 0 °C und 1013 hPa. 2) Graphit: 2,25, Diamant: 3,51, 3) weißer P: 1,83, roter P: 2,2, 4) weißer P

Eigenschaften von Gasen

Name	Dichte bei 20 °C (1013 hPa) in $\frac{g}{l}$	Schmelztemperatur (1013 hPa)	Siedetemperatur (1013 hPa)	Löslichkeit bei 25 °C in 1 l Wasser in l
Wasserstoff (H_2)	0,084	–259	–253	0,019
Stickstoff (N_2)	1,17	–210	–196	0,015
Sauerstoff (O_2)	1,33	–219	–183	0,028
Fluor (F_2)	1,58	–220	–188	–
Chlor (Cl_2)	2,95	–101	–35	2,2
Helium (He)	0,17	–270	–269	0,09
Neon (Ne)	0,84	–249	–246	0,016
Argon (Ar)	1,66	–189	–186	0,032
Krypton (Kr)	3,48	–57	–152	0,071
Luft	1,20	–	–	0,0063* 0,012**
Ammoniak (NH_3)	0,71	–78	–33	680
Chlorwasserstoff (HCl)	1,52	–114	–85	466
Schwefelwasserstoff (H_2S)	1,42	–83	–62	2,41
Schwefeldioxid (SO_2)	2,67	–73	–10	35
Kohlenstoffmonooxid (CO)	1,17	–205	–190	0,023
Kohlenstoffdioxid (CO_2)	1,83	–78 (sublimiert)		0,80
Methan (CH_4)	0,67	–182	–162	0,032
Ethan (C_2H_6)	1,25	–183	–89	0,043
Propan (C_3H_8)	1,84	–188	–42	0,06
Butan (C_4H_{10})	2,47	–138	–1	0,14
Ethen (C_2H_4)	1,17	–169	–104	0,13
Ethin (C_2H_2)	1,06	–81	–84	0,95

* von Sauerstoff aus der Luft
** von Stickstoff aus der Luft

Gewinde und Farbkennzeichnung von Stahlflaschen für Gase

Gas	Gewinde	alte Farbkennzeichnung	neue Farbkennzeichnung („N") Flaschenschulter	Flaschenmantel
Sauerstoff	rechts	blau	weiß	blau oder grau
Stickstoff	rechts	dunkelgrün	schwarz	grau, schwarz oder dunkelgrün
Druckluft	rechts	grau	leuchtend grün	grau
Argon	rechts	grau	dunkelgrün	grau oder dunkelgrün
Helium	rechts	grau	braun	grau
Kohlenstoffdioxid	rechts	grau	grau	grau
Wasserstoff	links	rot	rot	rot
Acetylen	Spezialgewinde	gelb	kastanienbraun	kastanienbraun, schwarz oder gelb

Reagenzlösungen

Chlorwasser (Xn): Destilliertes Wasser durch Einleiten von Chlor sättigen; in brauner Flasche aufbewahren.

Bromwasser (T, Xi): 10-Tropfen Brom in 250-ml destilliertem Wasser lösen.

Iodwasser: Einige Blättchen Iod in destilliertem Wasser kurz aufkochen.

Iod/Kaliumiodid-Lösung: 2-g Kaliumiodid in wenig Wasser vollständig lösen und 1-g Iod zugeben. Nach dem Lösen auf 300-ml auffüllen und in brauner Flasche aufbewahren.

FEHLING-Lösung I: 7-g Kupfersulfat ($CuSO_4 \cdot 5\,H_2O$) in 100-ml Wasser lösen.

FEHLING-Lösung II (C): 35-g Kaliumnatriumtartrat (Seignette-Salz) und 10-g Natriumhydroxid in 100-ml Wasser lösen.

Kalkwasser: 1-g Calciumoxid in 500-ml destilliertem Wasser schütteln und filtrieren (0,02 $\frac{mol}{l}$).

Silbernitrat-Lösung: 17-g Silbernitrat auf 1-Liter auffüllen (0,1 $\frac{mol}{l}$).

Bariumchlorid-Lösung (Xn): 24,4-g Bariumchlorid ($BaCl_2 \cdot 2\,H_2O$) auf 1-Liter auffüllen (0,1 $\frac{mol}{l}$).

Bleiacetat-Lösung (T): 9,5-g Bleiacetat ($Pb(CH_3COO)_2 \cdot 3\,H_2O$) auf 250-ml auffüllen (0,1 $\frac{mol}{l}$).

Indikatorlösungen:
Bromthymolblau: 0,1-g in 100-ml 20%igem Ethanol.
Methylrot (F): 0,2-g in 100-ml 90%igem Ethanol.
Phenolphthalein (F): 0,1-g in 100-ml 70%igem Ethanol.
Universalindikator für pH 2–10 (F): 300-mg Dimethylgelb, 200-mg Methylrot, 400-g Bromthymolblau, 500-g Thymolblau und 100-mg Phenolphthalein in 500-ml 90%igem Ethanol.
Farbstufen: pH ≤ 2: rot; pH 4: orange; pH 6: gelb; pH 8: grün; pH 10: blau

BAEYER-Reagenz: 10%ige Sodalösung mit einer verdünnten Kaliumpermanganat-Lösung versetzen, bis die Lösung kräftig violett gefärbt ist.

TOLLENS-Reagenz (ammoniakalische Silbernitrat-Lösung): Silbernitrat-Lösung (0,1-mol $\cdot$ l^{-1}) mit etwa einem Zehntel des Volumens verdünnter Natronlauge versetzen. Anschließend unter Schütteln Ammoniak-Lösung (25 %) zutropfen, bis sich der Silberoxid-Niederschlag gerade wieder löst. Die Reagenz-Lösung wird jeweils frisch zubereitet. Sie darf nicht aufbewahrt werden, da sich Silberazid bilden könnte (Explosionsgefahr). Reste der Reagenz-Lösung ansäuern und über den Behälter B2 entsorgen.

SCHIFF-Reagenz (fuchsinschweflige Säure): 0,25-g Fuchsin in 1 Liter Wasser lösen (Rotfärbung); unter ständigem Rühren schweflige Säure (oder angesäuerte Lösung von $Na_2S_2O_5$) zutropfen, bis Entfärbung eintritt.

Saure und alkalische Lösungen

Lösung	gelöster Stoff	*	verdünnt Massenanteil	verdünnt Dichte bei 20 °C	konzentriert Massenanteil	konzentriert Dichte bei 20 °C
Salzsäure	HCl (g)	2	7 %	1,033	36 %	1,179
Schwefelsäure	H_2SO_4 (l)	1	9 %	1,059	98 %	1,836
Salpetersäure	HNO_3 (l)	2	12 %	1,066	68 %	1,391
Phosphorsäure	H_3PO_4 (s)	1	10 %	1,05	85 %	1,71
Essigsäure	CH_3COOH (l)	2	12 %	1,015	99 %	1,052
Natronlauge	NaOH (s)	2	8 %	1,087	30 %	1,328
Kalilauge	KOH (s)	2	11 %	1,100	27 %	1,256
Kalkwasser	$Ca(OH)_2$ (s)		0,16 %**	1,001**	** Angaben für gesättigte Lösungen	
Barytwasser	$Ba(OH)_2$ (s)		3,4 %**	1,04**		
Ammoniak-Lösung	NH_3 (g)	2	3 %	0,981	25%	0,907

* Stoffmengenkonzentration in $\frac{mol}{l}$

Größen und ihre Einheiten

Größe		Einheit		
Name	**Zeichen**	**Name**	**Zeichen**	**Beziehungen**
Masse	m	Kilogramm	kg	1 kg = 1000 g 1 g = 1000 mg
Volumen	V	Kubikmeter	m^3	1 m^3 = 1000 dm^3 1 dm^3 = 1 l
		Liter	l	1 l = 1000 ml 1 ml = 1 cm^3
Dichte	ϱ	$\frac{\text{Kilogramm}}{\text{Kubikmeter}}$	$\frac{kg}{m^3}$	$1\,\frac{g}{cm^3} = 1000\,\frac{kg}{m^3}$
		$\frac{\text{Gramm}}{\text{Liter}}$	$\frac{g}{l}$	$1\,\frac{g}{l} = 0{,}001\,\frac{g}{m^3}$
Druck	p	Pascal	Pa	$1\text{ Pa} = 1\,\frac{N}{m^2}$ 100 Pa = 1 hPa
		Bar	bar	1 bar = 100 000 Pa 1 mbar = 100 Pa
Energie	E	Joule	J	$1\text{ J} = 1\text{ N} \cdot \text{m} = 1\,\frac{kg \cdot m^2}{s^2}$
Elektrizitätsmenge	Q	Coulomb	C	1 C = 1 A · s
Anzahl	N			
Stoffmenge	n	Mol	mol	1 mol enthält $6{,}022 \cdot 10^{23}$ Teilchen
molare Masse	M	$\frac{\text{Gramm}}{\text{Mol}}$	$\frac{g}{mol}$	
Stoffmengenkonzentration	c	$\frac{\text{Mol}}{\text{Liter}}$	$\frac{mol}{l}$	
Temperatur	ϑ	Grad Celsius	°C	
	T	Kelvin	K	0 °C = 273,15 K

Umrechnungsfaktoren

Energie	J	cal	eV
1 J	1	0,2390	$6{,}242 \cdot 10^{18}$
1 cal	4,184	1	$2{,}612 \cdot 10^{19}$
1 eV	$1{,}602 \cdot 10^{-19}$	$3{,}829 \cdot 10^{-20}$	1

1 J = 1 N · m = 1 W · s = 1 V · A · s

Druck	Pa	atm	mm Hg	bar
1 Pa	1	$9{,}869 \cdot 10^{-6}$	$7{,}501 \cdot 10^{-3}$	10^{-5}
1 atm	$1{,}013 \cdot 10^{5}$	1	760,0	1,013
1 mm Hg (Torr)	133,3	$1{,}316 \cdot 10^{-3}$	1	$1{,}333 \cdot 10^{-3}$
1 bar	10^{5}	0,9869	750,1	1

100 Pa = 1 hPa; 1 mbar = 1 hPa; 1 mm Hg = 1 Torr; $1\text{ Pa} = 1\,\frac{N}{m^2}$

Konstanten

Atomare Masseneinheit	u	$1{,}661 \cdot 10^{-27}$ kg
AVOGADRO-Konstante	N_A	$6{,}022 \cdot 10^{23}\,\frac{1}{mol}$
Molares Volumen eines idealen Gases (bei 1013 hPa und 20 °C)	V_m	$24{,}056\,\frac{l}{mol}$
Ladung eines Elektrons	e	$1{,}602 \cdot 10^{-19}$ C
Masse eines Elektrons	m_e	$9{,}109 \cdot 10^{-31}$ kg
Masse eines Protons	m_p	$1{,}673 \cdot 10^{-27}$ kg
Masse eines Neutrons	m_n	$1{,}675 \cdot 10^{-27}$ kg
FARADAY-Konstante	F	$96\,485\,\frac{C}{mol}$

Gehaltsangaben für Mischungen und Lösungen (nach DIN 1310)

Masse einer Stoffportion:	m_i	Massenkonzentration:	$\beta_i = \frac{m_i}{V}$
Volumen einer Stoffportion:	V_i	Volumenkonzentration:	$\sigma_i = \frac{V_i}{V}$
Stoffmenge einer Stoffportion:	n_i	Stoffmengenkonzentration:	$c_i = \frac{n_i}{V}$
Teilchenzahl einer Stoffportion:	N_i	Teilchenkonzentration:	$C_i = \frac{N_i}{V}$
		(V: Gesamtvolumen **nach** dem Mischen)	

Massenanteil (früher: Gewichtsprozent): $w_i = \frac{m_i}{m}$

Gesamtmasse $m = m_1 + m_2 + \ldots$

Volumenanteil (früher: Volumenprozent): $\phi_i = \frac{V_i}{V_0}$

Gesamtvolumen $V_0 = V_1 + V_2 + \ldots$ (**vor** dem Mischen)

Stoffmengenanteil: $x_i = \frac{n_i}{n}$

Gesamtstoffmenge $n = n_1 + n_2 + \ldots$

Teilchenzahlanteil: $X_i = \frac{N_i}{N}$

Gesamtteilchenanzahl $N = N_1 + N_2 + \ldots$

Das Wort Gehalt wird als Oberbegriff bei der qualitativen Beschreibung verwendet. *Beispiel:* Der Wassergehalt einer Probe.

Dezimale Teile/Vielfache

Potenz	Vorsilbe	Symbol	Potenz	Vorsilbe	Symbol
10^{-1}	Dezi	d	10	Deka	da
10^{-2}	Zenti	c	10^{2}	Hekto	h
10^{-3}	Milli	m	10^{3}	Kilo	k
10^{-6}	Mikro	µ	10^{6}	Mega	M
10^{-9}	Nano	n	10^{9}	Giga	G
10^{-12}	Piko	p	10^{12}	Tera	T
10^{-15}	Femto	f			
10^{-18}	Atto	a			

Griechisches Alphabet

Buchstabe		Name	Buchstabe		Name
klein	**groß**		**klein**	**groß**	
α	Α	alpha	ν	Ν	nü
β	Β	beta	ξ	Ξ	xi
γ	Γ	gamma	ο	Ο	omikron
δ	Δ	delta	π	Π	pi
ε	Ε	epsilon	ϱ	Ρ	rho
ζ	Ζ	zeta	σ	Σ	sigma
η	Η	eta	τ	Τ	tau
ϑ	Θ	theta	ϕ	Φ	phi
ι	Ι	jota	υ	ϒ	ypsilon
κ	Κ	kappa	χ	Χ	chi
λ	Λ	lambda	ψ	Ψ	psi
μ	Μ	mü	ω	Ω	omega

Griechische Zahlwörter

½	hemi		
1	mono	11	undeca
2	di	12	dodeca
3	tri	13	trideca
4	tetra	14	tetradeca
5	penta	15	pentadeca
6	hexa	16	hexadeca
7	hepta	17	heptadeca
8	octa	18	octadeca
9	nona	19	enneadeca
10	deca	20	eicosa

Kleines Lexikon der Chemie

Absorption: Aufnahme von Energie aus elektromagnetischer Strahlung (Licht, Röntgenstrahlung, Mikrowellen).

Aggregatzustand: gibt an, ob ein Stoff fest, flüssig oder gasförmig vorliegt. Symbole: s (fest), l (flüssig), g (gasförmig).

Akkumulator: wieder aufladbare Batterie; häufig verwendet: Blei-Akkumulatoren in Autos.

Aktivierungsenergie: die Energie, die man benötigt, um eine Reaktion in Gang zu setzen.

Amalgame: Quecksilber-Legierungen; in der Zahnmedizin für Zahnfüllungen verwendet.

Analyse: Zerlegung einer Verbindung in die Elemente. (→ Synthese)

Anion: negativ geladenes Ion.

Anregungsenergie: siehe Aktivierungsenergie.

Atome: Grundbausteine der Materie; es gibt ebenso viele Atomarten, wie es Elemente gibt; eine Atomart ist gekennzeichnet durch die Anzahl der Protonen im Atomkern.

Brennstoffzelle: elektrochemische Stromquelle, bei der Wasserstoff (am Minuspol) und Sauerstoff oder Luft (am Pluspol) kontinuierlich zugeführt werden und zu Wasser reagieren.

chemische Reaktion: eine Umwandlung von Stoffen, bei der aus den Ausgangsstoffen neue Stoffe gebildet werden; dabei werden die Atome umgruppiert. Chemische Reaktionen sind stets von einem Energieumsatz begleitet.

Chromatografie: Verfahren zur Trennung kleiner Mengen von Stoffgemischen mittels eines Trägermaterials (Papier, poröser Stoff auf einer Platte oder als Säulenfüllung) und eines Lösungsmittels bzw. Gases.

Destillation: Trennverfahren für Flüssigkeitsgemische; die Trennung erfolgt aufgrund unterschiedlicher Siedetemperaturen.

Dichte: Quotient aus Masse und Volumen einer Stoffportion:

$$\text{Dichte} = \frac{\text{Masse}}{\text{Volumen}}$$

Diffusion: auf der Teilchenbewegung beruhende selbstständige Durchmischung gasförmiger und gelöster Stoffe.

Element: Reinstoff, der mit chemischen Mitteln nicht weiter zerlegt werden kann. Jedem Element entspricht eine bestimmte Atomart.

Emulsion: heterogenes Gemisch aus nicht ineinander löslichen Flüssigkeiten.

endotherme Reaktion: Reaktion, bei der aus der Umgebung Wärme aufgenommen wird.

Energieumsatz: Kennzeichen chemischer Reaktionen. Bei exothermen Reaktionen wird Energie frei; Reaktionen, die nur unter Energieaufwand ablaufen, heißen endotherm.

Entzündungstemperatur: Temperatur, die erreicht sein muss, damit sich ein Stoff entzünden kann.

Erhaltung der Masse: Bei chemischen Reaktionen ist die Masse der Endstoffe gleich der Masse der Ausgangsstoffe.

Erze: Mineralien mit hohem Metallgehalt; meist Oxide oder Sulfide; werden zur Gewinnung von Metallen eingesetzt.

exotherme Reaktion: Reaktion, bei der Wärme frei wird.

Extrahieren: Trennverfahren, bei dem lösliche Stoffe aus einem Gemisch herausgelöst werden.

heterogene Gemische: uneinheitliche Gemische, bei denen man, manchmal auch nur mit dem Mikroskop, die einzelnen Bestandteile erkennen kann; einheitliche Gemische bezeichnet man als **homogene Gemische.**

Indikator: ein Farbstoff, der durch seine Farbe anzeigt, ob eine saure, eine neutrale oder eine alkalische Lösung vorliegt. (→ pH-Skala)

Ionen: geladene Atome oder positiv bzw. negativ geladene Teilchen.

Katalysator: ein Stoff, der die Geschwindigkeit einer Reaktion erhöht und unverändert aus der Reaktion hervorgeht.

Kation: positiv geladenes Ion.

Löslichkeit: gibt die Masse eines Stoffes an, die sich maximal bei 20 °C in Wasser lösen lassen.

Lösung: ein homogenes flüssiges Gemisch aus zwei oder mehreren Stoffen.

Modell: eine zu einem bestimmten Zweck gemachte vereinfachte Darstellung. Modelle dienen häufig der Veranschaulichung besonders kleiner, besonders großer oder besonders komplizierter Gegenstände oder Sachverhalte.

Moleküle: Atomverbände mit definierter Zusammensetzung.

Normbedingungen: häufig gewählte Bedingungen für die Angabe von Gasvolumina: $\vartheta = 0\,°C$, $p = 1\,013\ hPa$.

Oxidation: Reaktion, bei der ein Stoff Sauerstoff aufnimmt; im erweiterten Sinn Abgabe von Elektronen; die Umkehrung der Oxidation ist die **Reduktion.**

Oxidationsmittel: ein Stoff, der einen anderen Stoff oxidiert, ihm Elektronen entzieht; Gegenteil: **Reduktionsmittel.**

Ozonschicht: Teil der Stratosphäre; liegt etwa in 30 km Höhe; dort absorbieren Ozon-Moleküle den größten Teil der UV-Strahlung der Sonne.

Rauch: heterogenes Gemisch, bei dem ein Feststoff in einem Gas verteilt ist.

Recycling: Wiederverwertung von bereits gebrauchten Stoffen oder Gegenständen.

Redoxreaktion: Reaktion, bei der Sauerstoff ausgetauscht wird; im erweiterten Sinn eine Reaktion, bei der Elektronen ausgetauscht werden.

Redoxreihe: Auflistung von Stoffen nach ihrer Oxidierbarkeit; im erweiterten Sinn nach ihrer Fähigkeit, Elektronen abzugeben.

Reduktion: Reaktion, bei der einem Stoff Sauerstoff entzogen wird; im erweiterten Sinn Aufnahme von Elektronen; die Umkehrung der Reduktion ist die Oxidation.

Reduktionsmittel: ein Stoff, der einen anderen Stoff reduziert.

Salze: siehe Ionenverbindungen.

saurer Regen: Regen, der durch aus Luftschadstoffen (SO_2, NO_2) gebildete Säuren sauer reagiert (pH-Wert $\leq 4{,}5$).

Schmelzwärme: Wärme, die zum Schmelzen einer Stoffportion benötigt wird.

Sedimentieren: Trennverfahren für Suspensionen; der Feststoff setzt sich aufgrund der höheren Dichte ab.

Suspension: heterogenes Gemisch eines Feststoffs in einer Flüssigkeit.

Synthese: Aufbau einer Verbindung aus den Elementen. (→ Analyse)

Teilchenmodell: Alle Stoffe sind aus kleinsten Teilchen aufgebaut. Die Teilchen sind in ständiger Bewegung.

Verbindung: Reinstoff, der durch chemische Reaktionen in Elemente zerlegt werden kann.

Verdampfungswärme: Wärme, die zum Verdampfen einer Stoffportion benötigt wird.

Stichwortverzeichnis